工程测量学

（第三版）

李天文　龙永清　李庚泽　编著

科学出版社

北京

内 容 简 介

本书是作者多年从事工程测量学教学和工程实践的经验总结。全书共9章,第1～2章主要介绍工程测量学的基本理论、基本方法和最新技术;第3～8章分别讲述建筑工程测量、道路工程测量、桥梁工程测量、地下工程测量、管线工程测量、水利工程测量的最新方法与技术;第9章介绍工程建筑物变形监测的基本理论、最新方法与技术。

本书既可作为测绘工程及相关专业本科生、研究生教材,也可供地理信息科学专业研究生和相关专业师生、研究人员及测绘工程专业技术人员参考。

图书在版编目(CIP)数据

工程测量学/李天文,龙永清,李庚泽编著. —3 版. —北京:科学出版社,2024.4
ISBN 978-7-03-078443-8

Ⅰ.①工… Ⅱ.①李…②龙…③李… Ⅲ.①工程测量-高等学校-教材
Ⅳ.①TB22

中国国家版本馆 CIP 数据核字(2024)第 083401 号

责任编辑:杨 红 / 责任校对:杨 赛
责任印制:赵 博 / 封面设计:陈 敬

科学出版社 出版
北京东黄城根北街 16 号
邮政编码:100717
http://www.sciencep.com

北京中石油彩色印刷有限责任公司印刷
科学出版社发行 各地新华书店经销
*
2011 年 6 月第 一 版 开本:787×1092 1/16
2016 年 9 月第 二 版 印张:14
2024 年 4 月第 三 版 字数:344 000
2025 年 1 月第十一次印刷
定价:59.00 元
(如有印装质量问题,我社负责调换)

第三版前言

自从 2016 年本书第二版发行以后,工程测量所使用的仪器和方法均有一定的发展与变化,随着我国高精度大规模工程建设越来越多,国家对工程质量及灾害监测预警也更加重视,这些都对工程测量提出了更高的要求。为了及时反映工程测量的最新技术与发展动态,提高工程测量的精度及质量,满足广大读者的学习需求,进一步增强民族自豪感和文化自信,促进民族复兴伟业,特对本书第二版进行了修订,具体内容体现在以下几个方面:

(1) 增加了工程测量监理工作部分的内容;

(2) 增加了利用 GNSS 定位技术建立工程测量控制网的内容;

(3) 增加了隧道施工完成后竣工测量的内容;

(4) 对书中的其他内容进行了补充和完善。

虽然工程测量技术发展日新月异,工程规模越来越大,精度要求不断提高,但其基本理论、基本方法的掌握仍是保证工程测量质量的基础。因此,在修订本书时,坚持守正创新、坚持问题导向、坚持系统观念。依然重点介绍了工程测量的基本理论、基本方法、不同工程的施工放样方法、变形监测及分析等内容。同时,为了更好的控制工程施工放样质量,也对工程测量监理工作、隧道竣工测量等内容进行了介绍,力图进一步启迪从事该专业人员的想象力和创造力,为社会经济建设和工程测量学的发展作出贡献。本次修订清华大学交通工程与地球空间信息研究所的李庚泽博士后做了大量工作,在此表示衷心感谢!

作 者

2023 年 11 月

第二版前言

自本书 2011 年出版发行以后，工程测量中所使用仪器及方法都有了一定程度的发展，加之大规模高精度的工程建设越来越多，以及人们对工程质量及灾害监测的重视，为了满足广大读者的需求，及时反映工程测量的最新成果，特对本书进行了修订，具体内容体现在以下几个方面：

（1）结合本书出版后的使用情况，进一步对全书的内容进行了精化；

（2）为了使学生更好地掌握所学内容，在相关章节后增加了相应的习题；

（3）结合当前人们对自然灾害的重视，在第九章中增加了变形资料的检核及变形监测成果的整理等内容，从而为变形预测奠定了基础。

由于工程测量技术的发展日新月异，大规模高精度工程建设项目越来越多，因此，在修订本书时，依然重点介绍工程测量的基本理论、基本方法、各种工程的施工放样、变形监测及分析等内容，力图进一步启迪从事该专业人员的想象力和创造力，为工程测量学的发展作出贡献。

作　者

2016 年 7 月

第 一 版 序

　　工程测量学主要研究在工程建设和自然资源开发各阶段所进行的测量工作的理论、方法和技术，也是测绘科学技术在国民经济、社会发展和国防建设中的直接应用。具体言之，就是研究工程建设和资源开发利用中的勘测设计、建设施工、竣工验收、生产运营、变形监测及灾害预报等方面的测绘理论、方法与技术，在经济社会发展中发挥着至关重要的作用。当前许多高校的测绘工程专业和其他相关专业都开设了该课程，或在测量学中扩充了工程测量学的内容。

　　西北大学城市与环境学院的李天文教授等在参阅了大量工程测量理论成果和丰富实践经验文献资料的基础上，根据自己多年的教学和工程实践经验，为测绘工程专业和地理信息系统专业的本科生和研究生编写了《工程测量学》一书。该书由工程测量学的基本理论、基本方法、最新技术和各种具体的专项工程测量组成，其目的在于加强学生实践动手能力的训练，培养学生分析问题和解决问题的能力，提高学生的综合素质。该书的一个显著特点就是紧密结合当前各项工程建设项目，有针对性地阐述工程测量的理论、技术和方法，这将有利于学生的学习和掌握，使学生学习之后，对工程测量学的基本理论、最新方法与技术能有一个比较清晰的认识，并能应用所学的知识去解决各种工程测量中的具体问题。

中国工程院院士　宁津生

2011 年 3 月 1 日

第一版前言

随着计算机技术、电子技术及测绘仪器的发展,工程测量学的技术手段、方法和理论均发生了质的飞跃。为满足工程建设和教学对新技术的要求,作者在参阅大量文献的基础上,根据多年的教学和工程实践经验编写了本书,目的在于加强对学生实践动手能力的训练,培养学生分析问题和解决问题的能力,提高学生的综合素质。

全书共9章,第1、4、5、9章由李天文执笔,第2、6章由龙永清执笔,第3、7、8章由李庚泽执笔,最终由李天文统一修改、定稿。邓鑫、邢明亮、王琳刚、程晨健、习永强为本书的完成做了大量工作。

本书的特点在于精练工程测量学的基本理论,突出工程测量实践,以章为单元介绍测绘新技术在不同行业工程测量中的应用。

本书注重理论与工程实际相结合,反映了当前工程测量发展的最新理论与技术。但由于工程测量技术发展日新月异,且作者水平有限,书中不足之处在所难免,敬请各位专家及广大读者指正。

作　者

2011 年 1 月

目　录

第1章 绪 论

1.1 工程测量的概念、任务及内容

1.1.1 工程测量的概念

工程测量学是研究工程建设在勘测设计、施工过程及运营管理阶段所进行的一切测量工作的学科。工程测量学是一门应用科学,它是在数学、物理学、电子电工学等相关学科的基础上应用各种测量技术、仪器和手段解决工程建设中有关测量问题的学科。随着现代科学技术的发展,激光技术、光电测距技术、工程摄影测量技术、卫星定位技术在工程测量中得到广泛应用,工程测量学服务的领域越来越广,特别是在现代大型高精度工程建设中的应用,极大地促进了工程测量学的发展。

从工程测量学的历史沿革可以看出,它经历了从简单到复杂、从手工操作到测量的自动化、从一般测量到精密测量的发展过程,当然,工程测量的发展始终与当时的科学发展水平同步,并且能够满足人们在工程建设中对测量的需求。

我国的测量技术有着悠久的历史,在几千年发展中有许多关于测量的记载。例如,春秋战国时期就发明了世界上最早的指南针;东汉张衡发明了浑天仪;西晋裴秀编写了《制图体系》;在清朝康熙年间,进行了大规模的测量,并于1718年完成了世界上最早的地形图之一《皇舆全图》;新中国成立后,我国成立了国家及地方测绘机构,并建立了全国天文大地控制网,统一了国家大地坐标系和高程系统,编制了全国基本地形图。特别是现代科学技术的发展,使常规大地测量发展到卫星大地测量,由空中摄影测量发展到遥感技术的应用,从而使测量对象由地表扩展到空间,由静态发展到动态,测量仪器也趋于电子化和自动化。

1.1.2 工程测量的任务

工程测量学是一门应用科学,它是研究地球空间内具体几何实体测量和抽象几何实体测量的理论、方法与技术,主要任务是研究工业建设、城市建设、国土资源开发、道路桥梁建设、环境工程及减灾救灾等事业中地形和相关信息的采集与处理,控制网建立与施工放样、设备安装、变形监测与分析预报等领域的理论、技术及相关信息的管理和使用。若按工程进程和作业性质划分,工程测量可分为勘察设计、施工建设和运营管理阶段所进行的各种测量工作。

在勘察设计阶段,工程测量主要是测绘各种比例尺的地形图,以及为工程地质勘探、水文地质勘探等进行测量工作。在施工建设阶段,主要是进行施工放样和设备安装测量,把图上设计的各种建筑物按其设计的三维坐标放样到实地上,或把设备安装于设计的位置上。为此,要根据工程需要建立不同形式的施工控制网,作为施工放样、地形测图和设备安装的基础。在运营管理阶段,为了监视建筑物的安全及稳定性,验证设计的合理性与正确性,需定期对其进行位移、沉陷、倾斜及摆动观测。因此,该阶段主要是建筑物的变形监测工作。

1.1.3 工程测量的内容

工程测量研究的主要内容为:工程控制网的建立、地形图测绘、施工放样、设备安装测量、竣工测量、变形监测等。按工程测量研究的对象可分为:建筑、水利、矿山、城市、房产、铁路、公路、桥梁及国防等工程测量,以及精密工程测量、工程摄影测量等。具体包括以下内容。

1. 工业与民用建筑工程测量

工业与民用建筑工程测量是在建筑工程的勘测、设计、施工、运营与管理等阶段的测量工作。其主要内容包括地形图的测绘、建筑物的施工放样、建筑物的变形监测等。

2. 道路工程测量

道路工程测量是公路、铁路在勘测设计阶段、施工建设阶段、竣工验收阶段和运营管理阶段的测量工作。其主要内容包括：勘测设计阶段的带状地形图测绘，道路中线的初步测定，纵、横断面测量等；施工建设阶段的控制网检测，道路中线的恢复测量，路基和边坡放样测量，道路竖曲线测量等；竣工验收阶段的道路中线纵断面测量、路基和横断面测量；运营管理阶段的沉降和位移监测。

3. 桥梁工程测量

桥梁工程测量的主要内容包括：根据桥梁形式、跨径及设计精度建立施工控制网，桥梁墩台的细部放样及墩台模板放样，施工过程中的测量，竣工测量及运营中的监测。

4. 地下工程测量

地下工程测量首先要在地面上建立平面与高程控制网，随着地下工程的施工将地面上的坐标、方位及高程传递到地下，在地下进行平面与高程控制测量，然后根据地下控制点进行施工放样，指导开挖和衬砌施工。

5. 管线工程测量

油气电线路工程测量内容包括设计阶段的中线测量，纵、横断面测量，施工阶段的控制网检测和施工放样，竣工后的验收测量和运营中的监测。

6. 水利工程测量

水利工程测量的主要内容包括：为工程规划设计提供所需的地形资料、施工中的放样测量、运营管理中的变形监测。

7. 市政工程测量

市政工程测量的主要内容包括：工程建设规划、设计、施工和管理所进行的地形测量，施工过程中的放样测量，竣工测量和运营中的变形监测。

8. 变形监测

变形监测的主要内容包括基准控制网测量、变形监测点测量、变形监测数据处理、监测结果分析与预报。

1.2　工程测量发展现状

随着测绘科学技术的发展，传统的测绘技术走向数字化测绘技术，工程测量的领域不断拓宽，工程测量学与其他学科的相互渗透不断深入，工程测量学科正沿着测量数据采集和处理一体化、实时化方向发展。工程测量仪器正朝向精密化、自动化、信息化、智能化发展，而工程测量产品正朝向多样化和社会化发展。

1.2.1　大比例尺工程测图数字化

大比例尺地形图和工程专用图的测绘是工程测量重要内容之一。随着建设规模及城市化规模不断扩大，对地形图、土地利用图及地籍图的应用不断深入，需要缩短成图周期，实现成图数字化。

我国数字化成图技术发展迅速，测绘仪器不断推出新产品。例如，苏州一光仪器有限公司、南方测绘仪器有限公司等推出了性价比较高的全站仪、电子水准仪及 GNSS 接收机。测图软件更加成熟，例如，南方测绘的 CASS 测图软件，清华山维成图软件等。国内许多测绘单位也自主开发了一些测图软件,使数字化测图取代了传统的测图方法,有力地推动了我国测绘事业的数字化和信息化。

1.2.2 测量仪器的最新进展

由于施工测量的条件复杂,重复测量的工作量极大,因此,施工测量仪器的自动化、智能化是施工测量仪器发展的方向。具体表现为以下几个方面。

(1) 精密测角仪器已由传统的光学仪器发展到光电仪器。光电测角仪器不但实现了数据的自动获取、改正、传输、显示和存储,而且实现了目标自动照准,测角精度与光学仪器相当甚至更高。如 T2000、T3000 电子经纬仪不但采用了动态测量原理,而且其测角精度可达 $\pm 0.5''$。

(2) 精密距离测量仪器发展迅速,激光测距仪、光电测距仪与传统的距离丈量相比,其自动化程度与测距精度也越来越高。

(3) 全站型电子速测仪发展非常迅速,它实现了自动测角、测距、自动记录、计算及存储。全站仪极坐标测量系统是由一台高精度的测角、测距仪器构成的三维坐标测量系统(STS),如 Leica 公司推出的 TC2003,其测角精度为 $\pm 0.5''$,测距精度为 $1\text{mm} + 10^{-6} \times D$($D$ 为待测距离,单位为千米)。

(4) 数字摄影测量系统。数字摄影测量系统是利用近景摄影测量原理,通过两台高分辨率数码相机对待测物同时拍摄,从而获得物体的数字影像,并经计算机图像处理后得到精确的 X、Y、Z 坐标。目前市场上典型的数字摄影产品 V-SAPS 是由美国大地测量服务公司(GSI)生产的。数字摄影测量的最新进展是采用高分辨率的数码相机提高测量精度,同时可利用条码标志来实现控制点编号的自动识别,采用专用纹理投影可取代物体表面的标志设置,从而使数字摄影测量技术向着完全自动化的方向发展。

(5) 全球定位系统。在 GNSS 仪器方面,国内已有许多厂家可以生产高精度的双频 GNSS 接收机。实时动态技术的不断发展,使得 GNSS 技术的应用领域不断拓宽。用 GNSS 进行工程测量具有精度高、速度快、不受时间、气候条件和通视条件的限制,并可提供统一坐标系中三维坐标信息等优点,因此在工程测量中得到了广泛应用,例如,在城市控制网、工程控制网的建立与改造中,GNSS 技术得到了普遍应用,在地形测量、地籍测量、石油勘探、高速公路及铁路建设、通信线路、隧道贯通、变形测量、滑坡监测、地壳形变监测及地震监测中也广泛使用 GNSS 技术。

1.2.3 特种精密工程测量的发展

各种大型工程建设,需要进行特种精密工程测量。因为大型精密工程不仅施工复杂,而且对测量精度要求极高,所以需要使用精密测量和计量仪器,在超出计量的条件下,完成 10^{-6} 以上相对定位精度。例如,研究基本粒子结构和性质的高能粒子加速器工程,要求相邻两块磁铁的径间安装精度为 $\pm 0.1 \sim 0.2\text{mm}$,在粒子直线加速器中漂移管的横向精度为 $0.05 \sim 0.3\text{mm}$。要使工程测量达到如此高的精度,就必须采用最优的布网方案,埋设最稳的基准,研制专门的测量仪器,采用合理的测量方法和数据处理方法,以保证其测量精度。

1.3 工程测量数据处理自动化和数据库建设

随着测绘技术的不断发展,工程测量仪器不断进行更新换代,一方面由于仪器精度的提高,使诸多一般性的工程测量问题变得十分简单;另一方面又因精度的提高,使得工程测量获得的信息量增大,对数据动态处理和解释的要求也不断提高,进而使最终测量结果的精度及可靠性也大大提高。特别是在大型精密工程的施工建筑和工业设备的施工、安装、校检、质量控制及施工运营中的变形监测等方面,均要求工程测量工作者不但应具有极为丰富的经验,而且还应在测量技术方案的设计、仪器方法的选择等诸多方面,与相邻学科(建筑施工、地球物理、材料化学、工程地质及水文地质)的专业技术人员密切合作;在研究开发和制定合理的数据处理方案及计算机软件开发等方面,均应具备丰富的相关专业知识和独立的工作能力。

随着计算机科学技术的不断发展,工程测量的数据处理正在逐步趋于自动化。主要体现在对各种工程控制网的整体平差、控制网的优化设计、控制网的数据管理及变形监测数据的处理和结果分析等方面。

由于目前工程测量的数据采集和数据处理的自动化、数字化,测量工作者使用和管理这些海量工程测量信息的最佳途径就是建立工程测量数据库,亦可与 GIS 技术结合建立各种工程信息系统,从而增强工程测量信息的共享性。现在许多工程测量部门都建立了自己的数据库和信息系统,例如,控制测量数据库、地形图数据库、道路数据库、管网数据库、营房数据库、土地资源信息系统、文物管理信息系统、城市基础地理信息系统、军事工程信息系统等,从而为管理部门进行实时信息提取、数据检索和使用管理奠定了基础。

1.4　工程测量监理的任务和内容

工程测量监理工作的主要任务是确保工程施工方所进行的工程满足设计及规范要求。从工程施工准备到工程竣工验收,以及缺陷责任阶段,都离不开测量监理监督与检测,它贯穿于工程施工的整个过程和每一分项过程之中。因此,无论是在工程的施工过程中,还是在工程质量的控制中均起着非常关键的作用,是控制工程质量的主要手段之一。

1.4.1　测量监理的任务

在工程施工过程中,测量监理工作的主要任务包括以下八个方面。

(1) 进行监理合同段内工程设计的交接桩工作,对所交基准线、平面控制点、水准点及施工图纸所标注的数据进行复核,提出书面复核结果。若发现问题及时向工程总监反映,同时提出解决方案,供相关方面会商时参考。

(2) 制定监理段的复测标准及要求,组织施工测量方对交接的桩位进行复测;根据精度要求,审核控制点、水准点和加密点的复测精度。

(3) 审核放样资料,不但应对监理段内的测量数据进行计算复核,而且应对施工方的放样点进行复测检查,同时应对使用时间较长的点、线及高程进行定期复核,并做好记录。

(4) 每项复核工作开展前,认真做好复测方案和内业计算审核工作,对施工过程中关键部位的施工放样情况进行测量检查,并应协助施工工程师做好监理工作。

(5) 检查施工方的测量仪器及度量工具,监督其对测量仪器定期检验与标定。同时也应定期检查监理自备仪器和度量工具,并对其进行定期检验与标定。

(6) 当各分项工程竣工后,会同相关人员对工程进行验收,进行实测实量,做好记录。当分项工程及整个工程竣工后,要对整个工程进行实测实量的抽查,协助总监工程师做好竣工验收工作。

(7) 汇总各项测量复测成果,以便随时查阅,定期向工程总监汇报检测工作情况。

(8) 处于不同标段工程衔接处的控制点,当各标段对其测量的结果不一致时,测量监理工程师应在确认双方测量精度均在允许范围内的情况下决定取值,供相邻两个标段共同使用,以便整个工程的顺利衔接。

1.4.2　测量监理的内容

在工程施工过程中,测量监理工作的主要内容是负责整个工程及工程结构部位的测量监理工作。

1. 施工准备阶段的测量监理

1)组织交接桩

测量监理应熟悉合同内容,组织施工方对原有测设的位置桩、平面基点桩及水准点进行复测,若发现原有桩点不足、不稳妥、被移动或精度不符合要求时,应通知原测设单位进行补测,直至符合要求,方可交付施工单位使用。

2)审批施工方测量人员及测量仪器

要求施工方申报测量人员的数量、专业技术职称及承担过的工程测量项目等资料,经监理工程师审查符合要求后,按其最后审批的人员进行施工测量工作。

要求施工方申报所使用的仪器及设备的数量、型号,若仪器或设备精度不能满足施工放样要求时,要求施工单位应立即更换或补充能够满足要求的仪器和设备。

3)审批施工放样方案

施工方应申报施工放样方案,经测量监理工程师审批后方可组织实施。为了保证施工放样的准确性和可靠性,在测定工程建筑物的重要基线和基点时,必须采用在一个控制点上放样,而用另外一个控制点进行检核的方案。对于临时水准点,至少应采用往返测进行检核,等满足规范要求时方可使用。

2. 分项工程的测量监理

1)分项工程开工前

施工方应根据批准后的方案进行放样。对工程任何组成部分进行放样时,均应填写施工测量放样报验单,并将放样数据和图表一式两份报测量监理工程师审批。

测量监理工程师对施工方提交的放样资料进行检查,必要时还应进行复测。在符合规范的前提下方可对施工放样报告单签字认可。其中一份返回给施工方,另一份测量监理存档。测量监理工程师根据需要,将施工测量放样报告单及其附件的复印件转送工程监理工程师,以供检查下一道工序时使用。

2)分项工程竣工后

在每个分项工程完工后,施工方应在构筑物上定出十字线和标高,并将数据资料整理后填报施工放样报验单供测量监理工程师审批。测量监理工程师将审批结果转告工程监理工程师,以便对成品验收,也是下道工序监理的依据。

3)分项工程施工中测量监理

为保证工程的施工质量,测量监理工程师应指导施工方加强施工过程中的测量工作,确保放样位置的准确性,把好质量控制关。在工程施工中进行大量混凝土灌注时,施工方测量人员应随时在现场观测,以防模板的移动或变形。另外,处在钢筋的预应力张拉前后,应加强测量监理工作。

3. 平面控制点和水准点的测量监理

对于大型或特大型工程,由于施工周期较长,以防平面控制点和水准点的变形而影响放样精度,一般情况下要求施工方每隔半年对平面控制点和水准点进行一次全面复测,并对临时水准点进行检验。施工方应对以上测量进行记录,整理并填写复测资料后,报测量监理工程师审批。

当临时水准点和辅助控制点因施工原因受到扰动或破坏时,测量监理工程师应及时提醒施工方进行恢复,必要时可将其移动到相对安全稳定的地方,所形成的测量资料亦应报测量监理工程师审批。

另外,对于标段之间的控制点,因各标段的测量结果一般不相同,测量工程师应在确认双方测量精度均符合要求的前提下决定取值,以供相邻标段使用。

习　题

1. 简述工程测量学的概念。
2. 简述工程测量学研究的任务及内容。
3. 简述工程测量学在国民经济建设中的作用。
4. 简述工程测量监理的作用。
5. 工程测量监理的主要内容有哪些?

第2章　工程测量的基本工作

2.1　概　　述

工程测量就其对象而言,包括工业与民用建筑工程测量、道路工程测量、桥梁工程测量、地下工程测量、管线工程测量、水利工程测量、市政工程测量、变形监测等。在实际测量中,这些内容既相互独立,又相互联系。一般而言,工程测量的实施包括以下三个阶段。

2.1.1　规划设计阶段

在规划设计阶段工程测量主要是建立工程控制网,为项目规划的实施提供各种比例尺的地形图和相关的地形数据资料及属性信息,并为施工准备期进行的地质勘探及水文测验提供位置及高程等。

2.1.2　施工建设阶段

经过设计论证及勘测后,项目进入施工建设阶段。施工测量的基本任务就是利用已知点来确定未知点的位置,也就是根据施工要求在现场标定工程建筑物特征点的位置,作为实地修建的根据。为此,首先应根据工程所处位置的地形、工程性质、精度要求及施工计划等建立符合工程要求的施工控制网,作为施工放样的依据,然后结合施工进度要求,采用最佳放样方法,将图纸设计的内容放样到实地。

为了保证放样的位置准确无误,在放样中应遵循"先控制,后碎部"的基本原则。例如,道路中线放样的程序应该是先进行导线(线性锁)点的敷设与联测,然后进行中线放样。有时为了防止施工与设计的周期差而导致的控制点偏移,在放样前还应对控制网进行复测。在工程竣工验收时,还应进行竣工测量,并将其成果作为工程日后运行期间维护及管理的依据。

2.1.3　经营管理阶段

在工程建筑物运营期间,为了了解安全及稳定情况,验证其设计是否科学合理,需要定期对工程建筑物的位移、沉降、倾斜及摆动进行变形监测。

设计图纸是工程施工的依据,一般的工程结构均通过各种图纸来反映,因此,工程测量者必须善于识图和读图,才能保证施工放样测量的精度与方法的合理性。在规划测量前应了解该项目的性质及作用,总体布置特点和与周边环境的关系;在施工放样前,应了解工程的结构,掌握各部分之间的关系,熟悉施工的步骤、方法、现场环境、工程的作用和要求,从而确定工程放样方案及放样的点、线、面,找出其间的关系,推算出它们的平面与高程位置以及它们与控制点之间的关系。

为了保障工程建设的质量,测量工作者必须做到以下几点:

(1)坚持严格求实的工作态度,为了确保测量成果的准确性,要坚持测量、计算的检核制度,对不符合技术规定的成果,一律剔除并进行返工。

(2)必须做到与施工人员密切配合,应实时了解工程进展和工程设计的临时变更,掌握施工精度要求,保证施工顺利进行。

(3)测量仪器是保证测量成果精度与可靠性的前提,因此必须坚持仪器的检验制度,从而保证设备工作时的完好性,进而确保测量工作的顺利实施。

2.2　工程控制网的优化设计

工程控制网是施工放样的基础,其布网的合理性及精度都对工程施工质量起着决定性作用。

2.2.1　工程控制网优化设计的概念

工程控制网的优化设计就是在一定的人力、物力及财力情况下,设计出精度高、灵敏度高、可靠性强和费用最省的控制网布设方案。也就是说,根据具体工程情况设计出最优的网形,并结合控制网实际质量要求制定出最佳观测方案,指导测量技术人员选择适当的测绘仪器,制定科学合理的工作方案,从而大量节省外业工作时间和费用,提高工效。

现代控制网优化设计与经典控制网设计不同,在精度设计方面,它克服了经典控制网设计的盲目性,最大限度地实现预定的精度结构要求,如精度分布的均匀性或误差椭圆的特定指向等。它可同时顾及控制网的精度、可靠性及经费开支等设计指标,借助优化设计的数学方法,利用计算机科学技术,通过精准的计算在诸多设计方案中选择出最优的设计方案。

根据目前对控制网优化设计问题的分类方法,可将其分为零类优化设计、一类优化设计、二类优化设计和三类优化设计。优化设计的具体实施方法有解析法和机助模拟设计法两种。其中,解析法是根据工程实际,建立严格的最优数学模型,然后按照数学方法进行求解。机助模拟设计法则是一种人机对话方式,利用观测值对各质量准则及约束条件的敏感性逐个选择观测值,进行计算,直到设计者对观测值方案满意为止。

2.2.2　工程控制网优化设计的解析法

解析法优化设计的步骤为:根据工程实际要求,建立最优数学模型;分析数学模型,选择合适的求解方法;编写计算程序进行计算。

1. 零类优化设计

零类优化设计的实质就是在控制网形与观测条件确定的情况下,确定控制点坐标 x 与其协因素 Q_x 达到目标函数的最佳值,一般而言,零类优化的实质就是一个平差问题。根据工程实际情况和布网目的,亦可将工程控制网的零类优化分为以下几种情况:①工程本身同国家或地方坐标系有关,例如,用于城市日常测量的工程控制网、地形测量控制网及地籍测量控制网等。②对个别网点有特殊要求的专用控制网。③各网点均具有同样重要性的局部工程控制网。④变形监测控制网。

对于工程本身同国家或地方坐标系有关的情况,其测量目的是保证工程控制点处在国家或地方坐标系的指定位置,它必须以国家或地方坐标系为参考系。因此,不存在控制网基准选择问题,只需将工程控制网与国家或地方坐标系进行联测,将网中的国家或地方坐标作为起算点即可。

对于工程控制网中个别点有特殊要求的专用控制网而言,则应结合工程的实际情况来选择坐标系。例如,大坝施工控制网,由于坝体及诸多附属设施的设计均以大坝的轴线为依据,测量目的是保证这些设施与大坝轴线处于一定的相互关系中,因此,可将大坝轴线的两个端点作为控制网的参考基准。

对于一般的局部工程控制网,可以该工程控制网为基础进行施测与定位,其任意点的位置或任意点与点之间的函数关系可表示为

$$F = f(X, L_s) \tag{2-1}$$

式中，X 为工程控制网点的坐标向量；L_s 为工程控制网进行施测与定位时的观测值；F 为该工程控制网进行施测与定位时任意点的位置或任意点与点之间的函数关系。

将其线性化后为

$$\delta F = \frac{\partial f}{\partial X}\delta X + \frac{\partial f}{\partial L_s}\delta L_s \qquad (2\text{-}2)$$

令 $f = \dfrac{\partial f}{\partial X}$，$f_s = \dfrac{\partial f}{\partial L_s}$，根据误差传播定律则有

$$Q_F = f^{\mathrm{T}}Q_x f + f_s^{\mathrm{T}}Q_{L_s}f_s \qquad (2\text{-}3)$$

工程控制网设计的目的之一是使控制网的测量误差 Q_F 影响最小，即

$$\mathrm{tr}(f^{\mathrm{T}}Q_x f) = \min \qquad (2\text{-}4)$$

因为 F 是任意的，且各点均具有同样的重要性，所以 f 也是任意的，不偏向任何点，因而有

$$\mathrm{tr}(f^{\mathrm{T}}Q_x f) = \min \Leftrightarrow \mathrm{tr}(Q_x) = \min \qquad (2\text{-}5)$$

满足 $\mathrm{tr}(Q_x) = \min$ 的参考基准为秩亏自由网平差基准。

对于变形监测控制网，其基准选择有两种情况：一种是布网时基准的选择，另一种是变形控制网平差及变形分析时的基准选择。根据变形监测目标的具体情况，在变形控制网设计时可选择秩亏自由网平差基准或拟稳平差基准。

2. 一类优化设计

一类优化设计问题的实质就是设计最佳网点的位置，也就是在观测值权阵一定的前提下，确定与网形有关的设计矩阵。因为工程地形条件的限制和具体工程控制网的不同要求，网中一部分点的位置已经确定，而另一部分点的位置只能在一定范围内变动，所以必须设计出这些点的位置，从而获得最佳的设计方案。

1）利用变量轮换法进行点位优化

由测量平差知，未知数函数 f 的权倒数关系式为

$$Q_f = f^{\mathrm{T}}Q_x f \qquad (2\text{-}6)$$

因为矩阵中的元素是未知数 x 的函数，所以式（2-6）又可以写为

$$Q_\phi = \phi(X) = \phi(x_1, y_1; x_2, y_2; \cdots; x_i, y_i) \qquad (2\text{-}7)$$

我们可以把网点分为两类点，第一类为特殊工程需要固定的点，或因工程地形条件、地质条件等因素限制不能移动位置的点；第二类为可在一定范围内按优化方法来确定的点。若网中包含有 P 个二类点，各点位置的变动范围为

$$x_{ai} \leqslant x_i \leqslant x_{bi}, \quad y_{ai} \leqslant y_i \leqslant y_{bi} \qquad (2\text{-}8)$$

式中，x_{ai}、x_{bi} 分别是 X 变动的下界、上界，y_{ai}、y_{bi} 分别是 Y 变动的下界、上界。因为第一类网点为固定点，在式（2-8）中为常数，所以，在此建立第二类网点坐标变量的目标函数：

$$Q_\phi = \phi(x_1, y_1; x_2, y_2; \cdots; x_p, y_p) \qquad (2\text{-}9)$$

在前面所限定的范围内，找出一组（P 个）点的坐标，并使目标函数式（2-9）取得最小值，即

$$X' = (x_1', y_1'; x_2', y_2'; \cdots; x_p', y_p')^{\mathrm{T}} \qquad (2\text{-}10)$$

$$\phi(X) = \min\phi(X) \qquad (2\text{-}11)$$

这即为优化设计所要的最优解。求解的方法可采用一维搜索法,即变量轮换法,从而对 $2p$ 个变量沿坐标轴方向按变量轮换法探求最优位置。此种方法不需要计算目标函数的导数,对一般控制网而言,简单易行,但对于高维控制网计算时比较困难。

2) 利用梯度法进行点位优化

在此首先设目标函数,由式(2-7)同理可得

$$Z = f^{\mathrm{T}} Q_x f \tag{2-12}$$

式中,f 为权函数系数的列向量,在构网允许的范围内,若第二类点 K 在 X 轴移动 ΔX_K,则 K 点的位移量同目标函数 Z 的关系式为

$$\Delta X_K^{(K)} = f^{\mathrm{T}} \Delta Q_x^{(K)} f \tag{2-13}$$

从而可以推导出目标函数 Z 相对于 X 的偏导数关系式。若网中有 P 个第二类点时,则目标函数的梯度向量 ∇Z 为

$$\nabla Z = \left[\frac{\partial Z}{\partial x_1} \ \frac{\partial Z}{\partial y_1} \cdots \ \frac{\partial Z}{\partial x_P} \ \frac{\partial Z}{\partial y_P} \right] \tag{2-14}$$

设梯度方向的单位向量为 D,则有

$$D = \frac{\nabla f(x)}{\parallel \nabla f(x) \parallel} = \frac{\nabla Z}{\parallel \nabla Z \parallel} \tag{2-15}$$

式中,$\parallel \nabla Z \parallel = \left[\sum_{K=1}^{p} \left(\frac{\partial Z}{\partial x_K} \right)^2 + \sum_{K=1}^{p} \left(\frac{\partial Z}{\partial y_K} \right)^2 \right]^{\frac{1}{2}}$。

当沿负梯度方向搜索时,则有

$$X^{n-1} = X^n - \lambda D^{(n)}, \quad \lambda \geqslant 0 \tag{2-16}$$

式中,n 为迭代次数;λ 为步长。

具体的求解方法为:首先设定初始值 $X^{(0)}$,求梯度向量 $D^{(0)}$,然后再按负梯度方向进行搜索,得到 $X^{(1)}$,由此计算 $D^{(1)}$ 的位置,并将其作进一步搜索直到满足精度要求。计算出的 $X^{(1)}$ 就是该条件下最佳图形结构的网点。

3. 二类优化设计

当工程控制网的点位设计确定之后,接下来就是确定这些控制点之间应进行哪些观测和如何观测,也就是在已知控制网的设计矩阵的情况下,怎样找出观测值的权阵,即控制网二类优化设计。为此,必须根据现有仪器设备从控制网的精度、可靠性、灵敏度及经济指标等方面出发,制订合理的观测方案。

4. 三类优化设计

此类优化设计就是按优化设计的原则对一个现有的工程控制网通过测量新点和新的观测元素来改善现有加密网,也就是对现有控制网进行改造。因此,此类优化设计涉及两个问题,首先是如何选择最佳点位,其次是观测计划和观测精度的变化及两者的相互影响。因此,其实质是一、二类设计的综合应用,即控制网的动态设计,其数学模型比较复杂,在此不作介绍。

三类优化设计一般是采用序贯优化方法来实现的。而序贯优化可分为两种形式,即控制网逐次构造法和控制网逐次缩减法。

控制网逐次构造法就是从一个仅有必要观测的"最小"图形出发,逐步扩展观测设计,使每一步所增加的观测量都能为目标函数产生最大的增益,一旦目标函数达到预定要求,且费用不超出给定的上界时,则优化过程完成。

控制网逐次缩减法的实质是采取相反的过程,它是从一切可能观测的图形开始,逐步剔除

那些对目标函数影响较小的观测量,此时控制网的精度和可靠性也将逐步降低,一旦达到规定的下限,且经费达到一个合理的标准时,则优化过程完成。

这两种方法的关键就是每一步均应计算全网的方差-协方差,对全网方差求逆。为了提高计算速度,减少求逆次数,通常采用分组最小二乘平差。在此基础上进行外业经费的优化,然后再对精度和可靠性指标进行调整优化,从而形成一个迭代过程。

2.3　导线控制测量

在进行导线测量中,若用导线作首级控制网时,则应布设成导线网,其他情况下,导线宜布设成附合导线。当导线交叉时,则应设置结点,且导线点与结点,以及结点之间的分段长度均不得大于单附合导线规定长度的 0.7 倍。导线点间的长度不得超过单附合导线规定长度的 1.5 倍。

二、三、四等电磁波测距导线的主要技术要求见表 2-1。

2.3.1　导线形式

导线形式通常分为闭合导线、支导线和附合导线,如图 2-1 和图 2-2 所示。

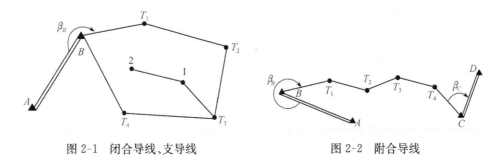

图 2-1　闭合导线、支导线　　　　　　　　图 2-2　附合导线

2.3.2　导线测量外业工作

导线测量的外业工作包括:踏勘选点埋设标志、角度测量、边长测量及导线定向。

1. 选点埋设

在导线外业踏勘选点之前应了解测区的范围、地形起伏及已有控制点的情况,收集相关比例尺的地形图资料,并结合已知点的分布、工程具体要求和测区情况,在测区已有地形图上拟定导线布设方案,然后再到野外进行踏勘、核对、修改并最终选定导线点位。如果测区没有地形图,则应详细踏勘现场,根据地形和工程需求合理地确定导线点的位置。在选点时应注意以下几点:

(1) 导线点应选在土质坚硬、交通便利、便于安置仪器和长期保存标志的地方。

(2) 相邻导线点必须通视,且应便于进行角度和边长测量。

(3) 导线点应选在地势较高、视野开阔、远离高压线、便于工程应用的地方。

(4) 导线点一般应均匀的布设在测区内,且边长大致相等,避免前后边长相差太大。

导线点的形式如图 2-3 和图 2-4 所示。

表 2-1　二、三、四等电磁波测距导线的主要技术要求

项目 测区	等级	导线长度/m	测距中误差/mm	最多转折角数 1:500 1:1000	最多转折角数 1:2000	最多转折角数 1:5000	最多转折角数 1:10000	测角中误差/(")	方位角闭合差/(")	导线全长相对闭合差	最弱相邻点边长相对中误差
水利枢纽地区	二等	80000	±20	8				±1.0	±2$\sqrt{n}$	1/110000	1/150000
	三等	15000	±20	10	15			±1.8	±3.6$\sqrt{n}$	1/60000	1/80000
	四等	10000	±15	5	20			±2.5	±5$\sqrt{n}$	1/40000	1/40000
非水利枢纽地区	二等	80000	±20			8		±1.0	±2$\sqrt{n}$	1/110000	1/150000
	三等	12000	±30			25	35	±1.8	±3.6$\sqrt{n}$	1/60000	1/80000
	四等	8000	±20			35	40	±2.5	±5$\sqrt{n}$	1/40000	1/40000

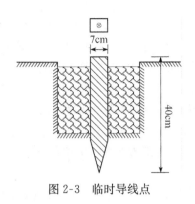

图 2-3　临时导线点

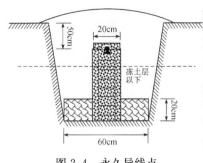

图 2-4　永久导线点

2. 角度观测

导线的转折角一般采用测回法观测(表 2-2),对于附合导线一般观测导线的左角(位于导线前进方向左侧的角);闭合导线一般测量内角。根据导线的等级不同,可选用不同的测角仪器,如 DJ$_6$、DJ$_2$ 及相应等级的全站仪等。

表 2-2　测回法观测手簿

测站	竖盘位置	目标	水平度盘读数	半测回角值	一测回角值	各测回平均角值	备注
第一测回 O	左	A	0°24′18″	73°28′18″	73°28′24″	73°28′28″	
		B	73°52′36″				
	右	A	180°23′54″	73°28′30″			
		B	253°52′24″				
第二测回 O	左	A	90°20′00″	73°28′42″	73°28′33″		
		B	163°48′42″				
	右	A	270°19′48″	73°28′24″			
		B	343°48′12″				

3. 边长测量

导线边长可用光电测距仪测定,同时观测竖直角,供倾斜改正用,亦可用全站仪直接测量水平距离。若用钢尺丈量,钢尺必须经过检定。钢尺丈量仅适用于一、二级导线测量。

4. 导线定向

在测区建立的导线是独立导线时,则应用罗盘仪测定第一条边的磁方位角 α_{AB},并假定出第一个点 A 的坐标(x_A,y_A)作为导线的起算数据。

当新建的导线与高级控制点相连接时,如图 2-1 所示,闭合导线,要测定连接角 β_B,进行定向。附合导线是两端与高级控制点相连接,如图 2-2 所示,要测定连接角 β_B 和 β_C 进行导线定向与校核。

2.3.3　导线测量内业计算及成果整理

导线测量的内业计算,是根据导线测量外业所获得的起算数据和观测资料,通过平差计算,最后计算出各导线点的平面坐标。

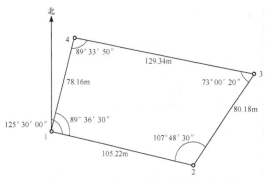

图 2-5　导线内业计算略图

1. 闭合导线内业计算

在进行导线内业计算之前,应全面检查外业记录计算是否合乎要求,起算数据是否正确,并在此基础上绘出导线略图,如图 2-5 所示。

内业计算中数据的取位,对于四等以下的小三角及导线,角值取至秒,边长及坐标取至毫米。对于图根控制,角值取至秒,边长及坐标取至厘米。

现以图 2-5 中的实测数据为例,说明闭合导线内业计算步骤。

1）准备工作

将检查过的外业观测数据及起算数据填入表 2-3 中。

2）角度闭合差平差

n 边形闭合导线内角和的理论值为

$$\sum \beta_{理} = (n-2) \cdot 180° \qquad (2\text{-}17)$$

由于观测角含有误差,使得实测内角和 $\sum \beta_{测}$ 不等于其理论值,从而产生角度闭合差,其计算公式为

$$f_\beta = \sum \beta_{测} - \sum \beta_{理} \qquad (2\text{-}18)$$

根据测角中误差求出导线角度闭合差的允许值 $f_{\beta允}$,若 f_β 超过允许值,说明所测转角不符合要求,应对转角进行检测。若 f_β 在允许范围以内,则可将闭合差反符号后平均分配于各观测角中。

改正后内角之和应为 $(n-2)\times180°$,在此例中应为 $360°$,用以检核计算。

3）用改正后的导线左角（右角）推算各边坐标方位角

根据起始边方位角和改正角推算其余各边的坐标方位角。

$$\alpha_{前} = \alpha_{后} + 180° \pm \beta \qquad (2\text{-}19)$$

在本例中,观测角为左角,则式(2-19)中取"＋"号,并推算出导线各边的坐标方位角,列入表 2-3 中。

在推算中还应注意以下几点:

(1) 若推算出的 $\alpha_{前} > 360°$,应减去 $360°$。

(2) 用式(2-19)计算时,若观测角为右角,当 $(\alpha_{后}+180°)<\beta$,应加上 $360°$,再减去 β。

(3) 在推算闭合导线各边坐标方位角时,推出的方位角应与原已知方位角值相等,否则应重新检查计算过程。

图根闭合导线坐标计算见表 2-3。

4）坐标增量计算

如图 2-6 所示,1 号点的坐标 (x_1, y_1) 及 1-2 边的坐标方位角 (α_{12}) 均为已知,边长 D_{12} 为实测值,则 2 号点的坐标为

表 2-3　图根闭合导线坐标计算

点号	观测角	改正数/(″)	改正角	坐标方位角 α	距离 D/m	增量计算值				改正后增量		坐标值	
						Δx/m	横坐标增量改正数 v_x/mm	Δy/m	纵坐标增量改正数 v_y/mm	Δx/m	Δy/m	x/m	y/m
1	107°48′30″	+13	107°48′43″	125°30′00″	105.22	−61.10	−2	+85.66	+2	−61.12	+85.68	500.00	500.00
2	73°00′20″	+12	73°00′32″	53°18′43″	80.18	+47.90	−2	+64.30	+2	+47.88	+64.32	438.88	585.68
3	89°33′50″	+12	89°34′02″	306°19′15″	129.34	+76.61	−3	−104.21	+2	+76.58	−104.19	486.76	650.00
4	89°36′30″	+13	89°36′43″	215°53′17″	78.16	−63.32	−2	−45.82	+1	−63.34	−45.81	563.34	545.81
1				125°30′00″								500.00	500.00
2													
总和	359°59′10″	+50	360°00′00″		392.90		−0.09		+0.07	0.00	0.00		

辅助计算：

$\sum \beta_{测} = 359°59'10''$

$-\sum \beta_{理} = 360°00'00''$

$\overline{\qquad\qquad\qquad}$

$f_\beta = -50''$

$f_{\beta容} = \pm 60''\sqrt{4} = \pm 120''$

$f_x = \sum \Delta x_{测} = +0.09 \qquad f_y = \sum \Delta y_{测} = -0.07$

导线全长闭合差 $f_D = \pm \sqrt{f_x^2 + f_y^2} = \pm 0.11\text{m}$

导线全长相对闭合差 $K = \dfrac{0.11}{392.90} \approx \dfrac{1}{3500}$

容许相对闭合差 $K_容 = \dfrac{1}{2000}$

北　α　β₁　β₂　β₃　β₄　1　2　3　4

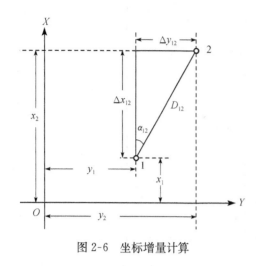

图 2-6　坐标增量计算

$$\left.\begin{aligned} x_2 &= x_1 + \Delta x_{12} \\ y_2 &= y_1 + \Delta y_{12} \end{aligned}\right\} \tag{2-20}$$

式中,Δx_{12}、Δy_{12} 为坐标增量,即 1 号点、2 号点的坐标差。

根据图 2-6 中的几何关系,坐标增量的计算公式为

$$\left.\begin{aligned} \Delta x_{12} &= D_{12}\cos\alpha_{12} \\ \Delta y_{12} &= D_{12}\sin\alpha_{12} \end{aligned}\right\} \tag{2-21}$$

式中,Δx、Δy 的正负号由其函数值的正负号来决定。

按式(2-21)计算出对应边的坐标增量值,并填入表 2-3。

5) 坐标增量闭合差的计算与调整

因为闭合导线坐标增量是从一点出发,最后再回到同一点上,所以,其纵、横坐标增量代数和的理论值应为零,即

$$\left.\begin{aligned} \sum \Delta x_{理} &= 0 \\ \sum \Delta y_{理} &= 0 \end{aligned}\right\} \tag{2-22}$$

然而,由于实际上存在着边长测量误差和角度闭合差调整后的残差,往往使得 $\sum \Delta x_{测}$ 和 $\sum \Delta y_{测}$ 不等于零,从而产生纵坐标增量闭合差 f_x 与横坐标增量闭合差 f_y,即

$$\left.\begin{aligned} f_x &= \sum \Delta x_{测} \\ f_y &= \sum \Delta y_{测} \end{aligned}\right\} \tag{2-23}$$

由于 f_x 和 f_y 的存在,使得导线无法闭合,如图 2-7 所示。其中,f_D 被称为导线全长闭合差,可用下式计算:

$$f_D = \pm\sqrt{f_x^2 + f_y^2} \tag{2-24}$$

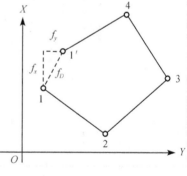

图 2-7　坐标闭合差

因为单靠 f_D 值的大小还无法准确地反映导线测量的精度,所以,应将 f_D 与导线全长 $\sum D$ 相比,并以分子为 1 的分数形式来表示导线全长相对闭合差,即

$$K = \frac{f_D}{\sum D} = \frac{1}{\sum D / f_D} \tag{2-25}$$

用导线全长相对闭合差 K 来衡量导线测量的精度,K 值越小,导线测量的精度越高。对于不同等级的导线测量,其全长相对闭合差的允许值 $K_{容}$ 也不同。

若 $K > K_{容}$,则表明其测量成果不合格。此时应首先检查内业计算是否正确,然后对外业

观测成果进行检查,必要时应进行外业返工;若 $K < K_容$,则表明其测量成果符合精度要求,即可进行调整,此时可将 f_x 及 f_y 反其符号后,按边长成比例分配到各边的纵、横坐标增量中去。若以 v_{x_i}、v_{y_i} 分别表示第 i 条边的纵、横坐标增量改正数,则有

$$\left. \begin{aligned} v_{x_i} = -\frac{f_x}{\sum D} \cdot D_i \\ v_{y_i} = -\frac{f_y}{\sum D} \cdot D_i \end{aligned} \right\} \tag{2-26}$$

纵、横坐标改正数之和应满足下式:

$$\left. \begin{aligned} \sum v_x = -f_x \\ \sum v_y = -f_y \end{aligned} \right\} \tag{2-27}$$

计算出各坐标增量改正数填入表 2-3 中相应的栏内;将各坐标增量值加上相应的改正数,即得改正后的坐标增量值,亦填入相应的栏内。改正后的纵、横坐标增量之代数和均应为零,以作为计算检核。

6) 计算导线各点坐标

根据起点 1 的已知坐标(该例中 $x = 500.00\text{m}$,$y = 500.00\text{m}$)及改正后的各边坐标增量,用下式依次推算出其余各点的坐标值

$$\left. \begin{aligned} x_前 = x_后 + \Delta x_改 \\ y_前 = y_后 + \Delta y_改 \end{aligned} \right\} \tag{2-28}$$

并将计算得到的坐标值填入表中相应的栏内。最后推算出起点 1 的坐标,其值应与原有的点 1 坐标数值一致,以便进行检核。

综上所述,根据已知点坐标、已知边长及已知坐标方位角来计算待定点坐标,称为坐标正算。若利用两已知点的平面直角坐标值来计算其边长及坐标方位角,则称为坐标反算。

2. 附合导线计算

因为附合导线与闭合导线仅是形式上的差异,所以,其坐标增量计算过程完全相同,只是角度闭合差和坐标闭合差的计算不同。在此重点介绍其不同之处。

图 2-8 是一实测附合导线。其中,A、B、C、D 为高级控制点,α_{BA}、α_{CD} 及 B、C 两点的坐标

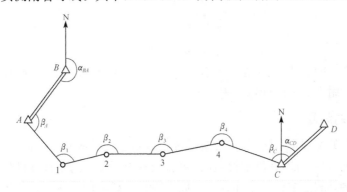

图 2-8　附合导线

为已知的起算数据，β_i 与 D_i 分别为实测的角度和边长值。因为已知的起算数据精度远高于实测数据的精度，所以可以认为其是无误差的。这样附合导线必然存在以下几何条件：一是方位角闭合条件，即从已知方位角 α_{BA} 出发，利用 β_i 的观测值推算出的坐标方位角 α'_{CD} 应等于已知的 α_{CD}；二是纵、横坐标闭合条件，即由 A 点的已知坐标 x_A、y_A 推算出 C 点坐标 x'_C、y'_C 应与已知的 x_C、y_C 相等。

1）角度闭合差计算

根据起始边的已知坐标方位角 α_{BA} 及实测的左角可计算出 CD 边的坐标方位角 α'_{CD}。

$$\alpha_{A1} = \alpha_{BA} - 180° + \beta_A$$
$$\alpha_{12} = \alpha_{A1} - 180° + \beta_1$$
$$\alpha_{23} = \alpha_{12} - 180° + \beta_2$$
$$\alpha_{34} = \alpha_{23} - 180° + \beta_3$$
$$\alpha_{4C} = \alpha_{34} - 180° + \beta_4$$
$$\alpha'_{CD} = \alpha_{4C} - 180° + \beta_C$$

将以上各式求和可得

$$\alpha'_{CD} = \alpha_{BA} - 6 \times 180° + \sum \beta_i \tag{2-29}$$

写成一般公式则为

$$\alpha'_{CD} = \alpha_{BA} - n \times 180° + \sum \beta_i \tag{2-30}$$

角度闭合差 f_β 为

$$f_\beta = \alpha'_{CD} - \alpha_{CD} \tag{2-31}$$

附合导线坐标方位角闭合差的调整与闭合导线相同。

2）坐标增量闭合差计算

根据附合导线应满足的几何条件，其各边坐标增量代数和的理论值应与 C、B 坐标之差相等，即

$$\left.\begin{array}{l} \sum \Delta x_{理} = x_C - x_B \\ \sum \Delta y_{理} = y_C - y_B \end{array}\right\} \tag{2-32}$$

根据式（2-21）计算出 $\Delta x_{测}$ 和 $\Delta y_{测}$，则其坐标增量闭合差为

$$\left.\begin{array}{l} f_x = \sum \Delta x_{测} - (x_C - x_B) \\ f_y = \sum \Delta y_{测} - (y_C - y_B) \end{array}\right\} \tag{2-33}$$

附合导线的全长闭合差、全长相对闭合差、允许相对闭合差的计算及坐标增量闭合差计算与闭合导线相同。附合导线的计算见表 2-4。

2.3.4　全站仪导线测量

随着测量技术的发展，全站仪作为先进的测量仪器已在导线测量中得到了全面的应用，因为全站仪具有坐标测量功能，在外业测量时，可直接获得观测点的坐标，所以，在成果处理中可以将坐标作为直接观测值进行平差计算。下面以附合导线为例讲述全站仪导线测量过程。

表 2-4　附合导线坐标计算

点号	观测角	改正数/(″)	改正角	坐标方位角 α	距离 D/m	增量计算值				改正后增量		坐标值	
						横坐标增量改正数 v_x/mm	Δx/m	Δy/m	纵坐标增量改正数 v_y/mm	Δx/m	Δy/m	x/m	y/m
B				237°59′30″									
A	99°01′00″	+6	99°01′06″	157°00′36″	225.85	+5	−207.91	+88.21	−4	−207.86	+88.17	2507.69	1215.63
1	167°45′36″	+6	167°45′42″	144°46′18″	139.03	+3	−113.57	+80.20	−3	−113.54	+80.17	2299.83	1303.80
2	123°11′24″	+6	123°11′30″	87°57′48″	172.57	+3	+6.31	+172.46	−3	+6.16	+172.43	2186.29	1383.97
3	189°20′36″	+6	189°20′42″	97°18′30″	100.07	+2	−12.73	+99.26	−2	−12.71	+99.24	2192.45	1556.40
4	179°59′18″	+6	179°59′24″	97°17′54″	102.48	+2	−13.02	+101.65	−2	−13.00	+101.63	2179.74	1655.64
C	129°27′24″	+6	129°27′30″	46°45′24″								2166.74	1757.27
D													
Σ	888°45′18″	+36	888°45′54″		740.00		−341.10	+541.78		−340.95	+541.64		

辅助计算

$$\alpha_{BA} = 237°59′30″$$

$$\underline{\sum \beta_i = 888°45′18″}$$

$$1126°44′48″$$

$$\underline{-6 \times 180° = -1080″}$$

$$\alpha'_{CD} = 46°44′48″$$

$$\underline{-\alpha_{CD} = 46°45′24″}$$

$$f_\beta = -36″$$

$$f_{\beta容} = \pm 40″\sqrt{6} = \pm 97″$$

$$\sum \Delta x_测 = -341.10 \qquad \sum \Delta y_测 = +541.78$$

$$\underline{-)x_C - x_A = -340.95} \qquad \underline{-)y_C - y_A = +541.64}$$

$$f_x = 0.15 \qquad\qquad f_y = +0.14$$

导线全长闭合差　$f_D = \pm \sqrt{f_x^2 + f_y^2} = \pm 0.20\text{m}$

导线全长相对闭合差　$K = \dfrac{0.20}{740} = \dfrac{1}{3700}$

容许相对闭合差　$K_容 = \dfrac{1}{2000}$

1. 外业观测

全站仪导线测量的外业工作除踏勘选点及埋设标志外,主要是测得各导线点坐标及相邻两点间的边长,并填入表中作为外业观测值。如图 2-9 所示,外业观测步骤为:

(1) 将全站仪安置于 B 点,棱镜分别安置于 A 点及 1 号点,利用 A 点进行定向,测定高级控制点 B 与 1 号点之间的距离 D_{B-1} 及 1 号点的坐标 (x'_1, y'_1)。

(2) 将全站仪安置于已测坐标的 1 号点,棱镜分别安置于 B 点及 2 号点,用上述方法可测得 1 号点、2 号点的距离 D_{1-2} 和 2 号点的坐标 (x'_2, y'_2)。

(3) 依此方法进行观测,直至测得另一个高级控制点 C 的坐标 (x'_C, y'_C)。

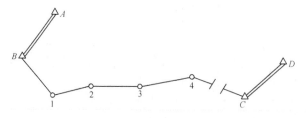

图 2-9　全站仪导线测量

2. 内业计算

内业计算见表 2-5。在图 2-9 中,设 C 点的已知坐标为 (x_C, y_C),其观测值为 (x'_C, y'_C),则其坐标纵、横闭合差为

$$\left. \begin{array}{l} f_x = x'_C - x_C \\ f_y = y'_C - y_C \end{array} \right\} \tag{2-34}$$

由此可以计算出导线全长闭合差为

$$f = \pm\sqrt{f_x^2 + f_y^2} \tag{2-35}$$

因为导线全长绝对闭合差是随着导线长度的增加而增大,所以,导线精度是用导线全长相对闭合差 K 来衡量的,即

$$K = \frac{f}{\sum D} = \frac{1}{\sum D / f} \tag{2-36}$$

式中, $\sum D$ 为导线全长。

当 $K \leqslant K_容$ 时,说明观测值结果符合要求,可以进行各导线点坐标改正数的计算。

$$\left. \begin{array}{l} v_{x_i} = -\dfrac{f_x}{\sum D} \cdot \sum D_i \\[3mm] v_{y_i} = -\dfrac{f_y}{\sum D} \cdot \sum D_i \end{array} \right\} \tag{2-37}$$

式中, $\sum D$ 为导线全长; $\sum D_i$ 为第 i 点之前导线边长之和。

根据起始点坐标和各点的坐标改正数,可依次计算各导线点平差后的坐标。

表 2-5 全站仪附合导线测量的坐标计算表

点号	坐标观测值/m			边长/m	坐标改正数/mm			平差后坐标值/m		
	x'_i	y'_i	H'_i		Vx'_i	Vy'_i	VH_i	x_i	y_i	H_i
A								31242.685	19631.274	
B				1573.261				27654.173	16814.216	462.874
1	26861.436	18173.156	467.102	865.360	−5	+4	+6	26861.431	18173.160	467.108
2	27150.098	18988.951	460.912	1238.023	−8	+6	+9	27150.090	18988.957	460.921
3	27286.434	20219.444	451.446	1821.746	−12	+9	+13	27286.422	20219.453	451.459
4	29104.742	20331.319	462.187	507.681	−18	+14	+20	29104.724	20331.333	462.198
C	29564.269	20547.130	468.518		−19	+16	+22	29564.250	20547.146	468.540
D								30666.511	21880.362	
辅助计算	$f_x = x'_c - x_c = 19\text{mm}$ $f_y = y'_c - y_c = -16\text{mm}$ $f = \pm\sqrt{f_x^2 + f_y^2} = \pm24\text{mm}$ $f_H = H'_c - H_c = -22\text{mm}$ $K = \dfrac{f}{\sum D} \approx \dfrac{1}{250000}$									

$$\left.\begin{array}{l} x_i = x'_i + v_{x_i} \\ y_i = y'_i + v_{yi} \end{array}\right\} \tag{2-38}$$

式中，x'_i、y'_i 为第 i 点坐标观测值。

另外，因为全站仪导线测量可以同时测得各导线点的坐标及高程，所以，在计算坐标的同时亦可计算出各控制点的高程。其高程闭合差为

$$f_H = H'_C - H_C \tag{2-39}$$

式中，H'_C 为 C 点高程的观测值；H_C 为 C 点高程的已知值。

各导线点高程的改正数为

$$v_{H_i} = -\frac{f_H}{\sum D} \cdot \sum D_i \tag{2-40}$$

改正后的高程为

$$H_i = H'_i + V_{H_i} \tag{2-41}$$

式中，H'_i 为第 i 点的高程实测值。

2.4　高程控制测量

2.4.1　高程控制测量概述

高程控制网是进行各种大比例尺测图和各种工程建筑物放样的高程控制基础，亦是变形监测及科学研究的基础。建立高程控制网常用的方法是水准测量和三角高程测量。

我国曾采用 1956 年黄海高程系高程，这个高程系的基准是根据青岛验潮站 1950～1956 年验潮资料求得的平均海水面位置。1956 年黄海高程系的建立，对统一全国高程有着重要的历史意义，对国防建设、经济建设、科学研究等方面起着重要的作用。但从潮汐变化周期（18.61 年）来看，确定 1956 年黄海高程系的平均海平面所采用的验潮资料时间较短，还不到一个潮汐变化周期，同时又发现验潮资料中含有粗差，因此有必要重新确定新的国家高程基准。新的国家高程基准是根据青岛验潮站 1952～1979 年验潮资料计算确定，这个高程基准面称为 1985 国家高程基准，并于 1987 年 5 月 26 日由国家测绘局发布启用。

我国高程控制网分为一、二、三、四等四个等级。一、二等水准网是国家高程控制的基础，三、四等水准测量主要用于一、二等水准网的加密、图根高程控制及一般工程的高程控制。图根高程控制测量可以布设成水准网或三角高程网。

2.4.2　三、四等水准测量

三、四等水准测量的记录格式见表 2-6。

2.4.3　精密水准测量

精密水准测量是指国家一、二等水准测量。在各项工程的不同建设阶段的高程测量中极少采用一等水准测量，故在工程测量规范中，将水准测量分为二、三、四三个等级，其精度指标与国家水准测量相一致。现以二等水准测量为例来说明精密水准测量的实施。

1. 精密水准测量作业的一般规定

为了尽可能消除或减弱各种测量误差对观测结果的影响，工程测量规范对精密水准测量的实施做了相应的规定，现将几个主要规定及其作业归纳如下：

表 2-6　三、四等水准测量手簿

测自　BM001　　　至　BM005　　　2010 年　04 月　30 日
时刻　始：　08　　时　50　分　　天气　晴
　　　终：　09　　时　35　分　　成像　清晰

测站编号	后尺 上丝/下丝	前尺 上丝/下丝	方向及尺号	标尺读数 黑面	标尺读数 红面	K+黑−红	高差中数	备注
	后距	前距						
	视距差 d	$\sum d$						
	(1)	(5)	后	(3)	(8)	(10)		
	(2)	(6)	前	(4)	(7)	(9)		
	(12)	(13)	后一前	(16)	(17)	(11)	(18)	
	(14)	(15)						
1	1571	0739	后	1384	6171	0		
	1197	0363	前	0551	5239	−1		
	374	376	后一前	833	932	1	832.5	
	−0.2	−0.2						
2	2121	2196	后	1934	6621	0		
	1747	1821	前	2008	6796	−1		
	374	375	后一前	−74	−175	1	−74.5	
	−0.1	−0.3						
3	1914	2055	后	1726	6513	0		
	1539	1678	前	1866	6554	−1		
	375	377	后一前	−140	−41	1	−140.5	
	−0.2	−0.5						
4	1965	2141	后	1832	6519	0		
	1700	1874	前	2007	6793	1		
	265	267	后一前	−175	−274	−1	−174.5	
	−0.2	−0.7						
5	0089	0124	后	0054	4842	−1		
	0020	0050	前	0087	4775	−1		
	69	74	后一前	−33	67	0	−33	
	−0.5	−1.2						

注：表中括号内所列数字为水准测量时的观测计算顺序。

(1) 仪器距前、后视水准尺的距离应尽量相等，其差应小于规定的限值。在二等水准测量中，每一测站前、后视距差应小于 1.0m，前、后视距累计差应小于 3.0m。这样即可消除或减弱与距离有关的各种误差对观测高差的影响，如 i 角和垂直折光等影响。

(2) 在两相邻测站上，应按奇、偶数测站的观测程序进行观测，即分别按"后、前、前、后"和"前、后、后、前"的观测程序在相邻测站上交替进行。这样可以消除或削弱与时间成比例误差对观测高差的影响，如 i 角的变化及仪器的垂直位移等影响。

(3) 每一测段水准路线上，测站数应为偶数，这样可以消除或减弱一对水准尺零点差和交叉误差在仪器垂直轴倾斜时对观测高差的影响。

(4) 每一测段的水准路线上，应进行往返测量，这样可以消除或减弱一些性质相同、正负号相同的误差影响。如水准尺垂直位移误差影响，在往、返测的高差平均值中可以得到减弱。

(5) 一测段水准路线的往、返测应在不同的气象条件下进行（上午或下午）。

对于观测时间、视距长度及视线离地面的高度也有着相应的规定，其主要作用均是为了消除或减弱大气折光对观测高差的影响。此外，还有一些更具体的作业规定，在国家水准测量规

范中均有说明。

2. 精密水准测量观测

1）观测程序

在相邻测站上，应按奇、偶数测站的观测程序进行。对于往测的奇数测站应按"后、前、前、后"的观测程序，偶数测站则应按"前、后、后、前"的观测程序。

返测时，奇数测站与偶数测站的观测程序与往测时相反，奇数测站由前视开始，偶数测站由后视开始。

2）操作步骤

以往测奇数测站为例说明一个测站的观测步骤。

（1）整平仪器后，将望远镜对准后视水准尺，在符合气泡两段影像分离量不大于2mm的情况下，读取上丝、下丝数值，并记入手簿（1）（2）栏，如表2-7所示。然后使气泡两端的影像精确符合，转动测微螺旋用楔形丝照准水准尺基本分划，并读取水准标尺基本分划和测微器读数，记入手簿（3）栏。

表 2-7　二等水准测量手簿

测自＿＿＿＿至＿＿＿＿　　日期：＿＿＿＿　　仪器：＿＿＿＿
开始＿＿＿＿时＿＿＿＿　　天气：＿＿＿＿　　观测者：＿＿＿＿
结束＿＿＿＿时＿＿＿＿　　成像：＿＿＿＿　　记录者：＿＿＿＿

测站编号	点号	后尺 下丝/上丝	前尺 下丝/上丝	方向及尺号	中丝水准读数 基	中丝水准读数 辅	K+基－辅	平均高差	备注
		后视距离	前视距离						
		前后视距差	累积差						
		(1)	(5)	后	(3)	(8)	(13)	(18)	
		(2)	(6)	前	(4)	(7)	(14)		
		(9)	(10)	后－前	(15)	(16)	(17)		
		(11)	(12)	h					
				后					
				前					
				后－前					
				h					
				后					
				前					
				后－前					
				h					
				后					
				前					
				后－前					
				h					

注：h 表示高差。

（2）旋转望远镜照准前尺，在气泡精确符合的情况下，用楔形丝照准基本分划，读取基本分划和测微器读数，记入手簿（4）栏。然后用上、下丝读取视距读数，记入手簿（5）（6）栏。

（3）再照准前视水准尺辅助分划，使气泡精确符合，读取读数并记入手簿（7）栏。

（4）旋转望远镜照准后视水准尺辅助分划，使气泡精确符合，读取读数并记入手簿（8）栏。

以上即为一个测站上全部操作与观测过程。

3）记录与计算

以往测奇数测站的观测程序为例说明计算步骤,在表 2-7 中,(1)～(8)栏均为记录部分, (9)～(18)栏则为计算部分。

视距部分的计算

$$(9)=(1)-(2)$$
$$(10)=(5)-(6)$$
$$(11)=(9)-(10)$$
$$(12)=(11)+前站(12)$$

高差部分的计算与检核

$$(14)=(3)+K-(8)$$

式中,K 为基辅差(对于 N_3 水准尺而言 $K=3.0155m$)。

$$(13)=(4)+K-(7)$$
$$(15)=(3)-(4)$$
$$(16)=(8)-(7)$$
$$(17)=(14)-(13)=(15)-(16)\ 检核$$
$$(18)=1/2[(15)-(16)]$$

现将一、二等精密水准测量的有关限差列于表 2-8 中。

表 2-8　一、二等精密水准测量有关限差

等级	测段、区段、路线往返测高差不符值/mm	附合路线闭合差/mm	环闭合差/mm	检测已测测段高差之差/mm
一等	$1.8\sqrt{K}$		$2\sqrt{F}$	$3\sqrt{R}$
二等	$4\sqrt{K}$	$4\sqrt{L}$	$4\sqrt{F}$	$6\sqrt{R}$

注:K 为测段、区段或路线长度(km);L 为附合路线长度(km);F 为环线长度(km);R 为检测测段长度(km)。

4）精度评定

在水准测量结束后,就应对高差观测值的精度做出评定。由于高差观测值的精度是用往返测高差不符值来评定,而往返测高差不符值反映了水准测量各种误差的共同影响。

根据前人研究结果,在短距离的往返高差不符值中,偶然误差得到了反映,虽然结果中还有系统误差,但因为距离短,所以影响微弱,因此利用测段往返测高差不符值 Δ 来估计偶然误差是可行的。

在长路线中,如一个闭合环,影响观测值除偶然误差外,还有系统误差,而这种系统误差随着线路增长,也将表现出偶然误差性质。环线闭合差表现真误差的性质,因而可以利用环线闭合差来估算含有偶然误差和系统误差的所谓全中误差。

对于一个长度为 R 的测段往返测,可当做一个长度为 $2R$ 的测段单程观测。往返测的高差不符值 Δ 可当做单程测的真误差。取 $2R=1km$ 的观测作为单位权观测,它的 Δ 的权是 1, 由于权与误差的平方成反比的关系,可得

$$P_1\Delta_1^2=P_2\Delta_2^2=\cdots=P_n\Delta_n^2=1\Delta^2 \tag{2-42}$$

式中,Δ 是单程观测的每千米真误差;P_i 是第 i 测段观测值的权;n 是测段数。由式(2-42)得

$$\frac{\Delta_1^2}{2R_1} = \frac{\Delta_2^2}{2R_2} = \cdots = \frac{\Delta_n^2}{2R_n} = \Delta^2 \tag{2-43}$$

可见,每一测段的 Δ_i^2 除以该测段的 $2R_i$,均等于单程观测的每千米真误差的平方值。

根据中误差的定义——中误差是真误差平方的中数之平方根,可得 n 个测段往返测的高差不符值计算每千米单程高差的偶然中误差公式。

$$\mu = \pm \sqrt{\frac{\dfrac{1}{2}\left[\dfrac{\Delta\Delta}{R}\right]}{n}} \tag{2-44}$$

而往返测高差平均值的每千米偶然中误差为

$$M_\Delta = \frac{\mu}{2} = \pm \sqrt{\frac{1}{4n}\left[\frac{\Delta\Delta}{R}\right]} \tag{2-45}$$

式中,Δ 为测段往返测高差不符值,单位 mm;R 为各测段的距离,单位 km;n 为测段数。

当水准路线由若干个水准环构成网形时,则可根据各环的高差闭合差 W 来评定水准测量的全中误差。

高差闭合差 W 可以看成是测线长度为 Fkm 的往返测高差中数的真误差。则往返测高差中数的每千米全中误差为

$$M_W = \pm \sqrt{\frac{1}{N}\left[\frac{WW}{F}\right]} \tag{2-46}$$

式中,W 是水准环的高差闭合差,单位 mm;F 是环的周长,单位 km;N 是水准环数。

工程测量规范规定,在二等水准测量中,$M_\Delta \leqslant \pm 1.0$mm,$M_W \leqslant \pm 2.0$mm。

2.4.4　三角高程测量

三角高程测量是一种高程的间接测量方法,它不仅不受地形起伏的限制,而且施测速度快。虽然其测定高差的精度略低于水准测量,但尚可满足一些实际工作的要求。所以,在山区进行地形测量、航测外业时,通常采用三角高程测量的方法。

1. 三角高程测量原理

三角高程测量的基本原理是,根据测站到照准点所观测的竖直角和两点间的水平距离来计算两点之间的高差。如图 2-10 所示,已知 A 点高程 H_A,欲求 B 点高程 H_B。可将仪器安置在 A 点,照准 B 点目标顶端 N,测得竖直角 α,量取仪器高 i 和目标高 S。

如果已知 A、B 两点之间的水平距离 D,则高差 h_{AB} 为

$$h_{AB} = D \cdot \tan\alpha + i - S \tag{2-47}$$

如果用测距仪测得 A、B 两点间的斜距 D',则高差 h_{AB} 为

$$h_{AB} = D' \cdot \sin\alpha + i - S \tag{2-48}$$

B 点高程为

$$H_B = H_A + h_{AB} \tag{2-49}$$

2. 地球曲率和大气折光对高差的影响

式(2-47)和式(2-48)是在假定地球表面为水

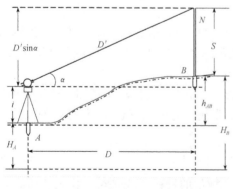

图 2-10　三角高程测量原理

平面(即把水准面当做水平面),认为观测视线是在直线条件
下推出的,在地面两点距离小于 300m 时适用。当两点距离
大于 300m 时,要顾及地球曲率的影响。此时应加曲率改
正,称为球差改正。同时,观测视线受大气垂直折光的影响
而成为一条向上凸起的弧线,必须加大气垂直折光差改正,
称为气差改正。以上两项改正合称为球气差改正,简称二差
改正。

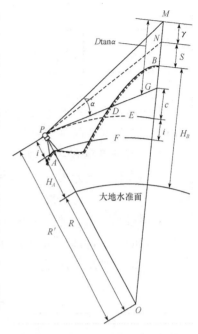

　　如图 2-11 所示,O 为地球中心,R 为地球曲率半径
($R=6371\text{km}$),A、B 为地面两点,D 为 A、B 两点间的水平
距离,R' 为过仪器 P 点的水准面曲率半径,PE 和 AF 分别
为过 P 点和 A 点的水准面。当实际观测竖直角 α 时,其水
平线交于 G 点,GE 就是由于地球曲率而产生的高程误差,
即球差,用符号 c 表示。由于大气折光的影响,来自目标 N
的光线沿虚线 PN 进入仪器中的望远镜,而望远镜的视准轴
却位于弧线 PN 的切线 PM 上,MN 即为大气垂直折光带
来的高程误差,即气差,用符号 γ 表示。

图 2-11　地球曲率及大气折光影响

　　由于 A、B 两点间的水平距离 D 与曲率半径 R' 的比值
很小,例如,当 $D=3\text{km}$ 时,其所对圆心角约为 $2.8'$,故可认为 PG 近似垂直于 OM,则

$$MG = D\tan\alpha \tag{2-50}$$

于是,A、B 两点高差为

$$h = D\tan\alpha + i - S + c - \gamma \tag{2-51}$$

令 $f=c-\gamma$,则式(2-51)变为

$$h = D\tan\alpha + i - S + f \tag{2-52}$$

从图 2-11 可知

$$(R'+c)^2 = R'^2 + D^2 \tag{2-53}$$

即

$$c = \frac{D^2}{2R'+c} \tag{2-54}$$

c 与 R' 相比很小,可略去,并考虑到 R' 与 R 相差甚小,故以 R 代替 R',则上式为

$$c = \frac{D^2}{2R} \tag{2-55}$$

　　根据研究,因大气垂直折光而产生的视线变曲的曲率半径约为地球曲率半径的 7 倍,则

$$\gamma = \frac{D^2}{14R} \tag{2-56}$$

所以,二差改正为

$$f = c - \gamma = \frac{D^2}{2R} - \frac{D^2}{14R} \approx 0.43\frac{D^2}{R} = 6.7\times10^{-5}D^2 \tag{2-57}$$

式中,水平距离 D 以 km 为单位。

　　表 2-9 给出 1km 内不同距离的二差改正数。

表 2-9 二差改正数

D/km	0.1	0.2	0.3	0.4	0.5	0.6	0.7	0.8	0.9	1.0
f/cm	0	0	1	1	2	2	3	4	6	7

注:$f=6.7D^2$。

三角高程测量一般都采用对向观测,即由 A 点观测 B 点,又由 B 点观测 A 点。取对向观测所得高差绝对值的平均数可抵消两差的影响。

3. 三角高程测量的观测和计算

三角高程测量分为一、二两级,其对向观测高差之差分别不应大于 $0.02D\text{m}$ 和 $0.04D\text{m}$(D 为平距,以 km 为单位)。若符合要求,取两次高差的平均值。

对图根小三角点进行三角高程测量时,竖直角 α 用 DJ$_6$ 型经纬仪测 1~2 个测回,为了减少折光差的影响,目标高应不小于 1m,仪器高 i 和目标高 S 用皮尺量出,取至 cm。表 2-10 是三角高程测量观测与计算实例。

表 2-10 三角高程测量计算实例

待求点	B	
起算点	A	
	往	返
平距/m	341.23	341.23
竖直角 α	$+14°06'30''$	$-13°19'00''$
$D\tan\alpha$/m	$+85.76$	-80.77
仪器高 i/m	$+1.31$	$+1.41$
目标高 S/m	-3.80	-4.00
两差改正/m	$+0.01$	$+0.01$
高差/m	$+83.37$	-83.36
平均高差/m	$+83.36$	
起算点高程/m	279.25	
待求点高程/m	362.61	

三角高程测量路线应组合成闭合或附合路线。如图 2-12 所示,三角高程测量可沿 A—

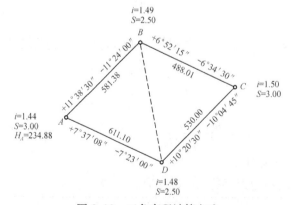

图 2-12 三角高程计算方法

B—C—D—A 闭合路线进行，每边均取对向观测。观测结果绘于图 2-12 上，其路线高差闭合差 f_h 的容许值按下式计算：

$$f_{h容} = \pm 0.05\sqrt{\sum D^2} \tag{2-58}$$

若 $f_h \leqslant f_{h容}$，则将闭合差按与边长成正比分配给各高差，再按调整后的高差推算各点的高程。

2.5　利用 GNSS 建立工程控制网

1. GNSS 定位技术相对于常规测量技术的特点

目前，GNSS 定位技术已经高度自动化，其所达到的定位精度及潜力使测量工作者产生极大的兴趣。相对于常规的测量技术而言，GNSS 定位技术主要有六个特点。

1）观测站之间无须通视

既要有良好的通视条件，又要保障其控制网有良好的结构，始终是常规测量技术在实践应用中的困难之一。而 GNSS 测量不需要观测站之间相互通视，这样不但可以节约测量时间和经费，而且也使得点位的选择较为灵活。

不过也应指出，GNSS 测量虽然不需要观测站之间相互通视，但必须保持观测站上空开阔，以便接收 GNSS 卫星信号时不受干扰。另外，为了 GNSS 控制点的进一步利用，一般应保持相邻 GNSS 控制点之间的通视。

2）定位精度高

在小于 50km 的基线距离上，其相对定位精度可达 $1 \times 10^{-6} \sim 2 \times 10^{-6}$ m，而在 $100 \sim 500$km 的基线上定位精度可达 $10^{-6} \sim 10^{-7}$ m。

3）观测时间短

目前，利用 GNSS 静态定位方法，完成一条基线的相对定位所需要的观测时间，根据其要求的精度不同，一般约为 $1 \sim 3$h。若利用 GNSS 采用短基线（20km 以内）快速相对定位，其观测时间仅需要数分钟。

4）提供三维坐标

GNSS 测量在精确测定观测站平面位置的同时，可以测定观测站的大地高程。GNSS 测量的这一特点，不仅为研究大地水准面形状和确定地面点高程开辟了新的途径，同时也为其在航空物探、航空摄影测量及精密导航中的应用，提供了重要的高程数据。

5）操作简便

GNSS 测量自动化程度极高，在观测中测量员的主要任务是架设仪器、量取仪器高、监视仪器的工作状态和采集气象数据，而捕获卫星信号、跟踪观测和记录等均由仪器自动完成。

6）全天候作业

GNSS 的测量工作可以在任何地点、任何时间连续进行，一般不受天气状况的影响。可以说 GNSS 定位技术的发展，是对经典的测量技术一次重大的突破。一方面使经典的测量理论与方法产生了深刻的变革，另一方面加强了测量学和其他学科之间的相互联系，进一步促进了测绘科学技术的不断发展。

2. GNSS 用于工程控制测量

GNSS 测量同其他经典测量方法一样，其具体的实施包括外业和内业量大部分。外业工作主要包括选点、建立观测标志、野外观测和成果质量检核等；内业主要包括 GNSS 测量的技术设计、内业数据预处理、平差计算和技术总结等。若根据 GNSS 测量实施的工作程序,可分为技术设计、选点和建立标志、外业观测、成果检核与数据处理等阶段,在此对其作简单介绍。

1)GNSS 控制网技术设计

它是根据控制网的用途和用户需求来进行的,主要内容包括精度指标的确定、网形设计和基准设计等。

a. GNSS 测量精度指标的确定

在实际工作中,精度标准的确定与用途密切相关,设计则应根据用户的实际需要和可以实现的设备条件,合理地选择 GNSS 网的精度等级。精度指标通常是以网中相邻点间基线向量的弦长中误差 σ 来表示,其表达形式为

$$\sigma = \sqrt{a^2 + (b \cdot d \cdot 10^{-6})^2}$$

式中,σ 为基线向量的弦长中误差(mm),即等效距离误差;a 为接收机标称精度中的固定误差(mm);b 为接收机标称精度中的比例误差系数;d 为相邻点间的距离(mm)。现将不同级别 GNSS 网的精度指标列于表 2-11 中。

表 2-11 不同级别 GNSS 网精度指标

级别	固定误差	比例误差系数
AA	≤3	≤0.01
A	≤5	≤0.1
B	≤8	≤1
C	≤10	≤5
D	≤10	≤10
E	≤10	≤20

b. GNSS 网的基准设计

GNSS 测量获得的是基线向量,它属于 WGS-84 坐标系的三维坐标差,而实际我们需要的是国家坐标系或地方独立坐标系的坐标。因此在进行 GNSS 网的技术设计时,必须明确成果所采用的坐标系统和起算数据,即明确 GNSS 网所采用的基准。

GNSS 网的基准包括位置基准、方位基准和尺度基准。方位基准一般以给定的起算方位角值确定,也可以用 GNSS 基线向量的方位作为方位基准。尺度基准一般由地面的电磁波测距边确定,也可由两个或两个以上的起算点坐标确定,同时也可由 GNSS 基线向量的距离确定。位置基准一般都是由给定的起算点坐标确定。因此,GNSS 网的基准设计,主要是指确定网的位置基准。

c. 网形设计

GNSS 网的图形设计是根据用户需求来确定布网方案,其目的是在满足用户需求的情况下低成本地完成测量任务。在网形设计时应注意测站选址、卫星选择、仪器选用、设备装置及后勤保障等因素。当网点位置、精度及数量确定后,控制网的设计主要体现在观测时间的确定、图形结构设计及各点设站观测的次数等方面。

一般情况下,要求 GNSS 网应根据独立的同步观测边所构成的图形(同步环),如三角形(需 3 台接收机)、四边形(需 4 台接收机)或多边形等,以增加检核条件,提高控制网的可靠性。然后按点连式、边连式和网连式几种构网方法,将各种独立的同步环有机的连接起来。由于构

网的方式不同,增加了复测基线的闭合条件(同一基线多次观测之差)和非同步图形(异步环)闭合条件,从而进一步提高 GNSS 网的几何强度和可靠性。对于网中各点观测次数的确定,通常应遵循"网中各点应独立设站两次以上"的基本原则。

2)点位选择与标志埋设

因为 GNSS 网观测站之间无须通视,而且图形结构灵活,所以选点工作较常规控制测量简便,从而节省费用。但往往 GNSS 网是作为工程测量的首级控制网,为了便于施工测量,还需结合常规测量方法才能完成工作任务,因此,选点时还应满足以下条件。

(1)点位应选于交通方便、视野开阔、易于安置接收机的地方,并能方便的与常规地面控制网联测和加密。

(2)GNSS 点应避开对电磁波接收具有强烈吸收、反射等干扰影响的金属及其障碍物体,如高压线、电台、电视台、高层建筑物、平滑的山坡及大范围的水面等。点位选定之后还应按要求埋设标石,以便长期保存。最后,还应绘制点之记、测站环视图及 GNSS 控制网选点图等。

3)外业观测

外业观测是利用 GNSS 接收机采集来自 GNSS 卫星的电磁波信号,作业可分为天线安置、接收机操作和观测记录几个步骤。外业观测前必须对接收机及其相关设备进行检验,并按照技术设计拟定的观测计划实施,以便提高功效,保证测量成果质量。

观测记录形式一般有两种:一种由接收机自动记录,并保存在机载存储器中,供随时调用和处理。其内容主要包括接收到的卫星信号、实时定位结果、接收机本身与测站有关的信息。另一种为人工记录,主要记录测站上的相关信息。观测记录是 GNSS 的原始数据,同时也是后续进行数据处理的依据,必须妥善保存。

4)成果检验与数据处理

观测成果的外业检核是确保外业观测质量、实现预期定位精度的重要环节,当观测任务结束后,必须在测区内对外业观测数据进行严格的检核,并根据情况采取淘汰或必要的重测、补测措施。只有按照技术设计要求,对各项内容检查,确保准确无误后,才能进行平差计算和数据处理。

GNSS 测量采用连续同步观测的方法,一般每隔 15s 自动记录一组数据,其数据之多、信息量之大是常规测量方法无法相比的。而且采用的数学模型、差分算法、整体平差等形式多样,数据处理过程比较复杂。在实际工作中,借助于计算机和配套的 GNSS 测量数据处理软件,使得数据处理自动化程度高,这也是 GNSS 广泛应用的重要原因之一。限于篇幅,在此难以对数据处理、平差计算原理及程序设计等做详细介绍,仅给出 GNSS 测量数据处理的基本流程:数据采集→数据预处理→平差计算→坐标转换或与地面已有测量成果进行综合处理→输出所需成果。

2.6　施工放样的基本方法及精度分析

2.6.1　点的平面位置放样

点的平面位置放样是根据已有的控制点与被放样点间的角度(方向)、距离或相应的坐标关系而确定出被放样点的实地位置。放样的方法可根据所使用的仪器设备、控制点的分布情况、放样场地的地形条件及被放样点的精度要求来选择。地面点平面位置的放样方法有直角坐标法、极坐标法、角度交会法、距离交会法等。

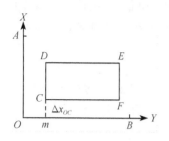

图 2-13 直角坐标法平面位置放样

1. 直角坐标法

直角坐标法是利用坐标格网,根据放样点的坐标确定点的平面位置的方法。当建筑场地已有相互垂直的主轴线或矩形方格网时,一般采用此方法。

如图 2-13 所示,OA、OB 为相互垂直的方格网主轴线或建筑基线,C、D、E、F 为被放样建筑物轴线的交点,CD、CF 轴线分别平行于 OA、OB。根据 C、D、E、F 的设计坐标(x_C, y_C)、(x_D, y_D)、(x_E, y_E)、(x_F, y_F),则可以 OA、OB 轴线放样出 C、D、E、F 各点。现以放样点 C 点、D 点为例说明放样的步骤。

(1) 设 O 点的已知坐标为(x_O, y_O),从而可求得 C 点的坐标差:$\Delta x_{OC} = x_C - x_O$,$\Delta y_{OC} = y_C - y_O$。

(2) 安置经纬仪于 O 点,并照准 B 点,沿视线方向放样 Δy_{OC},定出 m 点。

(3) 在 m 点安置经纬仪,用盘左照准 O 点,按顺时针方向放样 $90°$(当 Om 距离较近时,则可用盘左照准 B 点,按顺时针方向放样 $270°$)并沿该视线方向放样 Δx_{OC} 定出 C' 点,同法以盘右位置定出 C'' 点,取其中点即为所放样的 C 点。

(4) 用经纬仪照准 C 点,沿此方向放样出 CD 距离,即可定出 D 点位置。可用同样的方法放样 E、F 两点。

2. 极坐标法

极坐标法是在极坐标系中利用水平角和距离放样点平面位置的一种方法。此法适合于控制点与放样点便于量距或采用全站仪进行放样的情况。

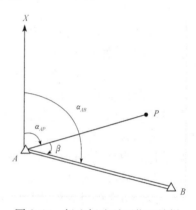

图 2-14 极坐标法平面位置放样

如图 2-14 所示,A、B 为已知的控制点,其坐标为(x_A, y_A) 和(x_B, y_B)。P 为放样点,其坐标为(x_P, y_P)。根据已知点和放样点坐标按坐标反算的方法求出放样角和放样边长,即

$$\beta = \alpha_{AB} - \alpha_{AP}$$

$$= \arctan \frac{y_B - y_A}{x_B - x_A}$$

$$- \arctan \frac{y_P - y_A}{x_P - x_A} \tag{2-59}$$

$$D_{AP} = \sqrt{(x_P - x_A)^2 + (y_P - y_A)^2} \tag{2-60}$$

放样时,将仪器安置于 A 点,照准 B 点,按盘左盘右分中法放样出 β 角,并在此方向上放样出水平距离 D_{AP},即得 P 点的平面位置。

3. 角度交会法

角度交会法是在 3 个控制点上分别安置仪器,根据相应的已知方向放样出相应的角值,从三个方向交会定出被放样点位的一种方法。此法适用于放样点离控制点较远或量距有困难的情况。

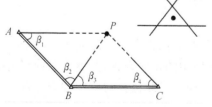

图 2-15 角度交会法平面位置放样

如图 2-15 所示,设 A、B、C 为已知点,P 为放样

点,其设计坐标为已知。具体的放样步骤如下:

(1) 根据控制点 A、B、C 和放样点 P 的坐标计算放样数据 α_{AB}、α_{BC}、α_{AP}、α_{BP}、α_{CP} 及 β_1、β_2、β_3、β_4 的角值。

(2) 分别(或同时)在已知点 A、B、C 上安置仪器,放样水平角 β_1、β_2、β_3、β_4 定出三个方向,并在三个方向线上于 P 点的概略位置前后打上两个木桩(骑马桩),然后在骑马桩上钉钉拉线,则三线交点即为 P 点位置。

(3) 如果三线不交于一点,则形成一个误差三角形,当误差三角形的边长在允许范围内,即可取误差三角形重心作为 P 点位置。

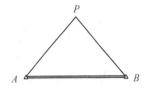

图 2-16　距离交会法平面位置放样

4. 距离交会法

距离交会法是从两个控制点起至放样点的两段距离相交定点的一种方法。此法适用于施工场地平坦、量距方便且控制点离放样点不超过 1 尺段的情况。如图 2-16 所示,A、B 为已知点,P 为待定点。其放样步骤为:

(1) 根据 A、B、P 各点的已知坐标求出放样距离 D_{AP}、D_{BP}。

(2) 分别利用两把钢尺的零点对准 A、B 两点,并使钢尺另一端的读数分别为 D_{AP}、D_{BP},然后同时拉紧并摆动钢尺画弧,两弧的交点即为 P 点。

5. 全站仪坐标放样法

全站仪坐标放样法就是直接根据放样点的坐标定出点位的一种方法。其放样步骤为:

(1) 将仪器安置于已知点上,并使仪器置于放样模式,然后输入测站点、后视点及放样点坐标,将反光棱镜立于放样点附近,用望远镜照准棱镜,按坐标放样功能键,全站仪将指示出棱镜位置与放样点的坐标差。

(2) 根据坐标差值,移动棱镜位置,直到坐标差值接近于零,此时棱镜位置即为放样点位置。

2.6.2　已知坡度直线的放样

已知坡度直线的放样就是在地面上定出直线,其坡度等于已给定的坡度。其广泛应用于道路工程、排水管道和敷设地下工程等的施工中。

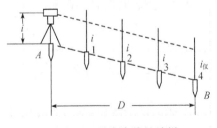

图 2-17　坡度直线的放样

如图 2-17 所示,设地面上 A 点的高程为 H_A,A、B 的水平距离为 D,从 A 点沿 AB 方向放样一条坡度为 i 的直线。其放样步骤为:

根据 H_A、已知坡度 i 和距离 D 计算 B 点的高程:

$$H_B = H_A + i \times D \qquad (2\text{-}61)$$

在计算 B 点高程时,应注意坡度 i 的正、负,图 2-17 中 i 为负值。

可采用放样已知高程的方法,先将 B 点的高程放样到木桩之上,则 AB 连线即已知坡度 i,若要在 AB 中间加密 $1,2,\cdots,n$ 点,且使其坡度亦为 i,当坡度不太大时,可在 A 点上安置水准仪,并使任意一个脚螺旋位于 AB 方向线上,另外两个脚螺旋的连线大致与 AB 连线垂直,量取仪器高,用望远镜照准 B 点的水准尺,旋转位于方向线上的脚螺旋,使其读数等于仪器高,此时仪器的视线即为已知的坡度线。然后在中间各点上打木桩,并在桩顶上立尺使其读数均为仪器高度,这样所得的各桩顶连线就是放样的坡度线。当坡度较大时,可用经纬仪定出各点。

2.6.3 放样精度分析

工程施工放样,是将图纸上建(构)筑物的设计位置、形状及大小,转移到实地。而测量工作是将地面上的地形、地物描绘到图纸。因此,尽管工作中采用同样的仪器,但是测量与放样的误差所产生的影响并不一样。

就测角而言,测量时直接测量水平角,角的两边是固定在地面上的;但放样则是根据角的顶点和一条固定边以及设计的角值,在地面上定出第二条边的方向。无论是测量还是放样一个水平角,经纬仪(全站仪)都需要在角的顶点上对中整平,因而产生一个仪器对中误差 e。这一误差所造成的影响却完全不同。

如图 2-18 所示,测量时由于仪器对中误差 e 使角度顶点由 A 点移到了 A' 点,因而测得的角度为 α',而不是正确的 α 值。显然有

$$\alpha = \alpha' + \delta_2 - \delta_1 \tag{2-62}$$

在一般情况下,$\delta_2 \neq \delta_1$,所以 $\alpha \neq \alpha'$。也就是说,仪器对中误差直接影响实测的角值。

如图 2-19 所示,放样时仪器对中误差 e 使角度顶点由 A 点移到了 A' 点。但在放样时,是由在 A' 的仪器瞄准固定点 B 后,设置已知角值 α 的,故仪器对中误差并不影响放样的角值。但它影响待定边的方向,使欲放样的 AP 变成 $A'P'$ 的位置。

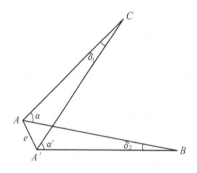

图 2-18　对中误差对测量的影响

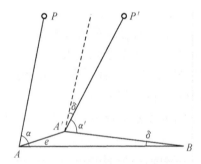

图 2-19　对中误差对放样的影响

同样,在进行距离及高程的测量与放样时,其测量工作误差的影响,对前者是影响距离和高程的观测值;对后者则是影响放样点的平面和高程位置。

在具体放样工作中,有时是首先进行初步放样,再精确测定放样点的位置,然后将所得的最后值与设计的数值进行比较,进而把初步放样的点位改正到设计位置上去,称为归化放样。这时点位的最后精度取决于实测的精度。

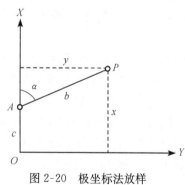

图 2-20　极坐标法放样

在此将分析各种放样方法的误差来源,探讨其对放样点位影响的大小及规律,从而提出放样时控制点的选择原则以及工作中采用的措施。

1. 极坐标法放样的精度分析

如图 2-20 所示,如果某一点 P 的坐标为 (x, y)。现在要用极坐标法,在 X 轴上的 A 点(离控制点 O 的距离为 c),将 P 点放样出来。其所要进行的工作,包括下列各项:

(1) 自控制点 O 沿着 OX 方向量出距离 c,放样出 A 点。

（2）将全站仪置于 A 点，测设 α 角。

（3）沿着 α 角构成的边，量出长度 b。

（4）将 P 点固定在地面上。

上述各项工作所带来的误差对放样点的影响为：由于距离 b 与 c 都比较小，通常不超过 100m。因此，这些距离放样的误差可以认为是分别与 b、c 的长度成正比，即

$$\left.\begin{array}{l} m_c = \mu c \\ m_b = \mu_1 b \end{array}\right\} \tag{2-63}$$

式中，c 为 A 点与控制点之间的距离，所以比长度 b 精确，即 $\mu < \mu_1$。

用全站仪测设角度 α 时，主要的误差来源包括仪器对中误差 m_e 和角度测设中误差 m_a。

现就仪器对中的中误差 m_e 对放样点位 P 产生的影响 $m_{偏}$，推导如下：

如图 2-21 所示，设仪器一次对中真误差为 e，则 e 在 OX 方向的误差为 e_x，在 OY 方向的误差为 e_y，引起的后视方向的变化，使 P 点所发生的位置误差为 $\dfrac{b}{c} \cdot e_y \sin\alpha$，故在 OX 方向的误差为

$$E_x = e_x + \frac{b}{c} \cdot e_y \sin\alpha \tag{2-64}$$

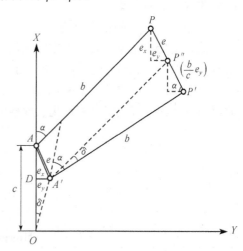

图 2-21　对中误差对极坐标放样的影响

仪器对中误差 e 在 OY 方向的分误差为 e_y。由 e_y 引起的后视方向的变化，使 P 点所发生的位置误差为

$$E_y = e_y + \frac{b}{c} \cdot e_y \cos\alpha \tag{2-65}$$

由仪器对中误差 e 引起 P 点位置的总误差 E 为

$$E^2 = E_x^2 + E_y^2 = e_x^2 + \left(\frac{b}{c} \cdot e_y \sin\alpha\right)^2 + 2e_x \cdot \left(\frac{b}{c} \cdot e_y \sin\alpha\right) + e_y^2 + \left(\frac{b}{c} \cdot e_y \cos\alpha\right)^2$$

$$+ 2e_y \cdot \left(\frac{b}{c} \cdot e_y \cos\alpha\right) \tag{2-66}$$

即

$$E^2 = e^2 + \left(\frac{b}{c} \cdot e_y\right)^2 + 2\frac{b}{c} \cdot e_x \cdot e_y \sin\alpha + 2\frac{b}{c} \cdot e_y^2 \cos\alpha \tag{2-67}$$

根据真误差 E 与中误差 m 的关系，即 $m^2 = \dfrac{[E^2]}{n}$，当 n 足够大时，$2\dfrac{b}{c} \cdot \dfrac{[e_x e_y \sin\alpha]}{n} \approx 0$，则有

$$m_{偏} = \frac{[E^2]}{n} = \frac{[e^2]}{n} + \frac{b}{c}\left(\frac{b}{c} + 2\cos\alpha\right) \cdot \frac{[e_y^2]}{n} = m_e^2 + \frac{b}{c}\left(\frac{b}{c} + 2\cos\alpha\right) \cdot m_e^2 \tag{2-68}$$

综上所述，P 点的点位总中误差为

$$m^2 = (\mu c)^2 + (\mu_1 b)^2 + \left(\frac{m_e}{\rho}b\right)^2 + \tau_2 + m_e^2 + \frac{b}{c}\left(\frac{b}{c} + 2\cos\alpha\right) \cdot m_e^2 \qquad (2\text{-}69)$$

从式(2-69)可以看出，P 点离开 A 点与 O 点越远，总误差 m 越大，尤其是直线长度 b 的增加，其影响更大。当 $\frac{b}{c}$ 及 m_{ey} 越大时，一定的对中误差 m_e 对 P 点位置所产生的影响就越大，所以后视点要远一些，且要特别注意 Y 方向的对中。

从式(2-69)还可以看出，其前部分为量距、测角及固定点位误差的影响，后部分为对中误差对 P 点点位的影响。如果测角、量距的精度比较低，则对中误差的影响就可忽略不计。此时公式就保留前面部分。

2. 前方交会法的精度分析

前方交会法在施工放样工作中应用比较广泛。常用的做法有以下四种情况：①两方向交会直接定点；②三方向交会取示误三角形的重心定点；③归化法放样；④角差图解法放样。

对于放样点位的精度来说，上述前两者决定于放样的精度，后两者决定于测量的精度。在此以两方向交会直接定点和归化法放样的方法来分析精度。

1) 两方向交会直接定点精度分析

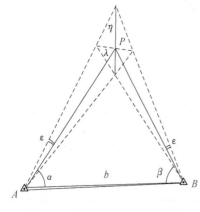

图 2-22　两方向交会误差影响

两方向交会直接定点的放样方法，就是从两个控制点出发，用角度前方交会法进行的点位放样。如图 2-22 所示，以 A、B 两控制点放样 P 点的主要误差来源是测设角度 α、β 的误差 ε。由于 ε 的符号不同而使 P 点产生不同方向的偏差。当 ε 具有相同的正、负号（即 ε 使角度 α、β 同时增大或减少）时，就发生大致垂直于基线方向的误差，称为横向误差 η，而当 ε 具有不同的正、负号（即 ε 使角度 α、β 一个增加另一个减少）时，则发生大致平行于基线方向的误差，称为纵向误差 λ。显然，在放样中，η 与 λ 是不会同时出现的，每交会一次只能出现一个。

如图 2-23 所示，假设放样 P 点时所产生的误差为纵向误差 λ。过基线的端点 A、B 及交会点 P 作辅助圆 O。这时，由于 γ 角值不变，故 PP'_λ 为圆上的弦。从图 2-24 中不难看出：

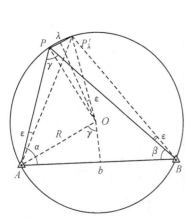

图 2-23　纵向误差计算示意图

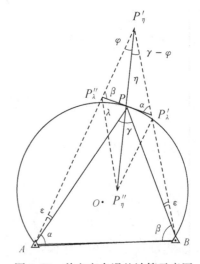

图 2-24　前方交会误差计算示意图

因为

$$R = \frac{b}{2} \frac{1}{\sin\gamma} \tag{2-70}$$

同时,因为 ε 角值很小,所以有 $\sin\varepsilon = \frac{\varepsilon}{\rho}$。因此有

$$\lambda = 2(R\sin\varepsilon) = \frac{b}{\sin\gamma} \frac{\varepsilon}{\rho} \tag{2-71}$$

式中,γ 为交会线在 P 点上的交角;R 为辅助圆的半径;$\rho = 206265''$。

如图 2-24 所示,若把可能发生的纵、横向误差都表示在图上,即 $P'_\lambda P''_\lambda = 2\lambda$、$P'_\eta P''_\eta = 2\eta$,过点 A、B、P 作辅助圆。由于 2λ 与基线 b 相比甚微,故可以用切线 $P'_\lambda P''_\lambda$ 来代替图 2-23 中的弦长 PP'_λ,切点为 P。

因为 ε 很小,故可以认为 $P''_\lambda P''_\eta$、$P'_\lambda P'_\eta$ 分别近似平行 AP、BP,所以在 $\triangle P'_\lambda P''_\eta P'_\eta$ 内可以看出

$$\left.\begin{array}{l} \angle P'_\lambda P'_\eta P''_\lambda = \gamma \\ \angle P''_\lambda P'_\eta P'_\eta = \alpha \\ \angle P'_\lambda P''_\lambda P'_\eta = \beta \end{array}\right\} \tag{2-72}$$

在 $\triangle PP''_\lambda P'_\eta$ 内

$$\eta = \frac{\sin\beta}{\sin\varphi}\lambda \tag{2-73}$$

在 $\triangle PP''_\lambda P''_\eta$ 及 $\triangle PP'_\lambda P'_\eta$ 内可以看出

$$\frac{\sin\beta}{\sin\varphi} = \frac{\sin(\gamma+\beta)}{\sin(\gamma-\varphi)} \tag{2-74}$$

对式(2-74)进行化简,可得

$$\cot\varphi = 2\cot\gamma + \cot\beta \tag{2-75}$$

当交会条件已知时,可按式(2-75)计算角度 φ。代入式(2-73)即可求得 η 值。以式(2-71)及式(2-75)代入式(2-73)可得

$$\eta = b \frac{\varepsilon''}{\rho''} \frac{\sin\beta}{\sin\gamma} \sqrt{1 + (\cot\beta + 2\cot\gamma)^2} \tag{2-76}$$

分析 λ 及 η 的计算公式,可以看出:

(1) λ 的大小与 γ 角有关,而与 α 或 β 无关。若 γ 一定,λ 是个常数,当 $\gamma = 90°$ 时,$\lambda = \frac{\varepsilon''}{\rho}b$ 为最小值。

(2) η 的大小不但与 γ 有关,且与 β(或 α)也有关,γ 一定时:

当 $\gamma < 90°$ 时,$\eta > \lambda$,对称交会最不利;

当 $\gamma > 90°$ 时,$\eta < \lambda$,对称交会 η 有最小值;

当 $\eta = 90°$ 时,$\eta = \lambda = \frac{\varepsilon''}{\rho}b$,其值与 α、β 无关。

(3) 在交会时,由于 λ 与 η 的出现是不可预知的。故为了使 λ 与 η 的数值不会有较大的差异,一般要求 $150° > \gamma > 90°$ 为宜。最有利的交会图形为 γ 等于 $90°$。此时,$\eta = \lambda$ 且 λ 有最小值。

应该指出,在一次交会中,由于 η、λ 只出现一个,故按交会图形估算出 λ 与 η 后,应取其中数值较大的一个作为点位的预期精度。

2) 归化法放样精度分析

当采用初步放样点位精密测定其位置,然后改正到设计位置上来的步骤进行交会定点时,放样点位的精度取决于测量的精度。按这样的步骤放样,若要评定放样点位的中误差,可按间接观测平差理论,先求得 P 点坐标的中误差 m_x、m_y,从而获得点位中误差 M 为

$$M^2 = m_x^2 + m_y^2 \tag{2-77}$$

现假设对 P 点进行了 n 个方向的交会观测,则按观测方向列出误差方程为

$$\left. \begin{array}{l} v_1 = a_1\delta_x + b_1\delta_y + l_1 \\ v_2 = a_2\delta_x + b_2\delta_y + l_2 \\ \cdots \\ v_n = a_n\delta_x + b_n\delta_y + l_n \end{array} \right\} \tag{2-78}$$

式中,a_i、b_i 为消去定向角后的约化误差方程式系数。

由误差方程式组成法方程式有

$$\left. \begin{array}{l} [aa]\delta_x + [ab]\delta_y + [al] = 0 \\ [ab]\delta_x + [bb]\delta_y + [bl] = 0 \end{array} \right\} \tag{2-79}$$

得未知数的权倒数为

$$\left. \begin{array}{l} \dfrac{1}{P_y} = \dfrac{[aa]}{N^2} \\[2mm] \dfrac{1}{P_x} = \dfrac{[bb]}{N^2} \\[2mm] N^2 = [aa] + [bb] - [ab]^2 \end{array} \right\} \tag{2-80}$$

则有

$$\left. \begin{array}{l} m_x^2 = \dfrac{m^2}{P_x} = \dfrac{[bb]}{N^2} \cdot m^2 \\[2mm] m_y^2 = \dfrac{m^2}{P_y} = \dfrac{[aa]}{N^2} \cdot m^2 \end{array} \right\} \tag{2-81}$$

式中,m 为方向观测的单位权中误差。

将式(2-81)代入式(2-77)有

$$M^2 = m_x^2 + m_y^2 = \frac{m^2}{N^2}([aa] + [bb]) \tag{2-82}$$

2.6.4　地面平面控制测量精度分析

地面平面控制测量精度分析,主要依据所设计的控制网图形、观测方法及其拟定的单位权方差绘制出控制点的点位误差椭圆或相对误差椭圆,并与地下工程对地面控制网提出的精度要求与设计的控制网的点位误差或相对误差进行对比,确定最终的地面控制网方案。

1. 平面点位精度

地面控制网点位精度分析主要是根据地面控制网平差过程中协因数矩阵 Q 与相关单位权中误差 m_0 来确定。

根据控制网间接平差误差方程

$$V = AX - L \tag{2-83}$$

组成法方程有

$$A^{\mathrm{T}}PAX = A^{\mathrm{T}}PL \tag{2-84}$$

得协因数阵为

$$Q = A^{\mathrm{T}}PA \tag{2-85}$$

设

$$Q = \begin{bmatrix} Q_{x_1x_1} & Q_{x_1y_2} & \cdots & Q_{x_1y_n} \\ Q_{y_2x_1} & Q_{y_2y_2} & \cdots & Q_{y_2y_n} \\ \vdots & \vdots & & \vdots \\ Q_{y_nx_1} & Q_{y_ny_2} & \cdots & Q_{y_ny_n} \end{bmatrix} \tag{2-86}$$

(1) P_j 点的点位精度：

$$\left. \begin{aligned} m_x^2 &= m_0^2 Q_{x_jx_j} \\ m_y^2 &= m_0^2 Q_{y_jy_j} \\ m^2 &= m_x^2 + m_y^2 = m_0^2(Q_{x_jx_j} + Q_{y_jy_j}) \end{aligned} \right\} \tag{2-87}$$

(2) P_j 点在任意方向的误差：

$$m_\phi^2 = m_0^2(Q_{x_jx_j}\cos^2\phi + Q_{y_jy_j}\sin^2\phi + Q_{x_jy_j}\sin(2\phi)) \tag{2-88}$$

(3) P_j 点误差椭圆：误差椭圆以长半轴 F、短半轴 E 以及长半轴方位角 α 来表示：

$$\left. \begin{aligned} F^2 &= \frac{1}{2}m_0^2(Q_{x_jx_j} + Q_{y_jy_j} + w) \\ E^2 &= \frac{1}{2}m_0^2(Q_{x_jx_j} + Q_{y_jy_j} - w) \\ \alpha &= \frac{1}{2}\arctan\left(\frac{2Q_{x_jy_j}}{Q_{x_jx_j} - Q_{y_jy_j}}\right) \end{aligned} \right\} \tag{2-89}$$

式中，$w = \sqrt{(Q_{x_jx_j} - Q_{y_jy_j})^2 + 4Q_{x_jy_j}}$。

2. 相对点位精度

点位相对精度同样可以用误差椭圆来表示。假设地面控制点 $p_j(x_j,y_j)$ 与 $p_i(x_i,y_i)$。

$$\begin{bmatrix} \mathrm{d}x \\ \mathrm{d}y \end{bmatrix} = \begin{bmatrix} x_i - x_j \\ y_i - y_j \end{bmatrix} \tag{2-90}$$

由协因数传播定律可知

$$\left. \begin{aligned} Q_{\mathrm{d}x\mathrm{d}x} &= Q_{x_jx_j} + Q_{x_ix_i} - 2Q_{x_jx_i} \\ Q_{\mathrm{d}y\mathrm{d}y} &= Q_{y_jy_j} + Q_{y_iy_i} - 2Q_{y_jy_i} \\ Q_{\mathrm{d}x\mathrm{d}y} &= Q_{x_jy_j} + Q_{x_iy_i} - Q_{x_jy_i} - Q_{y_jx_i} \end{aligned} \right\} \tag{2-91}$$

误差椭圆长半轴 F_R、短半轴 E_R 以及长半轴方位角 α_R 分别为

$$\left. \begin{aligned} F_R^2 &= \frac{1}{2}m_0^2(Q_{\mathrm{d}x\mathrm{d}x} + Q_{\mathrm{d}y\mathrm{d}y} + w_R) \\ E_R^2 &= \frac{1}{2}m_0^2(Q_{\mathrm{d}x\mathrm{d}x} + Q_{\mathrm{d}y\mathrm{d}y} - w_R) \\ \alpha_R &= \frac{1}{2}\arctan\left(\frac{2Q_{\mathrm{d}x\mathrm{d}y}}{Q_{\mathrm{d}x\mathrm{d}x} - Q_{\mathrm{d}y\mathrm{d}y}}\right) \end{aligned} \right\} \tag{2-92}$$

式中，$w_R = \sqrt{(Q_{dxdx} - Q_{dydy})^2 + 4Q_{dxdy}}$ 。

2.7　工程建设中地形图的应用

2.7.1　地形图面积量算

图上面积的量算方法有几何图形法、透明方格网法、平行线法、解析法、求积仪法和 CAD 法。

1. 几何图形法

如图 2-25 所示，若图形是由直线连接而成的闭合多边形，则可将多边形分割成若干个三角形或梯形，再利用三角形或梯形面积计算公式求出各单个图形的面积，最后求得各单个图形面积的总和即多边形的面积。

2. 透明方格网法

如图 2-26 所示，若要计算图中曲线内的面积，先将毫米方格网透明纸覆盖在图形上，然后统计出图形内完整方格数和不足一格的目估凑整数，一般将不完整方格作半格计，然后相加得到方格数 n。设一个方格的图上面积为 a，比例尺分母为 M，则图形实地面积 A 应为

$$A = n \cdot a \cdot M^2 \tag{2-93}$$

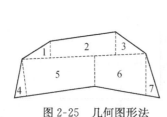

图 2-25　几何图形法　　　　　图 2-26　透明方格网法面积量算

3. 平行线法

如图 2-27 所示，利用绘有间隔 $h = 1\text{mm}$（或 2mm）平行线透明纸，覆盖于地形图上，则此时图形将被分割成诸多高为 h 的等高近似梯形，然后测量各梯形的中线（图中虚线）的长度，则该图形面积为

$$A = h \sum l_i \tag{2-94}$$

式中，h 为近似梯形的高；l_i 为各方格的中线长度。

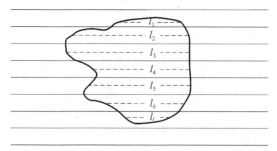

图 2-27　平行线法面积量算

最后将图中面积 A 按比例尺换算成实地面积。

4. 解析法

如图 2-28 所示,图形边界为任意多边形,且各顶点的平面坐标已经在图 2-28 中量出或在实地已测定,则可以利用多边形各顶点的坐标,利用解析法计算面积。

如图 2-28 所示,1、2、3、4 为多边形的顶点,则其多边形各边 y 轴投影线均可与 y 轴形成一个梯形,其多边形面积计算公式为

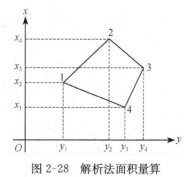

图 2-28　解析法面积量算

$$A = \frac{1}{2}\big[(x_1+x_2)(y_2-y_1)+(x_2+x_3)(y_3-y_2)$$
$$-(x_3+x_4)(y_3-y_4)-(x_4+x_1)(y_4-y_1)\big] \tag{2-95}$$

对于任意的 n 边形,可写出按坐标计算面积的通用公式

$$A = \frac{1}{2}\sum_{i=1}^{n} x_i(y_{i+1}-y_{i-1}) \tag{2-96}$$

式中,当 $i=1$ 时,y_{i-1} 为 y_n;当 $i=n$ 时,y_{n+1} 为 y_1。这是将多边形各顶点投影于 y 轴计算面积的公式。若将各顶点投影于 x 轴,计算面积的公式为

$$A = \frac{1}{2}\sum_{i=1}^{n} y_i(x_{i+1}-x_{i-1}) \tag{2-97}$$

式中,当 $i=1$ 时,x_{i-1} 为 x_n;当 $i=n$ 时,x_{n+1} 为 x_1。

5. 求积仪法

求积仪是一种专门量算图上面积的仪器,其优点是操作简便、速度快,适用于任意曲线图形面积量算,并能保证一定的精度。

采用求积仪量算面积时,先将待测面积的地形图水平放置,并放置仪器于待测图形的中间偏左处,使描迹镜在上下移动时,能达到待测图形的上下顶点,并使动极轴与跟踪臂大致垂直,然后于图上标记起点,打开电源,使描迹镜中心对准起点,按下 START 键后沿图形轮廓线顺时针方向移动,准确地跟踪一周后回到起点,再按 STAR 键,显示器将显示图形面积。若要得到实地面积,测前可选择平方米或平方千米,并将比例尺分母输入计算器,当测量一周回到起点时,可测得图形的实地面积。

除了以上面积量算方法之外,还有 CAD 法。CAD 法是利用绘图软件 AutoCAD 的内部功能进行面积计算。

2.7.2　根据地形图平整场地

1. 水平场地平整

如图 2-29 所示,一幅 1∶1000 地形图,若要求将原地貌按填、挖土方量平衡的原则平整场地,其步骤如下:

(1) 绘制方格网,并求出各方格点地面高程。

(2) 计算设计高程。

将每一方格顶点高程加起来再除以 4,得到各方格的平均高程 H,再把每个方格的平均高程相加除以方格总数,就可得到设计高程 $H_{设}$,即

$$H_{设} = \frac{1}{n}\sum_{i=1}^{n} H_i \tag{2-98}$$

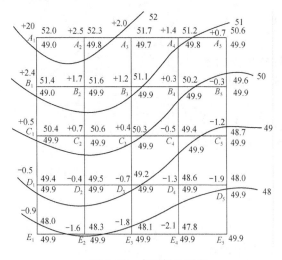

图 2-29　水平场地平整

式中，H_i 为每一方格的平均高程；n 为方格总数。

从设计高程 $H_设$ 的计算方法和图 2-29 可见：方格网角点 A_1、A_5、D_5、E_4、E_1 的高程只用了一次，边点 A_2、A_3、A_4、B_1、B_5、C_1、C_5、D_1、E_2、E_3 点的高程用了两次，拐点 D_4 的高程用了三次，而中间点 B_2、B_3、B_4、C_2、C_3、C_4、D_2、D_3 的高程用了四次。若以各方格点对 $H_设$ 的影响大小作为定权的标准，应取采用过 i 次的权为 i，则设计高程的计算公式为

$$H_设 = \frac{\sum P_i H_i}{\sum P_i} \tag{2-99}$$

式中，P_i 为相应各方格点 i 的权。

（3）计算填、挖值。根据设计高程与方格顶点高程的差值，即可得到各方格顶点的填、挖值，并将填、挖值注记于方格顶点的左上方，如 $+0.7$、-0.3 等。其中正号为挖深，负号为填高。

（4）确定填、挖线。在地形图上确定填挖零点，然后将这些零点连成曲线。

（5）计算填、挖方量。

2. 倾斜场地平整

（1）绘制方格网，求出各方格点地面高程，如图 2-30 所示。

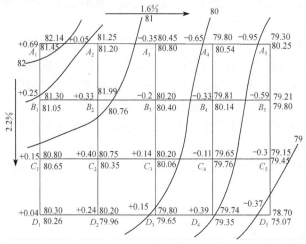

图 2-30　倾斜场地平整

（2）根据填、挖方量平衡的原则，确定场地重心点设计高程。

（3）确定方格点设计高程。在确定重心点及其设计高程后，根据方格点间距和设计坡度，从重心点起沿方格方向，向四周推算各方格点设计高程。

（4）确定填、挖线。先在地形图上确定填挖零点，然后将相邻零点连成曲线。在填挖线一边为填方区域，另一边为挖方区域。

（5）计算方格点填、挖值。根据图中地面高程与设计高程值计算各方格点的填、挖值，并

注记于相应点的左上角。

（6）计算填、挖方量。

2.7.3　按指定方向绘制纵断面图

如图 2-31(a)所示，若要沿地形图上 AB 方向绘制纵断面图，可在图纸上绘制 AB 直线，过 A 点作 AB 的垂线作为高程轴线。然后在地形图上用卡规自 A 点分别卡出 A 点到 1，2，…，B 各点的水平距离，并在图 2-31(b)上自 A 点沿 AB 方向截出相应的 1，2，…，B 点。再在地形图上读取各点的高程，按高程比例尺向上作垂线。最后用光滑的曲线将各高程顶点连接起来，即得 AB 方向的纵断面图。

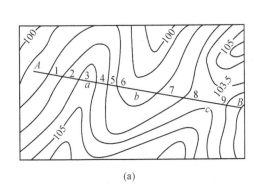
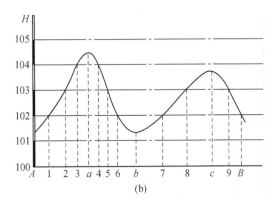

图 2-31　纵断面绘制

纵断面图显示了指定方向地表起伏变化的剖面图。在各种线路工程设计中，为了计算填、挖方量，合理确定线路的纵坡等，都需要掌握沿线路方向地面的起伏情况，利用地形图绘制指定方向纵断面图极为简便，得到了广泛应用。

2.7.4　确定汇水面积

道路建设时要跨越河流或山谷，这时就必须建设桥梁或涵洞，兴修水库时必须筑坝拦水。而桥梁、涵洞孔径的大小，水坝高度、位置及水库的蓄水量等，均应根据汇集于这个区域的水流量来确定。而汇集水流量的面积即汇水面积。

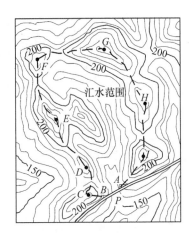

图 2-32　汇水面积确定

因为雨水是沿山脊线向两侧山坡分流，所以汇水面积的边界线是由一系列山脊线连接而成。如图 2-32 所示，一条公路经过山谷，拟在 P 点处架设桥涵，其孔径大小应根据流经该处的流水量来确定，而流水量又与山谷的汇水面积有关。从图上可以看出，由山脊线和公路上的线段所围成的封闭域 A-B-C-D-E-F-G-H-I-A 的面积，即为该山谷的汇水面积。量算该面积的值，再结合当地的气候水文资料，便可确定流经 P 处的水量，从而为桥涵孔径的设计提供依据。

习　　题

1. 简述工程测量优化设计的目的及作用。

2. 导线有几种形式？各自有哪些适用的范围？

3. 简述水准测量原理。

4. 施工放样精度主要与哪些因素有关？

5. 简述地形图在工程建设中的主要作用。

6. 使用前方交会法放样时，如何控制纵横向误差？

7. 简述常用的几种平面位置放样方法的优缺点。

8. 平面位置放样精度主要取决于哪些因素？

9. 简述常用的几种面积量算方法的优缺点。

第3章 民用与工业建筑工程测量

3.1 概　述

建筑施工测量就是根据图纸上设计的建、构筑物平面位置 x、y 和高程 H 按一定的精度放样到实地上,作为施工的依据,并在施工过程中进行一系列测量工作。

通常人们把这种将图上内容按设计要求在实地上确定下来的测量工作称为施工放样(测设)。放样和测图所用的仪器及依据的基本原理相同,但其工作过程恰好相反。测图是将地面上的特征点测绘到图纸上并用相应的符号将地物、地貌表示出来;而放样是将图纸上的特征点在实地标定出来,以供实际施工时使用。

施工测量贯穿整个建、构筑物的施工过程。从建立施工控制网,场地平整,建、构筑物的放样到构件和设备的安装都应进行一系列的测量工作,以确保施工质量符合设计要求。在进行放样工作前,首先要确定待放样点与控制点或已有建、构筑物之间的相对关系,即角度、距离和高差关系,这些位置关系称为放样数据;然后利用测量仪器,按照一定的测量方法,根据放样数据将这些特征点放样到实地上。因此,放样已知水平距离、已知水平角和已知高程是施工测量的最基础性工作。在施工过程中,每一道工序完成后,都要通过测量检查、校核工程各部位的平面位置和高程是否符合图纸上的设计要求。所以,在工程的施工测量过程中,工程测量人员必须具有高度的责任心,保证放样质量和施工的正常进行。施工测量具有以下特点。

(1) 施工测量直接服务于工程建设,它必须与整个施工计划相协调。测量工程人员在工作中要同设计、施工人员密切配合,熟悉设计的施工图纸,掌握施工对测量精度的要求,了解控制点分布及现场情况,从而使放样精度和速度满足工程进度要求。

(2) 施工测量的精度主要取决于建、构筑物的大小、性质、用途、材料及施工方法。因此,在作施工测量设计时要顾及工程对施工放样测量和工程检查的要求,并根据实际情况,制定出合理的测量方案,以避免因施工测量精度过低而影响工程质量;若施工测量精度过高,则将导致人力、物力及时间的浪费。

(3) 测量现场条件差。施工现场由于各工序交叉作业、材料堆放及场地变动等因素,使得测量标志易于被破坏,因此,测量标志的埋设不但应便于使用、保护和检查,而且还应在遭到破坏时能及时恢复,并应进行相应的检查。

(4) 在施工测量前,应做好一系列准备工作。例如,认真计算和核对各项数据,检校好测量仪器,在测量过程中还应注意人身和仪器的安全,确保测量工作的准确无误。

3.2　建筑施工控制测量

3.2.1　平面施工控制网布设

为工程建设和施工放样而专门布设的测量控制网,称为施工控制网。施工控制网不仅是施工放样的基础,也是工程施工过程检核测量和工程竣工测量的依据,又是建筑物沉降监测和以后建筑物改建、扩建的依据。

施工控制网的布设形式应以经济、合理和满足施工放样精度为原则,根据建筑设计总平面图和施工现场的地形条件来确定。对于地形起伏较大的山区建筑场地,可充分利用和扩展原有测图控制网,并作为施工放样的依据。对于地形较平坦而且通视较困难的建筑场地,可采用导线网。对于地形平坦但面积不大的建筑小区,可采用布设一条或几条建筑基线,并构成简单的图形,作为施工测量的依据。对地形平坦地区,建筑物多为矩形且布置比较规则的密集的大型建筑场地,施工控制网可采用建筑方格网。总之,施工控制网的布设形式应根据建筑设计的总平面图而定。

建筑施工平面控制网应按等级控制测量进行,其等级和精度应符合以下规定:若建筑场地面积大于 $1km^2$ 或重要的工业区,应按一级导线的平面控制网进行测量;若建筑场地小于 $1km^2$ 或一般性建筑区,可根据需要建立二级导线的平面控制网;若施工控制网采用原有测图控制网时,应对原有控制网进行检测,确保无误后方可采用。

3.2.2　平面施工控制网坐标换算

工业建筑总平面图设计是根据生产工艺流程和建筑场地的地形情况进行,民用建筑总平面图设计则是根据建筑物的朝向和地形条件而定。一般情况下,工业厂房、民用建筑、道路和管线的施工控制网基本是沿着相互平行或相互垂直的方向布设,因此,在新建的大中型建筑场地中,建筑设计一般采用独立坐标系进行设计,其坐标原点通常选在建筑场地以外的西南角上,从而使场地范围内点的坐标值均为正值。这种独立坐标系统的坐标轴平行或垂直于建筑物主轴线,称为建筑坐标系或施工坐标系。

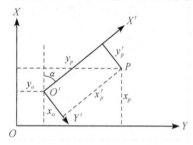

图 3-1　测量坐标系与施工坐标系

在施工放样中控制点通常采用的是测量坐标系,因此,在施工放样前应把放样点的设计坐标转换成测量坐标,或者把控制点的测量坐标转换成设计坐标。如图 3-1 所示,设 P 点在测量坐标系中的坐标为 (x_p, y_p),P 点在施工坐标系中的坐标为 (x_p', y_p'),施工坐标系原点 O' 在测量坐标系中的坐标为 (x_o, y_o),α 为施工坐标系的 X' 轴在测量坐标系中的方位角,亦为两坐标纵轴的交角。施工坐标系转换成测量坐标系的坐标时,其转换公式为

$$\left.\begin{array}{l} x = x'\cos\alpha - y'\sin\alpha + x_o \\ y = x'\sin\alpha + y'\cos\alpha + y_o \end{array}\right\} \tag{3-1}$$

若把测量坐标系中的坐标转换成施工坐标系中的坐标时,其公式为

$$\left.\begin{array}{l} x' = (x_p - x_o)\cos\alpha + (y_p - y_o)\sin\alpha \\ y' = -(x_p - x_o)\sin\alpha + (y_p - y_o)\cos\alpha \end{array}\right\} \tag{3-2}$$

3.2.3　高程施工控制网

高程施工控制网的建立与平面施工控制网基本相同,当建筑场地面积不太大时,通常布设四等水准网。当建筑场地面积较大时,可分两级布设水准网,即首级高程控制网和加密高程控制网。首级高程控制网宜采用二等(或三等)水准测量测定,而加密高程控制网宜采用三等(或四等)水准测量测定。

首级高程控制网应在原有测图高程控制网的基础上单独埋设永久性水准点,且建筑场地内水准点间的间距宜小于 1km。水准点到建、构筑物的距离一般应大于 25m,距离振动影响范围一般应大于 5m,距离回填土的边线一般应在 15m 以外。凡是重要的建、构筑物附近必须

埋设水准点,且整个施工场地至少应埋设 3 个以上永久性水准点,并应构成闭合或附合水准路线以便有效地控制整个施工场地。其高程控制点的选择应不受工程施工的影响,既方便使用,又便于长期保存。

加密高程控制网是在首级高程控制网的基础上进一步加密,一般不单独埋设,而是采用与建筑方格网合并的形式,且各高程点间距离一般在 200m 左右,以便施工放样时一站即可完成高程放样工作,从而提高工效,减少误差传播。加密高程控制网一般应按四等水准测量进行观测,并应与首级高程控制网附合,以便作为高程推算的依据。

为了减少计算,方便施工放样,通常在大型建筑物附近建立专用水准点,即 ±0.000 高程水准点,位置一般选在较稳定的建筑物墙壁或柱体的侧面,并用红色油漆绘成上顶为水平的倒三角形"▼"。但因为设计中各建筑物的 ±0.000 高程不一定相同,所以应严格区分,以免用错设计高程,使工程造成损失。

3.3　建筑限差及施工放样精度

因为施工放样的精度要求取决于建筑限差和测量误差,所以,应清楚建筑限差与测量误差的关系,进而确定合理的放样精度。

3.3.1　建筑限差与测量误差

工程建筑物的建筑限差是指竣工后建筑物的实际位置相对设计位置的极限偏差。设极限偏差为 Δ,若认为它是建筑物点位放样位置偏离其设计位置的容许误差 δ 的两倍,即

$$\delta = \frac{\Delta}{2} \tag{3-3}$$

一般容许误差为两倍的点位中误差 m,即

$$m = \frac{\delta}{2} = \frac{\Delta}{4} \tag{3-4}$$

而点位中误差 m 主要是由测量误差 m_1、设计工艺计算的误差 m_2 和建筑安装误差 m_3 三部分组成,假设这些误差相互独立,则有

$$m^2 = m_1^2 + m_2^2 + m_3^2 \tag{3-5}$$

在建筑设计中一般容许误差 δ 的值是给定的,而上述误差之间的比例关系则应根据不同建筑物的结构特征确定。考虑到目前的测量技术水平和测量精度,认为测量误差 m_1 对总误差 m 的影响可忽略不计,一般 m_1 可取 $m/2$、$m/3$、$m/5$,故有

$$\begin{cases} m/2 = \delta/4 = 0.25\delta & (m_1 = m/2) \\ m/3 = \delta/6 = 0.17\delta & (m_1 = m/3) \\ m/5 = \delta/10 = 0.1\delta & (m_1 = m/5) \end{cases} \tag{3-6}$$

在 m_1 中,包含控制量误差 $m_控$ 和放样角度、距离或点位的放样误差 $m_放$。则有

$$m_1^2 = m_控^2 + m_放^2 \tag{3-7}$$

$m_控$ 与 $m_放$ 之间的关系可按忽略不计原则或两者等影响的原则根据不同情况确定。在施工放样中,正确制定放样误差的容许值十分重要,限差太宽,会影响工程质量,限差太严,将造成人力、物力和时间的浪费,而且也与现代化施工安装速度不相适应。

　　按不同的建筑结构和用途,建筑限差参照执行我国现行标准,如《混凝土结构工程施工质量验收规范》《钢筋混凝土高层建筑结构设计与施工规程》《建筑安装工程施工及验收标准和规范》等。

3.3.2　工程建筑物放样精度要求

1. 精度标准

(1) 建筑物主轴线对周围物体相对位置的精度。周围物体包括建筑物的自然条件以及附近的其他建筑物,若为新建工程时,只需考虑建筑区的地形与地质条件。

(2) 建筑物各部分之间及各部分相对于主轴线的精度。建筑物各部分若存在一定的几何关系,或由于连续作业的需要,或各部分之间存在着装配关系以及从美观角度出发的要求,这时往往对放样的精度要求极高,采用装配或构件进行施工更是如此。对于安装精度要求较高的构件,则应根据主轴线或辅助轴线进行施工放样。

2. 建筑物施工放样的主要技术要求

在我国《工程测量规范》中,对工业及民用建筑物施工放样的主要技术指标给出了明确的规定,如表 3-1 所示。

表 3-1　建筑物施工放样的主要技术要求

建筑物结构特征	测距中误差	测角中误差/(″)	在测站上测定高差中误差/mm	根据起始水平面在施工水平面上测定高程中误差/mm	竖向传递轴线点中误差/mm
技术结构、装配式钢筋混凝土结构、建筑物高度 100~120m 或跨度 30~36m	1/20000	5	1	6	4
15 层房屋、建筑物高度 60~100m 或跨度 12~30m	1/10000	10	2	5	3
5~15 层房屋、建筑物高度 15~60m 或跨度 6~18m	1/5000	20	2.5	4	2.5
5 层房屋、建筑物高度 15m 以下或跨度 6m 以下	1/3000	30	3	3	2
木结构、工业管线或公路、铁路专用线	1/2000	30	5	—	—
土工建筑(竖向整平等)	1/1000	45	10	—	—

　　注:1. 对于具有两种以上特征的建筑物,应取要求高的中误差值;
　　　　2. 特殊要求的工程项目,应根据设计对限差要求,确定其测设精度。

　　对于柱子、桁架或梁的安装测量容许偏差不应超出表 3-2 中的规定;对于构件预装测量的容许偏差不应超过表 3-3 中的规定;对于附属构件的安装测量容许偏差则不应超过表 3-4 中的规定。

　　设备安装过程中的测量应符合以下要求:基础竣工中心线必须进行复测,且两次测量较差不应大于 5mm,埋设中心标板重要设备的基础中心线由施工中心线引测同一中心标点的偏差不应大于±1mm。纵横中心线必须进行垂直度检查,并调整横向中心线。同一设备基准的中心线平行误差或同一生产中心线的直线精度不应超过±1mm。

表 3-2　柱子、桁架或梁安装测量容许偏差

测量内容	测量容许偏差/mm
钢柱垫板标高	±2
钢柱±0 标高检查	±2
混凝土柱(预制)±0 标高	±3
混凝土柱、钢柱垂直度	±3
桁架和实腹梁、桁架和钢架的支承结点间相邻高差的偏差	±5
梁间距	±3
梁面垫板标高	±2

注：当柱高大于 10m 或一般民用建筑的混凝土柱、钢柱垂直度可适当放宽。

表 3-3　构件预装测量容许偏差

测量项目	测量容许偏差/mm
平台面抄平	±1
纵横中心线的正交度	$±0.8\sqrt{l}$
预装过程中的抄平工作	±2

注：l 为自交点起算的横向中心线的长度的米数，不足 5m 时，以 5m 计。

表 3-4　附属构件的安装测量容许偏差

测量内容	测量容许偏差/mm
栈桥和斜桥中心线投点	±2
轨面标高	±2
轨道跨距丈量	±2
管道构件中心线定位	±5
管道标高测量	±5
管道垂直度测量	$H/1000$

注：H 为管道垂直部分长度。

3.4　施工轴线及方格网建立

3.4.1　建筑基线

在面积不大且地势较平坦的建筑场地上，应根据建筑物的分布、场地和地形因素等，布设一条或多条轴线，以便作为施工控制测量的基线，简称建筑基线。建筑基线是建筑场地施工控制的基准线，一般适用于建筑设计总平面图布置比较简单的小型建筑场地。

1. 建筑基线形式及布设要求

建筑基线布设形式应根据建筑物的分布及施工场地的地形等因素来确定。常用的形式有一字形、十字形、直角形和丁字形，如图 3-2 所示。

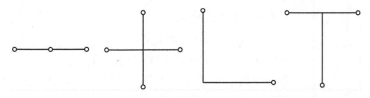

图 3-2　建筑基线的形式

建筑基线的布设要求如下：

（1）建筑基线应尽量靠近拟建的主要建筑物，并应与其主要的轴线平行，以便采用较简单的直角坐标法进行建筑物的定位。

（2）建筑基线应尽量与施工场地的建筑红线相联系。

（3）建筑基线上的基线点应不少于 3 个，以便相互检核。

（4）基线点位应选在通视良好，且不易破坏的地方，并应埋设永久性的混凝土桩，以便长期保存。

2. 建筑基线的放样

1）根据建筑红线放样

在城市建设中，建筑用地的界址是由规划部门确定的，并由拨地单位在现场直接标定用地

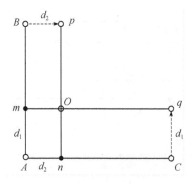

图 3-3　根据建筑红线放样建筑基线

边界点，这些边界点的连线称为建筑红线。在城市建设区，建筑红线即可作为建筑基线放样的依据。通常情况下，建筑红线与拟建的主要建筑物或建筑群中的大多建筑物主轴线平行。故可根据建筑红线用平行线推移法放样建筑基线。

如图 3-3 所示，AB、AC 为建筑红线，O、p、q 为建筑基线点，其放样方法如下：先从 A 点沿 AB 方向量取 d_1 定出 m 点，沿 AC 方向量取 d_2 定出 n 点。然后在 B 点作 AB 的垂线，并沿垂线量取 d_2 定出 p 点；在 C 点作 AC 垂线，并沿垂线量取 d_1 定出 q 点；然后将 mq 与 np 连

线，即可交会出 O 点。最后应在 O 点安置经纬仪，精确观测 $\angle pOq$，其值与 90° 的差值应在容许值范围内。若差值超过容许值，则应检查放样数据，调整点位的位置，对于建筑红线可以满足建筑基线条件的情况，也可直接将建筑红线作为建筑基线使用。

2）利用控制点放样

在没有或无法利用建筑红线进行建筑基线放样的情况下，可根据建筑基线的设计坐标和附近控制点坐标，采用极坐标法或角度交会法在实地把基线放样出来。如图 3-4 所示，A、B 为附近已有控制点，O、p、q 为选定的建筑基点。其放样过程为：先将 O、p、q 三点的施工坐标系与控制点坐标系统一，再根据统一坐标系后的坐标，按极坐标放样法或交会法计算出放样数据，最后在实地分别放样 O、p、q 三点。

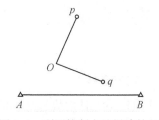

图 3-4　利用控制点放样建筑基线

由于存在测量误差，放样出的 $\angle pOq$ 往往不是直角，且点与点之间距离同设计值也不尽相同，若其角度和距离误差不在容许值以内，即可调整 p、q 两点，使其满足规定的精度要求即可。

3.4.2　建筑方格网

1. 建筑方格网的布设

由正方形或矩形的格网组成的建筑场地施工控制网，称为建筑方格网。其适用于大型的建筑场地，如图 3-5 所示。建筑方格网的布设应结合建筑设计总平面图上各种建筑物、构筑物的分布情况及场地的地形情况而定。在布设建筑方格网时，先应选定两

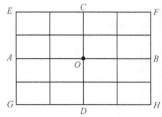

图 3-5　建筑方格网

条相互正交的主轴线,如图 3-5 中 AOB 和 COD,然后全面布设方格网,其形式可为正方形或矩形。当建筑场地较大时,可分两级布设,首级为基本网,先放样出十字形、口字形或田字形的主轴线,然后加密次级方格网。当场地不太大时,尽量布设成全面方格网,从而使其精度更加均匀。

方格网的主轴线应尽量布设在整个建筑场地的中央,其方向应与主要建筑物的轴线平行或垂直,且长轴线上的定位点不得少于三个。主轴线上各端点应延伸到场地的边缘,以便控制整个场地,且其点位必须建立永久性标志,以便长期保存。

在方格网的主轴线布设后,即可根据建筑物的大小和分布情况进行加密格网。格网点选设时,应以简单、实用为原则,在满足测角、量距的前提下,其格网点的点数应尽量少,且要求其转折角必须为 90°,相邻格网点要保持通视,点应能长期保存。

2. 建筑方格网的放样方法

1) 主轴线的放样

主轴线的放样与建筑基线放样方法基本相同。因为建筑方格网是根据主轴线布设的,所以,放样时应根据场地原有控制点,放样出主轴线上的三个主点。建筑方格网的主要技术要求见表 3-5。

表 3-5　建筑方格网的主要技术指标

等级	边长/m	测角中误差/(″)	边长相对中误差	测角检测限差/(″)	边长检测限差
I	100～300	5	1/30000	10	1/15000
II	100～300	8	1/20000	16	1/10000

如图 3-6 所示,A、B、C 三点是已知的控制点,l、m、n 三点为选定主轴线上的主点,其坐标可算出,则可根据 A、B、C 三个控制点,采用极坐标法放样出 l、m、n 三个主点。

放样三个主点的步骤:首先将 l、m、n 的施工坐标转换成测量坐标,并根据主点坐标与控制点坐标的关系,计算出放样数据 β_1、β_2、β_3 和 D_1、D_2、D_3;然后用极坐标法放样出三个主点的概略位置 l'、m'、n',并检查三个点是否在一条线上。

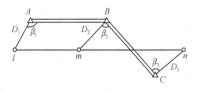

图 3-6　主轴线的放样

由于测量误差的影响,往往放样的三个主点不在一条直线上,如图 3-7 所示,安置经纬仪于 m' 点上,精确测出 $\angle l'm'n'$ 的值 β,若 β 角值与 180°之差超出表 3-5 中的容许值,则应根据

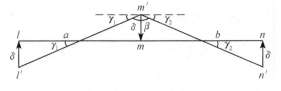

图 3-7　主点位置调整

三个主点间距离 a 和 b 按式(3-8)计算调整值,并对其进行调整。

$$\delta = \frac{ab}{a+b}\left(90° - \frac{\beta}{2}\right)\frac{1}{\rho} \quad (3\text{-}8)$$

将 l'、m'、n' 三点沿与轴线垂直方向移动一个改正值 δ,但 m' 点与 l'、n' 两点移动的方向相反,移动后即得 l、m、n 三点。为了保证放样精度,则应重复检测 $\angle lmn$,直至 $\angle lmn$ 的值与 180°之差小于容许偏差值。

除了进行角度调整,还应进行三个主点间的距离调整。先检查 lm 和 mn 间的距离,若检查结果与设计长度之差的相对误差超出表 3-5 中的规定,则应以 m 点为准,按设计长度调整

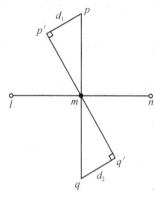

图 3-8　另一条主轴线放样

l、n 两点。调整应重复进行,直至误差在容许值以内。

在主轴线上三个主点放样好后,即可放样与其垂直的另一条主轴线 pmq。如图 3-8 所示,将经纬仪安置于 m 点上,照准 l 点,分别向左、右放样出 90°,并根据 pm、qm 的设计距离在地面上标定出 p、q 两点的概略位置 p'、q';然后精确测出 $\angle lmp'$ 和 $\angle lmq'$ 的值,分别求出其角值与 90°之差 ε_1 和 ε_2,当 ε_1 和 ε_2 大于表 3-5 中的规定时,则应按式(3-9)计算其改正数 d,即

$$d = D \cdot \varepsilon''/\rho'' \qquad (3-9)$$

式中,D 为 mp' 或 mq' 的距离。

根据改正数将 p'、q' 两点分别沿 mp' 和 mq' 的垂直方向移动 d_1、d_2,得 p、q 两点。然后精确测定 $\angle pmq$ 的值,其值与 180°之差应在规定限差之内,否则应重新调整。

2)方格网的放样

在主轴线放样完成后,再进行主方格网的放样,最后在主方格网内进行方格网的加密。

主方格网测定可采用角度交会法,其测量过程如图 3-5 所示。将两台经纬仪分别安置于 A、C 两点,并以 O 点为起始方向,分别向左、向右精确放样出 90°角,即可在放样方向上交会出 E 点,在 E 点位置确定后,再进行交角的检测与调整,同样可放样出主方格网点 F、H、G,这样就构成了田字形的主方格网。

在放样方格网时,其角度观测应符合表 3-6 中的规定。

表 3-6　方格网放样角度观测要求

等级	经纬仪型号	测角中误差/(″)	测回数	测微器两次读数/(″)	半测回归零差/(″)	一测回 2c 值误差/(″)	各测回方向误差/(″)
Ⅰ	DJ₁	5	2	≤1	≤6	≤9	≤6
	DJ₂	5	3	≤3	≤8	≤13	≤9
Ⅱ	DJ₂	8	2		≤12	≤18	≤12

因为方格网轴线与建筑物轴线平行或垂直,所以,可采用直角坐标法进行建筑物的定位,这样不但计算简单,放样方便,而且精度较高。其不足之处在于它必须按照总平面图布设,其点位不易长期保存,工作量也较大。

3.5　民用建筑施工测量

民用建筑包括住宅、办公楼、剧院、医院和学校等,民用建筑施工测量就是按照设计要求,结合施工进度,在实地将其平面和高程位置放样出来。由于民用建筑的类型、结构和层数各不相同,因而施工测量的方法和精度也有所不同,但其过程基本相同,主要包括建筑物定位、细部轴线放样、基础施工测量和墙体施工测量等。

3.5.1　建筑物放样的准备工作

建筑施工测量贯穿于整个施工过程,且施工测量直接关乎工程质量,因此,测量人员必须详细了解建筑物的设计内容、性质及其对测量精度要求,随时掌握现场情况和工程进度,从而使施工放样的精度和速度满足施工要求。

1. 现场勘查

现场勘查的主要目的是核对平面控制点和高程点的位置及是否完好,了解现场地物、地貌情况,调查与建筑施工测量相关的问题,根据实际情况制定测量方案;检核施工场地中的平面及高程控制点,做好场地平整测量,进行土石方工程量的计算。

2. 图纸核查

在建筑施工测量之前,必须仔细阅读设计总说明,核对设计图纸上与放样有关的建筑总平面图、建筑施工图、结构施工图和设备安装图等图上的尺寸,应检查总尺寸是否同分尺寸一致,总平面图与大样详图的尺寸是否相同,对于尺寸不符合之处应在甲方组织的四方(甲方,设计方,监理方,施工方)图纸会审中提出并修正。然后,可根据实际情况编制放样图和计算放样数据。施工测量应核查的主要图纸有以下五种。

1)建筑总平面图

建筑总平面图是建设区域的平面图,它反映拟建房屋的位置和朝向与原有建筑物之间的关系,周围道路、绿化布置及地形地貌等内容。建筑总平面图可作为拟建房屋定位、施工放样、土方施工以及施工总平面布设的依据。从建筑总平面图上可以查出或计算出拟建建筑物同原有建筑物或控制点之间、建筑物之间的平面尺寸和高差,并作为放样建筑物总体位置的依据。

2)建筑平面图

建筑平面图主要反映房屋的平面形状、大小、布置、墙(柱)、位置、高度、材料(含门窗的位置和开启方向)等,在建筑平面图中即可获取建筑物的总尺寸和楼层内部各定位轴线之间的尺寸。建筑平面图是建筑施工测量的依据。

3)建筑立面图

在建筑立面图中标明建筑物的外形尺寸,如门窗、台阶、雨篷和阳台等的标高,可以查取建筑物的总标高、各楼层标高以及室内外地平标高。

4)基础平面图

基础平面图是指标高±0.000以下的结构图,是基础放线开挖基坑及砌筑基础的重要依据。它主要反映建筑物的基础墙、垫层、预留洞以及梁、柱等构件的布置的平面关系。在基础平面图中可查取基础边线与定位轴线的平面尺寸以及基础布置与基础剖面间的位置关系。

5)基础详图

它主要反映基础的尺寸、构造、材料、埋设深度及内部配筋的情况。从基础详图中可查取基础立面尺寸、设计标高、基础边线与定位轴线的尺寸关系,是基础放样的依据。

3. 放样方案制订

根据设计图纸、设计要求、施工计划、施工进度及定位条件,结合现场地形因素制订满足现行《工程测量规范》主要技术要求的施工放样方案。其内容包括放样方法、步骤、仪器型号、精度及时间安排等。

4. 绘制放样略图、计算放样数据

在施工放样前应根据设计总平面图与基础平面绘制出放样略图,准备好待放样的数据,在对其检核的基础上,把放样数据标注于放样略图上,从而使现场放样准确、方便。

如图3-9所示,图中标有新建教学楼与建筑方格网之间的平面尺寸,根据设计要求,新建教学楼与建筑方格网

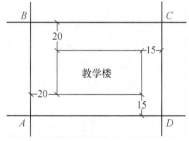

图 3-9　放样略图

平行,各主轴线与建筑方格网的尺寸分别为 20m、15m,根据放样略图采用直角坐标法放样出教学楼的 4 个主轴线交点。

3.5.2　建筑物放线

建筑物放线是指根据现场已放样出的建筑物定位点详细测设其他各轴线交点的位置。建筑物定位后,因为定位桩、中心桩在基础开挖时将被破坏,所以,在基础开挖前应把建筑物轴线延长到安全地点,并做好标志,作为开槽后各阶段施工测量中恢复轴线的依据。延长轴线的方法是在建筑物外侧设置龙门桩和龙门板,或者在轴线延长线上打木桩。

1. 龙门板法测定内墙轴线

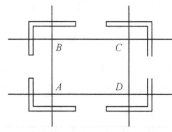

图 3-10　龙门板设置方法

在民用建筑物施工中,为了便于施工,常于基槽开挖边界外 3～5m 处设置龙门板。龙门板是建筑施工测量的依据,它的设置准确与否将直接影响施工精度,其设置方法如图3-10所示。

首先在建筑物四角和中间隔墙的两端基槽之外 3～5m 处作一条与主轴线平行的线,竖直钉设龙门桩。根据附近高程点用水准仪将±0.000 放样到龙门桩上,并画线表示。

然后把龙门板钉在龙门桩上,使其上边缘水平且对齐±0.000 横线,再把仪器置于主轴线一端的交点上,用另一端的主轴线交点定向,把主轴线放样到龙门板上,并钉上小钉,同法测定其他轴线。

最后用钢尺沿龙门板顶面检查轴线小钉之间的距离,其精度应达到 1/5000～1/2000。检验合格后以轴线钉为准将基础边线、基础墙边线、基槽开挖边线等标定在龙门板上。

龙门板的优点是使用方便,可控制±0.000 以下各层的标高、基槽宽、基础宽及墙体宽。但其占用施工场地、影响交通,对施工干扰大,易于遭到破坏。

2. 设置轴线控制点

由于龙门板法存在着不少缺点,近年来施工单位多采用轴线控制点法。主轴线控制点大多设于基础开挖范围以外 3～15m,且不受施工干扰、方便引测和保存的地方,一条主轴线可设 3～4 个轴线控制点以便相互检核,亦可将轴线投测到周围建筑物上做好标志取代引桩。

如图 3-11 所示,A、B、C、D 为拟建建筑物外墙主轴线上的 4 个交点,设置主轴线控制点方法为:

(1) 先在 A 点安置经纬仪,用 B 点定向,由 B 点沿 AB 方向向外量取一定距离得 B_1 点。

(2) 然后使望远镜旋转 180°,在其方向线上由 A 点向外量取一定距离得 A_1 点。

(3) 同法可测得其他各轴线控制点。因为场地条件限制向外量取的距离不等,所以,必须画出轴线控制点略图。

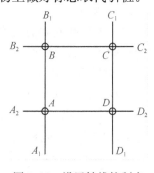

图 3-11　设置轴线控制点

在设置轴线控制桩时,必须严格对中整平仪器,反复检核边长,量距精度应达到 1/5000～1/2000,其控制点应浇筑混凝土,并做好标志,以防破坏,若遭破坏应立即恢复。

3. 细部各轴线交点测量

测量细部各轴线交点的精度要求较高,仪器安置时应精确对中整平,钢尺量距时始终应以一个主轴线交点为起点,并沿视线方向量取,从而减小钢尺对点误差,避免轴线总长度偏差。细部轴线放样完成后,应从另一主轴线交点开始逐个检核放样精度,检查各轴线间距离是否与设计相同,其精度应满足 1/3000。如图 3-12 所示,Ⓐ、Ⓔ、①、⑥轴为 4 条建筑物外墙主轴,其轴线交点为 A、B、C、D,其放样方法为:

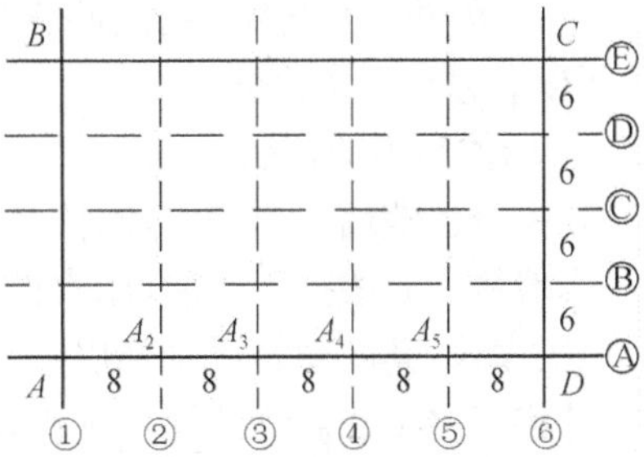

（1）在主轴线交点 A 上安置经纬仪,并以交点 D 定向。

图 3-12 细部轴线点的放样

（2）以 A 点为起点,在 AD 方向线上量取 8m 打上木桩,然后精确量取 8.000m 距离,钉上小钉即得细部轴线交点 A_2。

（3）以 A 点为起点,在 AD 方向线上量取 16m 打木桩,然后精确量取 16.000m 距离,钉上小钉即得细部轴线交点 A_3。同法可放样出其他细部的轴线交点。

4. 开挖线测定

基坑开挖线是根据设计要求、基础深度、放坡系数及地质情况综合考虑而定。开挖线一般标注在龙门板上,并在两龙门板间拉线绳,用石灰沿线绳标出开挖边界线,施工时则可沿石灰线进行开挖。

3.5.3 基础控制测量

基础是建筑物地面以下的承重构件,它支撑着其上部建筑物的全部荷载,并将其传递给下面的地基。基础施工测量的主要内容就是放样基槽开挖线、控制基础开挖深度、放样垫层的施工高程和基础模板位置。

1. 放样基槽开挖线和抄平

按照基础大样图上的基槽宽度,再加上口放坡的尺寸,计算出基槽开挖边线的宽度,然后由桩中心向两侧各量取基槽开挖宽度的一半,做记号。在两个对应的记号点之间拉线,并沿拉线撒上石灰,即可按石灰线开挖基槽。

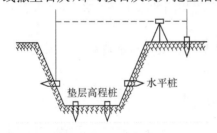

图 3-13 基槽抄平

为了控制基槽开挖的深度,当其开挖接近槽底时,在基槽壁上自拐角开始,每隔 3～5m 放样一根比槽底设计高程提高 0.3～0.5m 的水平桩,并以此作为开挖深度、修平槽底和做基础垫层的依据。水平桩一般采用水准仪根据施工现场已标定的 ±0 或龙门板顶端高程来放样。如图 3-13 所示,在施工中,高程的放样称为抄平。为砌筑建筑物基础而开挖的基槽亦称基坑。当基坑较深,用一般方法不能直接测定坑底高程时,可用悬挂的钢尺来代替水准尺把地面高程传递到坑内。

当基槽开挖完成后,应根据轴线控制桩复核基槽的几何尺寸和槽底高程,合格后,方可进行垫层施工。

2. 垫层与基础放样

在基槽开挖完成后,应在基坑底设置垫层高程桩,如图 3-13 所示,并使桩顶面的高程与垫层设计高程相同,作为垫层施工的依据。

垫层施工结束后,根据轴线控制桩(或龙门板),用拉线的方法,吊垂球将墙基轴线投射到垫层上,用墨斗弹出墨线,用红漆作出标记,如图 3-14 所示。因为整个墙体砌筑均以此线为准,所以应进行严格检核。

　　3. 墙体高程的控制

　　在民用建筑墙体施工中,墙体各部位标高一般是用皮数杆来控制的,如图 3-15 所示。

　　当墙体中心线投于垫层,用水准仪监测各墙角垫层面高程后,即可进行基础墙(±0.000m 以下)的砌筑,其高度是用基础皮数杆来控制的。基础皮数杆是用一根木杆制成,在杆上事先按设计将每皮砖和灰缝的厚度画出,每五皮砖注上皮数(基础皮数杆是从±0.000m 向下注记层数)并标明±0.000m 和防潮层等的高程位置,如图 3-15 所示。

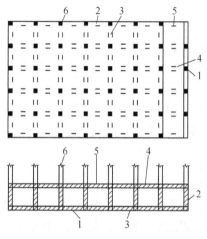

图 3-14　基础轮廓轴线放样
1. 底板;2. 外墙;3. 内横隔墙;4. 内墙纵墙;
5. 顶板;6. 柱子

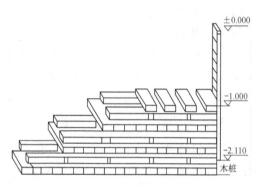

图 3-15　基础墙高的控制

　　立皮数杆时,可先在立杆处打一根木桩,用水准仪在木桩侧面定出一条高于垫层高程的任一数值(10cm)的水平线,然后将皮数杆上高程与木桩上高程相同的水平线对齐,并把皮数杆与木桩钉在一起,作为基础墙砌筑的高程依据。

　　在基础施工完成后,应检查基础的高程是否符合设计要求。采用水准仪测出基础面上若干点的高程,并将其与设计高程相比较,其允许误差为±10mm。

3.6　工业建筑施工测量

　　随着国民经济的发展,在工业建筑施工中,现代化的工艺流程逐步取代了传统的操作流程,各类厂房、生产车间对各式各样精密设备安装的精度要求越来越高,对施工测量的精度要求也随之提高。

3.6.1　厂房施工测量

　　工业建筑主要是指工业企业的生产性建筑,例如,厂房、动力设施及仓库等,其中最主要的是厂房。厂房大多采用预制钢筋混凝土柱装配式单层厂房,亦可采用钢结构装配式结构厂房。厂房施工测量包括:厂房矩形控制网的测设,厂房柱列轴线放样,基础施工测量,厂房构件安装测量和设备安装测量等。

　　1. 矩形控制网放样方案

　　工业建筑与民用建筑一样,在施工测量前应先做好准备工作,在熟悉图纸、现场踏勘的基础上,依据施工进度计划制订详细的放样方案。

对于中、小型厂房,可测设单一的矩形控制网,即在基础开挖线外 4m 测设一个与厂房平行的控制网。对于大型厂房或设备基础复杂的厂房,应先测设一条主轴线,在此基础上测设出矩形控制网。

2. 单一厂房矩形控制网的放样

对于中、小型厂房,放样出一个四边围成的简单矩形控制网即可满足放线要求。按直角坐标法建立厂房控制网,如图 3-16 所示,E、F、G、H 为厂房轴线交点,F、H 两点的建筑坐标已在总平面图中标出。P、Q、R、S 是布设于基坑开挖线外的厂房控制网的 4 个角桩,即厂房控制桩,且控制网的边与厂房轴线平行。放样前先根据 F、H 的建筑坐标推算出控制点 P、Q、R、S 的建筑坐标,然后以建筑方格网点 M、N 为依据,计算放样数据。

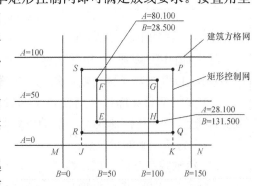

图 3-16 厂房矩形控制网放样

放样时,依据放样数据从建筑方格网点 M 起始,沿 MN 方向通过丈量在地面上标定 J、K 两点,然后将经纬仪分别安置于 J、K 两点,采用直角坐标法放样出厂房控制点 P、Q、R、S 并用木桩标定。最后再实测 $\angle S$ 和 $\angle P$,其实测值与90°之差应不超过 $10''$。精确丈量 SP 的距离,其实测值与设计长度比较其相对误差不应超过 1/10000。

3. 大型工业厂房矩形控制网放样

对于大型或设备复杂的厂房,由于施测精度要求高,为了保证后期放样精度,则需建立含有主轴线较为复杂的矩形控制网。主轴线通常选择与厂房的柱列轴线相重合,以便后面的细部放样。主轴线上定位点和控制网的各控制点应与基础开挖线保持 2~4m 的距离,并可长期保存和使用。在控制网的边线上,除厂房控制桩外,还要增加距离指示桩,其位置宜选在厂房柱列轴线或主要设备的中心线上,以便直接利用其进行厂房细部放样。

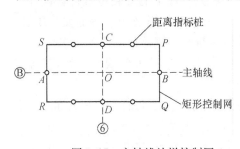

图 3-17 主轴线放样控制网

如图 3-17 所示,某大型厂房的矩形控制网主轴线 AOB 和 COD 分别位于厂房中间部位的桩列轴线 $\textcircled{B}$ 和 $\textcircled{6}$,P、Q、R、S 为控制网的 4 个控制点。放样步骤为:

(1) 先将长轴线 AOB 测定于地面,再以长轴线为依据放样短轴 COD,并对短轴进行方向改正,使两轴线严格正交,其交角的限差为 $\pm 5''$。

(2) 从 O 点起精确丈量出轴线端点,使主轴线长度的相对误差不超过1/5000。

(3) 通过主轴线端点放样 90°角,交会出控制点 P、Q、R、S。

(4) 丈量控制网边线,其长度应与主轴线相同。若量距与角度交会所得控制点位置不一致,应进行调整。在边线丈量时即可定出距离指示桩。

4. 厂房柱列轴线测量

在厂房矩形控制网建立后,可根据厂房控制桩和距离指示桩,按施工图上设计的厂房跨度和柱列间距,用钢尺沿矩形控制网各边量出各桩列轴线端点的位置,并设置轴线控制桩且在柱

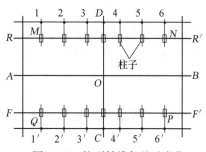

图 3-18　柱列轴线与基础定位

顶钉上小钉,作为柱基放样和厂房构件安装施工测量的依据。

如图 3-18 所示,F、R、1、6 点为外轮廓轴线的端点,2、3、4、5 点为柱列轴线端点。用两台经纬仪分别安置于外轮廓线端点上,并分别后视所对应的端点即可交会出厂房的外轮廓轴线角桩点 M、N、P、Q。厂房轴线及柱列轴线放样时应打上角桩标志。

5. 桩基测量

在柱列轴线的基础上,按基础施工图中基础与柱列轴线的关系尺寸进行桩基放样。如图 3-19 所示,以Ⓡ轴与④轴交点处的基础详图为例说明桩基放样过程。

(1) 先将两台经纬仪分别安置于Ⓡ轴和④轴一端的轴线控制桩上,照准各自轴线另一端的轴线控制桩,交会出轴线交点,作为该基础的定位点。

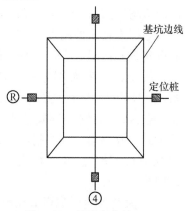

图 3-19　基础定位桩

(2) 沿轴线在基础开挖边线外 1~2m 处的轴线上打入 4 个基坑定位木桩,并在桩顶用小钉标记柱子轴线的中心线,作为基坑开挖、恢复轴线和立模板的依据。

(3) 按桩基础施工图的尺寸用白灰撒出开挖线。

3.6.2　工业厂房构件的安装测量

1. 柱子安装测量

单层工业厂房主要由柱子、吊车梁、屋架、天窗和屋面等主要构件组成,如图 3-20 所示。其构件是依据图纸设计尺寸提前预制,然后在施工现场吊装,且所有吊装必须按照设计要求进行,才能确保各部件之间的相对位置关系。

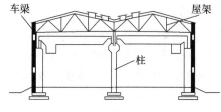

图 3-20　厂房构件图

特别是柱子的位置和标高,将直接关系到梁、轨空间位置的准确性,只有柱子的安装位置符合设计要求,才能保证吊车梁、吊车轨道及层架等的安装质量。因此,柱子的吊装测量必须满足以下限差要求。

(1) 柱脚中心线与相应柱列轴线应一致,其容许误差为 ±15mm。

(2) 牛腿面的顶面和柱顶面的实际距离标高与设计标高的容许误差:当柱高在 5m 以下时为 ±5mm;在 5m 以上时为 ±8mm。

(3) 柱身垂直度容许误差:当柱高在 5m 以下时应不大于 ±5mm;柱高在 5~10m 时应不大于 ±10mm;当柱高超过 10m 时,则其限差应为柱高的 1/1000,且不超过 20mm。

1) 安装前的准备工作

(1) 将每根柱子按轴线位置编号,检查其尺寸是否满足设计要求。

(2) 在柱身的三面用墨线弹出柱中心线,每条中心线的上、中、下端作 "▲" 标记,如图 3-21 所示,以供校正。

(3) 根据轴线控制桩用经纬仪将柱列轴线放样到基础杯口顶面,弹上墨线,并用红漆作 "▲" 标记,作为柱子吊装时确定轴线的依据。当柱列轴线不通过杯口中心时,则应以轴线为基准加弹中心定位线,并用红漆作 "▲" 标记,作为柱子校正的照准目标。同时还应在杯口内壁测定一条标高线,作为杯口底面找平的依据,如图 3-22 所示。

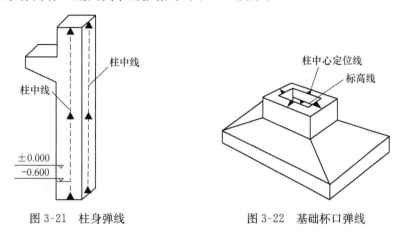

图 3-21　柱身弹线　　　　　　　　　　图 3-22　基础杯口弹线

(4) 调整杯底标高。为了确保吊装后柱子牛腿面符合设计标高 H,标准是杯底标高 H' 加上柱底到牛腿长度 L 等于牛腿面的设计标高 H,即

$$H = H' + L \qquad\qquad (3\text{-}10)$$

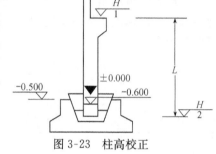

若经检查不能满足设计要求,则应调整杯底标高。具体做法是先根据牛腿面设计标高,沿柱子的中心线用钢尺量出一标高线,与基础杯口内壁上已测设的标高线相同,分别量出杯口内标高线至杯底的高度,并同柱身的标高至柱底的高程进行比较,从而确定用水泥砂浆找平层的厚度后修正杯底,即可使牛腿面标高符合设计要求,如图 3-23 所示。

图 3-23　柱高校正

2) 柱子安装测量

柱子安装应满足的条件是确保柱子的平面位置和高程均符合设计要求,且柱身垂直。

在柱子被吊入基础杯口时,将柱中心线与杯口顶面的定位中心对齐,并使柱身大致垂直后,在杯口处插入木楔块或钢楔块暂时固定。当柱身脱离吊钩完全沉到杯底后,再复核中心线的对位情况,并用水准仪检测柱身上标定的 ±0.000 线,确定高程定位误差。在这两项检测均符合精度要求的基础上,将楔块打紧,初步固定,然后进行竖直校正。

如图 3-24 所示,在基础纵、横柱列线上各安置一台经纬仪,照准柱子下部的中心线后固定照准部,然后仰视柱顶,当两个方向上柱中心线与十字丝的竖丝均重合时,则表明柱子竖直;若不重合,应在两个方向上先后进行垂直度调整,直到符合要求,之后应立即灌浆,以固定柱子位置。

在实际安装中,通常是先将成排的柱子吊入杯口并初步固定,然后再逐一进行竖直校正。此时应在柱列轴线的一侧与轴线成 15° 左右的方向上安置经纬仪进行校正,这样仪器在同一位置可先后校正多根柱子。

2. 吊车梁安装测量

在吊车梁安装时,测量工作的主要任务是使安置在柱子牛腿上的平面位置、顶面标高和梁端面中心线的垂直度均符合设计要求。

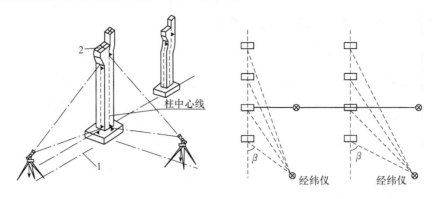

图 3-24　柱子安装测量
1. 梁中心线;2. 定位轴线

1) 吊车梁安装的中线测量

如图 3-25 所示,首先在吊车梁两端面及顶面上弹上中心线,然后依据厂房矩形控制网或柱的中心轴线端点,在地面上放样出两端吊车梁的中心线(即吊车轨道中心线)控制桩。并在一端点安置经纬仪。照准另一端,从而把吊车梁中心线投测在每根柱子的牛腿面上,弹上墨线,在吊装时将吊车梁中心线与牛腿面的吊车轨道中心线对齐,其允许误差为±3mm。安装结束后,再用钢尺丈量吊车梁中心线间距(即吊车轨道中心线间距),检验其是否符合行车跨度,其容许偏差为±5mm。

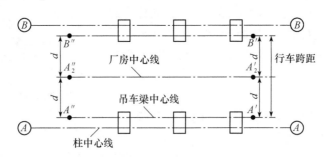

图 3-25　吊车梁安装测量

2) 吊车梁安装的高程测量

吊车梁安装的高程测量是在吊车梁平面位置安装到位后,进行其顶面标高检查。检查时,用钢尺自±0.000 标高线起沿柱身向上量至吊车梁面,求出标高误差。在柱子安装时,已依据牛腿面顶面至柱底的实际长度对杯底标高进行过调整,因此吊车梁的标高一般不会有太大偏差。当然,若偏差超限时,可采用修平或抹灰进行调整。另外,还应吊垂球检查吊车梁端面中心线的垂直度,若有偏差,可在吊车梁底支座处纠正。

3. 屋架安装测量

在屋架安装前,应用经纬仪或其他方法在柱顶面上放样出屋架定位轴线,并弹出屋架两端的中心线,以供后面检查。当屋架吊装就位时,应使其中心线与柱顶上的定位线对准,允许误差为±5mm。

屋架的垂直度可用垂球或经纬仪进行检查。在用经纬仪检查时,应在厂房矩形控制网边线的轴线控制桩上安置仪器,照准柱子的中心线,固定照准部,然后将望远镜逐渐抬高,此时观察屋架的中心线是否在同一竖直面内,以此来进行屋架垂直度校正。在观察屋架顶有困难时,也可在屋架上安装 3 把卡尺,如图 3-26 所示,一把卡尺安装在屋架上弦中点附近,另外两把安装在屋架的两端。自屋架几何中心沿卡尺向外量取一定距离,一般为 50cm,并做好标记。然后,在地面上距屋架中心线同样距离处安置经纬仪,观测 3 把卡尺上的标记是否在同一竖直面内,若其竖向偏差较大时,则可用机具校正,最终将屋架固定。

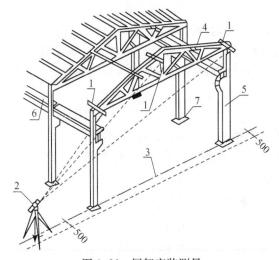

图 3-26　屋架安装测量
1. 卡尺;2. 经纬仪;3. 轴线;4. 屋架;5. 柱子;6. 吊车梁;7. 柱基

习　题

1. 在施工放样中,主要利用哪些图纸进行施工放样?
2. 民用建筑施工测量的基本原则有哪些?
3. 在工业建筑放样中,在已有方格网的情况下,为何还要测设矩形控制网?
4. 简述吊车梁的吊装测量过程。在此过程中,应进行哪些检核测量工作?
5. 名词解释:建轴基线、建筑红线、基础开挖线、建筑轴线、建筑方格网、建筑限差。
6. 基坑开挖线的确定与哪些因素有关?

第4章　铁路、公路工程测量

铁路、公路工程建设、维护及运营管理等阶段所进行的测量工作统称铁路、公路工程测量。铁路、公路工程包括新建或扩建复线及改建工程。特别是高速铁路、公路项目投资巨大、工程内容复杂、工程量大，需要进行踏勘选线、控制测量、地形测量和施工测量等工作。

4.1　概　　述

铁路、公路工程主要包括路基工程、路面基础工程和路面工程，从工程测量角度来看，都是线路比较长的工程，延伸十几千米至几百千米，在施工测量方面存在着极大的共性。因此，铁路、公路工程测量也称线路工程施工测量。

4.1.1　铁路、公路工程施工测量的任务和内容

1. 铁路、公路工程施工测量的主要任务

（1）按设计位置要求把线路敷设于实地，主要是工程施工放样的测量工作。

（2）工程施工过程中的检测与验收工作，主要是检查工程施工过程中各分项工程是否满足设计规范要求。

（3）为工程竣工提供地形图和断面图，主要是服务于工程竣工验收，并作为竣工资料为今后工程的运营与管理提供第一手资料。

2. 铁路、公路工程施工测量的内容

（1）建立施工控制网，收集沿线水文、地质及控制点等相关资料。对设计时的测图控制网进行复测、加密，从而形成工程施工控制网，并进行平面和高程控制测量，为工程施工放样做准备。

（2）审核设计坐标，计算并检查各交点坐标及各曲线要素。进行中线复测，固定中线主要控制桩，如交点、转点、圆曲线与缓和曲线的起讫点等。

（3）收集规划设计区域内各种比例尺的地形图、平面图和断面图资料，并对原地表进行复核测量。进行纵、横断面测量，检查纵、横断面的变化情况，校核设计工程量，为清表做好准备。

（4）根据设计图纸，进行工程中心线上各类点位的放样。中线测量包括线路起止点、转折点、曲线主点及线路中心、里程桩、加桩等。

（5）根据工程详细设计进行施工放样，包括中桩、边桩及边坡放样等。

（6）根据工程的施工进度，进行阶段性施工检查、监测和验收。

（7）工程竣工后，测绘竣工平面图和断面图。

（8）工程的变形监测。在施工过程及工程竣工后，应对已完成的工程进行沉降和水平位移观测，特别是在软地基上修筑的高填方路基，在施工及运营阶段，还应监测工程的变形状况，确保工程安全与稳定，评价工程的安全性。

4.1.2　铁路、公路工程施工测量的特点

（1）全线性。测量工作贯穿于整个线路工程建设的各个阶段。测量工作始于工程之初，深入于施工的各个点位，工程建设过程中时时处处离不开测量工作，在工程完工后，还应进行

工程的竣工测量和运营中的监测。

（2）阶段性。阶段性特点既是测量技术本身的特点，也是线路设计过程的需要。如图 4-1 所示，它不仅体现了工程设计与测量之间的阶段性关系，也反映了实地勘察、平面设计、竖向设计、初测、定测、放样等各阶段的对应关系。

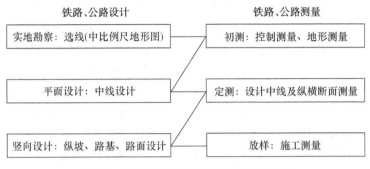

图 4-1　铁路、公路工程设计与测量的关系

（3）渐进性。铁路、公路工程从规划设计到施工、竣工经历了一个由粗到细的过程，其工程设计是逐步实现的。

4.2　道路工程控制网

4.2.1　控制网布设

随着测绘科学技术的发展，道路工程控制网也从传统的三角网、边角网形式发展到精密导线网和测边网，进而发展到利用 GNSS 来建立道路工程控制网。

1. 平面控制网

目前，首级道路控制测量多采用 GNSS 控制网。在道路的起点、终点和中间部分尽可能搜集国家的等级控制点，一般布设 B 级或 C 级带状 GNSS 控制网，要求起始点不但分布均匀，而且应有足够的精度。应该指出，由于一些国家高级控制点时间较久，且存在不同坐标系统和点位移动等情况，使用时应加以分析，确认可靠后方可利用。

在 GNSS 控制网中，虽然控制点间无须通视，但考虑到加密导线时，作为起始点应有联测方向，所以一般要求 GNSS 网中每 3km 布设一对点，对点间距离在 0.5km 左右，且保证相互通视。当然加密网亦可全部采用 GNSS 控制网，这时则要求 GNSS 网点间相互通视，以保证后续的施工放样工作顺利进行。

导线测量应沿路线中心线附近进行，且每隔一段距离应同 GNSS 点联测，以便检核。导线点的位置应便于今后路线放样和地形测绘，并应符合相应等级规范要求，在计算时还应考虑高斯投影和高程面上的投影改正，以检查距离精度。

2. 高程控制网

目前铁路、公路等级不断提高，对高程的精度要求也越来越高，因此，高程控制网一般采用二等或四等水准测量来建立，每隔 2km 左右设置一个水准点，并同国家水准点进行联测。沿线路进行的高程控制测量一般称为基平。然后从基平所得的高程控制点开始，测定导线点高程以及中线点上的转点、百米桩、整桩、加桩和控制桩的高程，称为中平测量。中平测量应布设成附合水准路线，以便检核。

4.2.2 控制网复测

铁路、公路工程施工控制网包括平面控制点、路线控制桩和高程控制水准点。平面控制点和线路控制桩是铁路、公路施工过程中控制路线线形平面位置的重要依据,水准点是控制铁路、公路工程施工过程中路线高低的主要依据。

平面控制点及线路控制桩的任务是将设计图上的"工程线形"放样到实地,水准点的作用是把设计图上"工程路线"的高程放样到实地。然后,施工人员根据这些放样点进行施工。由此可见,工程施工控制点与保证施工进度和工程质量有着密切的关系。因此,为了保证工程控制点的精度和可靠性,在施工测量前必须对工程控制点进行复测。

一般而言,从工程的勘测设计到路基正式开工,其间隔的时间都比较长,勘测设计阶段所布设的导线点、路线交点及转点、水准点在这期间难免损坏丢失。为了确保施工精度,满足施工放样需要,必须对业主提供的控制点进行复测和加密,对于丢失的控制点可进行补测。同时,施工过程中也应妥善保护这些点位,一旦被破坏,应立即进行恢复。

在进行中线恢复测量前应先对控制点进行复测,其主要内容为:导线控制点的复测、补测与加密,水准点的复测与加密,线路控制桩的恢复与加固。

1. 导线控制点的复测、补测和加密

1) 导线点的复测

导线点复测的目的是检查它的实地位置和坐标是否正确。检测方法与步骤如图 4-2 所示。

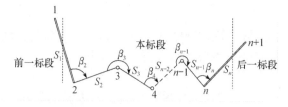

图 4-2 导线点复测

(1) 据导线点 $1 \sim n$ 的坐标,反算线路左角 $\beta_2 \sim \beta_{n-1}$ 及边长 $S_1 \sim S_{n-1}$。即

$$\left.\begin{array}{l} \alpha_{i+1,i} = \arctan \dfrac{y_i - y_{i+1}}{x_i - x_{i+1}} \\[3mm] \alpha_{i+1,i+2} = \arctan \dfrac{y_{i+2} - y_{i+1}}{x_{i+2} - x_{i+1}} \end{array}\right\} \tag{4-1}$$

$$S_i = \sqrt{(x_i - x_{i+1})^2 + (y_i - y_{i+1})^2} \tag{4-2}$$

$$\beta_{i+1} = \alpha_{i+1,i+2} - \alpha_{i+1,i} \tag{4-3}$$

若观测的是右角,则

$$\beta_{i+1} = \alpha_{i+1,i} - \alpha_{i+1,i+2}$$

(2) 实地测量各转角 β'_{i+1} 及边长 S'_i。角度一般观测一个测回,边长取对向观测平均值。其实地观测值与计算值应满足:

$$|\beta_{i+1} - \beta'_{i+1}| \leqslant 2m_\beta = 16'' \tag{4-4}$$

$$\left| \dfrac{S_i - S'_i}{S} \right| \leqslant \dfrac{1}{15000} \tag{4-5}$$

(3) 对导线精度进行检查时,可将图中 1、2 和 n、$n+1$ 点作为已知点,$\alpha_{1,2}$ 和 $\alpha_{n,n+1}$ 作为已

知的坐标方位角,按二级导线的方位角闭合差和全长相对闭合差的精度要求进行控制检查。

当然整个复测亦可采用 GPS 测量技术来进行。

2）导线点的补测

补测的导线点一般应在原导线点附近,并应尽量将点位选在路线的一侧,且在地势较高处,以免路基施工达到一定高度时影响导线点之间的通视。其补测方法如下:

（1）在间断性丢失点位的情况下,可采用前方交会等方法补测该点,亦可采用任意测站方法补测导线点。

（2）若连续丢失点位的情况下,可采用导线测量的方法进行补测。

若想将路基范围内导线点移至路基范围以外,可根据移点的多少分别采用以上两种方法。

3）导线点的加密

导线点加密是为了方便线路平面位置的放样,并保证施工精度。因为在铁路、公路施工中,每天都可能因施工使中桩和边桩遭到破坏,所以要不断进行路线桩位的恢复放样,或因路基填挖一定高度后,重新放样以保证路线的线形。在施工标段,布设合理的导线点位,即可快速准确的恢复桩位。

（1）导线点加密的原则。施工导线点加密的原则亦是从整体到局部,从高级到低级。因此导线加密前应对勘测设计阶段所布设的导线点进行复测,且加密导线的起讫点必须是设计单位提供的并经过复测的成果。

（2）导线点的选点要求。施工导线点位应选在通视良好,不易受施工干扰的地方,其密度应能满足施工放样需要,即用导线点放样时应一站到位,且放样距离不宜超过 500m。

（3）测量方案。当施工标段只有一组起始数据时,可用闭合导线;当施工标段有两组以上起始数据时,可采用附合导线;当有特殊需要时,如涵洞放样等,可考虑用支导线。

（4）测量精度。其精度要求应根据不同的工程选择相应的精度标准。例如,在公路路基施工中,其导线测量应满足《公路路基施工技术规范》(JTG F10—2006)对导线点的精度要求。即角度闭合差为 $\pm 16\sqrt{n}$,其中 n 为测点数;导线相对闭合差为 1/10000。

2. 水准点复测与加密

1）水准点复测

铁路、公路工程水准点复测应满足各自规范中所规定的限差要求。例如,高速公路和一级公路水准点闭合差按四等水准($20\sqrt{L}$)控制,二级以下公路水准点闭合差按等外水准($30\sqrt{L}$)控制, L 为水准路线长度,单位为 km。大桥附近的水准点闭合差应符合现行的《公路桥涵施工技术规范》的规定。若复测后满足精度要求,则认为点的高程可用。

水准点间距离一般应在 1km 以内,但在人工结构物附近、高填挖地段、工程量集中及地形复杂地段还应增设临时水准点。

2）水准点加密

水准点加密是为了保证放样精度,提高放样效率。

在铁路、公路施工中,测量路线中桩、边桩等桩位的高程是大量重复的工作。在施工中,不但填、挖处高程不断变化,而且桩位也经常遭到破坏,这就要求测量人员在施工中即时掌握填、挖处的高程,防止超填或少填现象的发生,保证工程顺利进行,避免造成浪费。在施工标段加密合理的水准点位,既能方便控制路线高程,又可保证施工精度。

（1）水准点加密原则。施工水准点加密前必须对勘测阶段所布设的水准点进行复测,且加密水准点的起讫点必须是设计单位提供的水准点。

（2）水准点选点要求。施工水准点的密度应保证只架设一次仪器即可放样出或测出所需高程，视距一般在80m以内；在重要结构物附近应布设两个以上施工水准点，且点位应埋设在稳固的地方。

（3）水准点测量方案。当施工标段只有一个水准点时，一般应采用闭合水准路线；当施工标段有两个以上水准点时，一般采用附合水准路线；在特殊情况下，如涵洞放样等，可采用复测支水准路线。

（4）水准点测量精度。其精度与复测相同，并应满足相应的规范要求。

3. 路线控制桩恢复

路线控制桩是指交点桩、转点桩及曲线主点桩等。

若路线控制桩本来就是由导线点坐标放样的，可采用全站仪根据控制桩原始坐标及恢复后的导线点进行放样；当工程等级较低，且路线两边没有控制点时，可利用全站仪，并结合原始资料上的距离、路线转角 β 重新放样该点。

4.3　道路勘测、中线及断面测量

4.3.1　道路勘测

道路勘测是在视察的基础上，根据已批准的计划任务书和视察报告，对拟定的多条路线方案进行初测。初测阶段的主要内容有控制测量、水准测量和地形测量，其中控制测量和水准测量在4.2节中已经介绍，在此仅对道路勘测中的地形测量加以讲述。

铁路勘测中多采用航空摄影测量方法进行选线和测绘带状地形图。它是以设计的中心线为准测绘带状地形图，通常向两侧各测出100～150m。测图比例尺为1∶5000～1∶2000，在山区或丘陵地区时，其测图比例尺应较平原地区大一些，一般为1∶2000，在设置有大型或重要构筑物时，应测绘1∶1000～1∶500比例尺的地形图。此外还应沿中线两侧一定范围内进行地质、桥涵、水文、边坡稳定等相关调查。

在公路勘测的地形测量中，主要是以导线点为依据测绘线路数字带状地形图。数字带状地形图比例尺多采用1∶2000和1∶1000，测绘宽度为路线两侧各100～200m。对于地物、地貌简单的平坦地区，比例尺也可采用1∶5000，但其测绘宽度每侧应不小于250m。对于地形复杂或是需要设计大型构筑物地段，还应测绘专项工程地形图，比例尺应采用1∶1000～1∶500，其测绘范围应视设计需要而定。

在地形测量中应尽量利用导线点做测站，必要时可设置支点，困难地区还可设置第二个支点。一般采用全站仪数字测图方法，地形点密度应能反映地形的变化，满足正确内插等高线的要求。若地面横坡大于1∶3时，地形点在图上间距一般不大于15mm；若地面横坡小于1∶3时，地形点在图上间距一般不大于20mm。

随着GNSS应用领域的不断拓宽，越来越多的道路带状地形图采用GNSS测量技术来完成。

4.3.2　道路中线测量

在初测的基础上，把图纸上初步设计的路线放样到实地，并根据实地情况对原设计进行调整。同时要进行道路的纵、横断面测量和局部地形测量。

1. 定线测量

定线测量就是把初步设计的路线中线放样到实地。若路线中线各交点坐标是在初测带状地形图或航测图上用图解方法量取的,常用的定线方法有穿线放样法、拨角放样法。若路线的中线是用解析法设计的,路线各交点均有设计坐标,可根据布设的导线,利用坐标反算出导线点与路线交点的距离方向,并在实地把其标定出来。

1) 支距定线法

它是根据初测导线和初步设计路线中的相对位置,图解出放样数据,然后将图纸上的路线中心放样到实地。相邻两直线延长线相交即为路线交点(转向点),其位置以 JD 表示。具体放样步骤为:

(1) 量取支距。如图 4-3 所示,C_{17},C_{18},$\cdots$,C_{22} 为初测导线点,$JD_6 \sim JD_8$ 为设计路线中心线的交点,从各导线点作垂直于导线边的直线,与路线中线交于 17,18,$\cdots$,22,其对应的垂线长度 d_{17},d_{18},$\cdots$,d_{22} 称为支距。然后以相应的比例尺在图上量取各点支距长度,即得支距法放样数据。

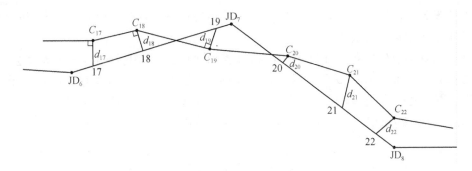

图 4-3　支距定线法

(2) 放样支距。将经纬仪安置在相应的导线点(如 C_{17})上,以 C_{18} 点定向,拨直角后,并沿视线方向量取该点上的支距长度 d_{17},即可定出路线中心线上的 17 号点,同法逐一放出 18 号点、19 号点,为了检核放样精度,每一条直线上至少应放样三个点。

(3) 穿线。由于测量误差的影响,当同一条直线上的各点放样出来后,一般不在同一条直线上。如图 4-4 所示,17~19 为支距法放样的中心线标点,它们不在同一直线上,此时则可用经纬仪或全站仪视准法定出一条直线,使其尽可能靠近这些测点,即可得到中线直线段上的 A、B 点(亦称转点)。

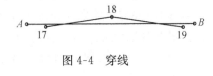

图 4-4　穿线

(4) 测定交点。在相邻两条直线放出后,就要求测出路线中线的交点。交点是路线中线的重要控制点,是放样曲线主点和推算各点里程的依据。

如图 4-5 所示,测设交点时,先在 19 号点上安置经纬仪,以 18 号点定向,利用正倒镜分中法(也可顺时针旋转 180°),在 18—19 延长线上设立两个木桩 a 和 b,使 a、b 分别位于 21—20 延长线的两侧,钉上小钉,并于其间拉上细线。然后安置仪器于 20 号点,延长 21—20 直线,在仪器视线与细线相交处打上交点桩,钉上小钉,即为点位,并用红漆在桩顶写明交点号。

以上工作完成后,考虑到中线测定和其他工程的需要,还应用正倒镜分中法在测定的路线中线上于地势较高处设置路线中心线标桩(亦称转点)。

(5) 交角 β 的测定。如图 4-6 所示,在中线交点确定后即可测定直线的交角 β。然后按下式计算偏角(亦称转向角):

$$\alpha_{右} = 180° - \beta_{右}$$

或

$$\alpha_左 = \beta_右 - 180°$$

推算的偏角 α 取至 $10''$，当 $\beta_右 < 180°$ 时，应推算右转角；反之，应推算左转角。

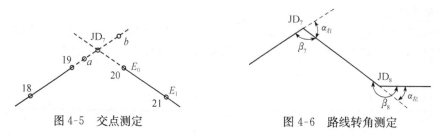

图 4-5　交点测定　　　　　　　　　　图 4-6　路线转角测定

2）拨角定线法

当初步设计的图纸比例尺大，所测交点的坐标精确可靠，或路线平面设计为解析设计时，定线测量可采用拨角定线法。

首先依据导线点坐标和交点的设计坐标，计算出放样数据，用极坐标法、距离交会法或角度交会法放样出交点。如图 4-7 所示，标定分段放线的起点 JD_6 后，将经纬仪安置于 C_{15} 点上，以 C_{16} 定向，拨 β_0 角，量取水平距离 L_0，即可放样出 JD_6，然后再将仪器安置于 JD_6 点，并以 C_{15} 点定向，拨 β_1 角，量取 L_1 定出交点 JD_7 点。同法可以测出其余各交点。

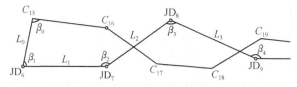

图 4-7　拨角法定线

为了保证放样精度，避免误差积累，一般每隔 5km 将放样的交点与导线点联测，求出交点实际坐标，并与设计坐标进行比较，求出闭合差。

若坐标闭合差超过 $\pm 1/2000$，应检查原因，并对放样点位进行改正。若闭合差在允许范围内，对前面所放样的点不加修正，但应按联测所得的实际坐标推算后面的放样数据，继续放样。

3）导线法

当路线的交点位于陡壁、深沟、河流及建筑物内时，往往不能到达，无法将交点定于实地，这时称为虚交，此时也可采用全站仪导线法或 GNSS RTK 技术进行。

2. 中线测量

在中线放样结束后，应沿中线测量路线里程桩（控制桩、百米桩、加桩）及放样曲线，以标定中线位置，如图 4-8 所示。

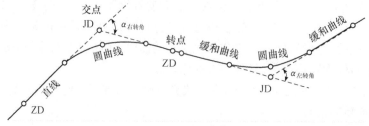

图 4-8　路线中线

在中线里程桩上写有桩号,表达了该中桩至路线起点的水平距离。若中桩距路线起点的距离为1234.56m,该桩的桩号应记为 K1＋234.56,如图4-9所示。桩号要用红漆写在木桩的侧面,字面朝向路线起始方向。

道路中桩分为整桩和加桩两种,其间距应符合表 4-1 中的规定。整桩是按规定间距(一般为10m、20m)的整倍数设置的里程桩。如百米桩、公里桩均属整桩。而加桩分为地形加桩、地物加桩、曲线加桩、关系加桩等。

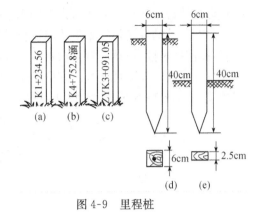

图 4-9　里程桩

表 4-1　中桩间距

直线		曲线			
平原微丘区	山岭重丘区	不设起高的曲线	$R>60$	$30<R<60$	$R<30$
≤50m	≤25m	25m	20m	10m	5m

注:R 为曲线半径,单位为 m。

地形加桩是指在中线地面起伏变化处、地面横坡有显著变化处以及土石分界处设置的里程桩;地物加桩是指在中线拟建的桥梁、涵洞、管道、防护工程等人工构建物处,与公路、铁路、城镇等的交叉处所设置的里程桩;曲线加桩是指在曲线交点处设置的里程桩;关系加桩是指路线的转点(ZD)桩和交点(JD)桩。

4.3.3　道路纵断面测量

在建设道路、沟渠和敷设各种管道时,为了选择合理的线路和坡度,通常要沿线路中心线进行水准测量,了解沿线的地形起伏情况,并绘出线路的纵断面图。这种测量称为线路水准测量,或称为纵断面水准测量。

1. 纵断面水准测量

纵断面水准测量是在选定的线路上进行,线路的中线桩点均已标定在地面上。纵断面水准测量步骤如下。

1) 设置水准点

当线路较长时,在进行纵断面水准测量之前,应先沿线路每隔 1～2km 设置一个固定水准点,300m 左右设置一个临时水准点。水准点的位置离线路中心不应太远,而且应选在稳而坚固的地方。用于一般市政工程的临时水准点,附合水准路线闭合差不应超过 $30\sqrt{L}$ mm(L 为线路长度,以 km 为单位)。

2) 中线水准测量

纵断面水准测量通常采用附合水准路线的形式,即从一个水准点开始,测出各里程桩和加桩的高程后,附合到另一个水准点。

由于中线上里程桩和加桩较多,而且间距较小,为了提高观测速度,一般可在每个测站上,除了测出转点的前、后视读数外,还要在两转点之间所有里程桩和加桩上立尺并读数,以便求出这些桩点的地面高程。这些点称为中间点,中间点上的读数称为中间前视。为了进行检核,每个测站上转点间的高差,应采用变动仪器高度法施测两次,并读到毫米。中间前视按第二次仪器高度观测一次,只要读到毫米即可。转点的位置可选在里程桩或加桩的桩点上,也可在中线附近另外选择转点。对于所设置的水准点,可作为转点立尺观测。

每个测站的观测可按如下步骤进行:读后视尺读数;读前视尺读数;改变仪器高度重新整平后,读前视尺读数;读后视尺读数;若两次仪器高度测得的高差符合要求,则依次立尺于各中间前视点读取中间前视读数。如图 4-10 所示,实线表示在转点上的读数,虚线表示在各中间点的读数,括号内数字表示读数的顺序。

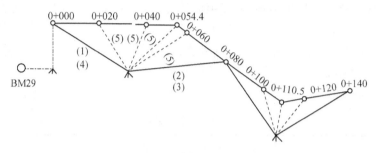

图 4-10   中线水准测量

3)高程计算

当完成了一个测段的纵断面水准测量后,要根据观测数据进行以下计算工作。

(1)高差闭合差的计算与调整。高差闭合差应小于 $\pm 40\sqrt{L}$ mm(L 为线路长度,以 km 为单位)。如符合要求,则将闭合差反号平均分配到各测站高差中去,并求出改正后的高差。

(2)根据改正后的高差,推算出各转点的高程。

(3)用视线高程法计算中间点的高程。在后视点高程上加变动仪器高度后的后视读数,即得各测站的视线高程。各测站视线高程减中间前视读数,得各中间点的高程。

2. 纵断面图的绘制

在纵断面水准测量各桩点的高程计算出来后,即可在毫米方格纸上绘制纵断面图。绘制纵断面图时,以里程为横坐标,高程为纵坐标。为了更明显地表示出沿线路地面高程变化情况,高程比例尺一般比水平距离比例尺大 10~20 倍。绘制方法如下(图 4-11):

(1)在方格纸适当位置绘制水平线,水平线以下绘出坡度、设计高程、地面高程、距离、桩号及线路平面图等栏。水平线以上描绘纵断面图。

(2)自水平线左端的点开始,根据水平距离比例尺,定出各桩点的位置,并填写桩号、桩点间距离及相应的地面高程。

(3)根据中线桩观测手簿绘出线路平面图。

(4)在水平线的左端点处作垂直线,按选定的高程比例尺进行高程注记。注记高程时,应选择一个适当的高程作为起始点高程,然后根据各桩点的地面高程和里程定出断面点,把相邻的断面点用直线相连,即得线路的纵断面图。

纵断面图绘好以后,可在纵断面图上进行线路设计,将设计坡度和设计高程填入相应栏内,并将设计线绘在纵断面图上。

4.3.4 道路横断面测量

横断面是指过中线桩垂直于中线方向的断面,横断面测量是测量中桩处垂直于中线方向(法线方向)的地面高程。进行横断面测量时首先要测定横断面的方向,然后在这个方向上测定中线桩两侧地面变化点与桩点间的距离和高差,从而绘制横断面图。横断面测量的宽度和密度根据各种工程设计的需要而定,在初测阶段只是对山坡陡峻、地质不良地段和需要用横断

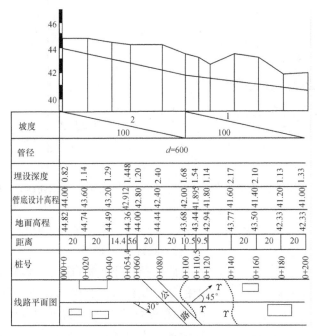

图 4-11　纵断面图的绘制

面选线的地段,重点测绘一些横断面。在定测阶段,一般在曲线控制点、公里桩、百米桩和路线纵、横向地形明显变化处,均应测绘横断面。在大中桥头、隧道洞口、挡土墙等重点工程地段,应适当加密。横断面测量的宽度,应根据各中线桩的填挖高度、边坡大小及有关工程的特殊要求而定,一般自中线向两侧各测 15～50m。

1. 横断面方向的测定

1) 直线上横断面方向的测定

横断面应与线路方向垂直,一般采用简易直角方向架来定向。方向架是用木质做成的十字架,支承在一根支杆上,在十字架的四个端点附近各钉一小钉,相对的四个小钉的连线构成相互垂直的两条视线,木杆下面镶一个铁脚可以插入土中。将方向架插于要测横断面的中线桩处,使一条视线照准直线上相邻的一个中线桩,另一条视线即可给出横断面方向。对于测定精度要求较高的地段,可采用经纬仪定向。

2) 曲线上横断面方向的测定

在曲线上横断面的方向应垂直于桩点的切线方向。将方向架放置在要测定的横断面的 A 点,如图 4-12 所示,在 A 点前后等距离处的曲线上找出 B 点和 C 点,方向架的一条视线照准 B,反方向延伸至 C',C' 应在 C 的附近,平分 CC' 得 C'',将方向架的一条视线照准 C'',则另一条视线给出横断面方向,或按正矢公式($m=AB^2/2R$)计算出正矢 m,然后从 A 点沿半径方向量出 m 得 D 点,将方向架置于 D 点照准 B 或 C 亦可得出横断面方向。

采用经纬仪测量时,需要计算出偏角,然后拨角 90°,即可得到横断面方向,见图 4-13。

2. 横断面测量方法

横断面测量的方法较多,可根据地形情况和精度要求选用。

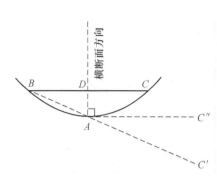

图 4-12　测定横断面的方向

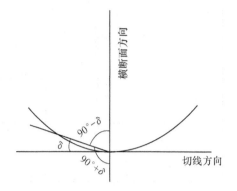

图 4-13　横断面方向的测设

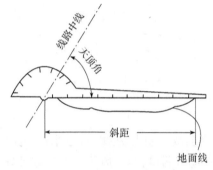

图 4-14　量角器绘制横断面图

1）经纬仪斜距法

此法是利用竖角（或天顶距）和斜距来测定横断面上的地形变化点。将经纬仪置于施测横断面的中线桩上，在横断面方向上要测定的地形变化点上立花杆，花杆上标记出仪器高。用经纬仪照准花杆上的标记，测出竖角。用尺（一般用绳尺）量出仪器中心到花杆上的标的斜距，根据竖角和斜距在现场即可绘出所测的点，从而绘出横断面图。此法没有计算工作，根据观测数据直接绘图，是工效高、质量好的一种方法。绘图时可使用地形中展绘地形点量角器（图 4-14）。

2）水准仪法

在线路两侧地势平坦且要求精度较高时，可采用水准仪法。用方向架定向，用钢尺或皮尺测距，用水准仪测量高程。通常是利用后视中线桩求得仪器高程，然后测量所有地形变坡点。此法在野外记录，在室内绘图。当地形条件许可时，安置一次仪器可同时测几个断面。

3. 横断面测量的精度要求

横断面测量的误差在检查时不应超过下列限值（表 4-2）。

表 4-2　横断面测量的限差要求

线路名称	距离/m	高程/m
铁路、高速和一级公路	$\pm\left(\dfrac{L}{100}+0.1\right)$	$\pm\left(\dfrac{h}{100}+\dfrac{L}{200}+0.1\right)$
二级以下公路	$\pm\left(\dfrac{L}{50}+0.1\right)$	$\pm\left(\dfrac{h}{50}+\dfrac{L}{100}+0.1\right)$

注：L 表示测点到中线点距离；h 表示测点与中线点的高差。

4. 横断面图的绘制

横断面图一般是绘在毫米方格纸上，为了便于计算面积和设计路基断面，其水平距离和高程采用同一比例尺，通常是 1：200。横断面图可在野外绘制，也可在室内绘制，野外绘制时可省去记录。在绘图前，先在图上标出中线桩位置，注记桩号，按桩号的顺序逐个绘在一张图纸上,其排列顺序是由下而上,由左到右,相邻断面间应留有一定空隙,以便绘出路基断面,如图4-15 所示。测绘时,由中线桩开始,逐一将变坡点绘在图上,再用直线把相邻点连接起来,即绘出地面的断面线。

5. 土方量计算

在土方计算之前,应先将设计断面绘在横断面图上,计算出地面线与设计断面所包围的填方面积或挖方面积 A(图 4-16),然后进行土方计算。

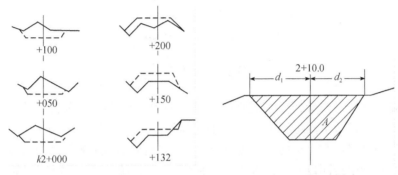

图 4-15　路基断面图　　　　　图 4-16　计算填挖面积

常用的计算土方的方法是平均断面法,即根据两相邻的设计断面填、挖面积的平均值乘以两断面的距离,就得到两相邻横断面之间的挖、填土方的数量。

$$V=\frac{1}{2}(A_1+A_2)D \tag{4-6}$$

式中,A_1、A_2 为相邻两横断面的挖方或填方面积;D 为相邻两横断面之间的距离。如果同一断面既有填方又有挖方,则应分别计算。

6. 边坡放样

为使铁路、公路和渠道等工程在开挖土方时有所依据。在施工前,必须沿着中线把每一个里程桩和加桩处的设计横断面放样于地面上。放样时,通常把设计断面的坡度与原地面的交点在地面上用木桩标定出来,称为边桩。

在各中线桩的横断面图上绘有地面线和设计断面,因此可从图上量出各边桩到中心桩的水平距离 d,然后再到实地上沿横断面方向定出这些边桩。中心桩至边桩的距离,也可用计算方法求得。当地面平坦时,如图 4-17 所示,有

$$d_1=d_2=\frac{b}{2}+mH \tag{4-7}$$

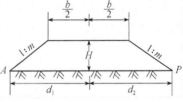

图 4-17　地面平坦的边坡放样

当地面倾斜时(图 4-18),中心桩至两边桩的距离不等,则有

$$d_1=\frac{b}{2}+m(H+h_1) \tag{4-8}$$

$$d_2=\frac{b}{2}+m(H-h_2) \tag{4-9}$$

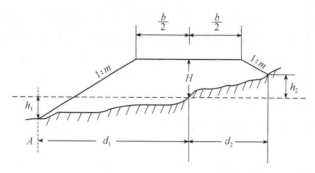

图 4-18　地面倾斜的边坡放样

4.4　道路中线坐标计算

铁路、公路工程施工测量的任务是将公路设计的中心线放样到地面上,作为其施工的依据。在不同的施工阶段,虽然工程中心线测量的具体条件、测量方法、施测要求可能有所不同,但其基本内容是相同的,主要包括中心线坐标计算、路线曲线控制桩及中心桩的测设。随着测绘技术的发展,目前中线测设的常用方法是坐标法,它与传统的施工样方法(在曲线的 ZD 及主点上,测设曲线主点要素的方法)相比较,具有速度快、效率高、劳动强度低等优点。

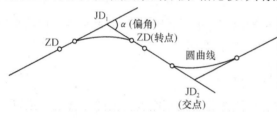

图 4-19　路线中心组成

铁路、公路中心线有平曲线和竖曲线,其中平曲线由直线、圆曲线和缓和曲线组成,竖曲线一般为圆曲线。平曲线的组成如图 4-19 所示。

利用全站仪放样中线宜采用纸上定线法,首先在大比例尺地形图上定出路线中线,量取各交点坐标,定出圆曲线半径和缓和曲线长度,据此计算路线各中桩的坐标;然后将仪器安置于中线附近的导线点上,根据各中桩坐标,采用坐标法将其放样到实地上。

4.4.1　工程中心线的逐桩计算

如图 4-20 所示,若交点(JD)坐标 x、y 已在图上量取或实地测定,则路线中心线的坐标方位角 A 及边长 S 可按下式求得

$$A_{i-1,i} = \arctan \frac{y_i - y_{i-1}}{x_i - x_{i-1}} \tag{4-10}$$

$$S_{i-1,i} = \sqrt{(x_i - x_{i-1})^2 + (y_i - y_{i-1})^2} \tag{4-11}$$

在选定各圆曲线半径 R 和缓和曲线长度 L_s 后,即可由中线桩点里程计算其相应的坐标值。

1. HZ 点至 ZH 点间中桩坐标计算

在上一曲线的 HZ 点(含路线起点)至下一曲线 ZH 点之间的中桩是两曲线间的直线部分,它的坐标计算是以上一曲线的 HZ 为起点,依据两交点之间的方位角和待计算桩号,按下列公式计算。

$$\left. \begin{array}{l} x_i = x_{\mathrm{HZ}i-1} + D_i \cos A_{i-1,i} \\ y_i = y_{\mathrm{HZ}i-1} + D_i \sin A_{i-1,i} \end{array} \right\} \tag{4-12}$$

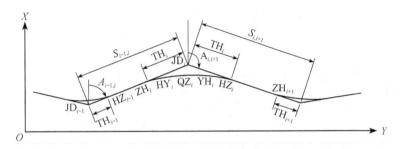

图 4-20　曲线要素

ZH. 直缓点；HY. 缓圆点；QZ. 曲中点；YH. 圆缓点；HZ. 缓直点

$$
\left.
\begin{aligned}
x_{\text{HZ}i-1} &= x_{\text{JD}i-1} + T_{i-1}\cos A_{i-1,i}\\
y_{\text{HZ}i-1} &= y_{\text{JD}i-1} + T_{i-1}\sin A_{i-1,i}
\end{aligned}
\right\}
\tag{4-13}
$$

或

$$
\left.
\begin{aligned}
x_{\text{ZH}i} &= x_{\text{JD}i-1} + (S_{i-1,i} - T_i)\cos A_{i-1,i}\\
y_{\text{ZH}i} &= y_{\text{JD}i-1} + (S_{i-1,i} - T_i)\sin A_{i-1,i}
\end{aligned}
\right\}
\tag{4-14}
$$

式中，$A_{i-1,i}$ 为路线交点 $\text{JD}_{i-1}\sim\text{JD}_i$ 的坐标方位角；D_i 为中桩点至 HZ_{i-1} 点的距离；$x_{\text{HZ}i-1}$、$y_{\text{HZ}i-1}$ 为 HZ_{i-1} 点的坐标；$x_{\text{JD}i-1}$、$y_{\text{JD}i-1}$ 为交点 JD_{i-1} 的坐标；T_{i-1} 为切线长；$S_{i-1,i}$ 为路线交点 $\text{JD}_{i-1}\sim\text{JD}_i$ 的边长。

2. ZH 点至 YH 点间中桩坐标

该段包括第一缓和曲线及圆曲线。此段中桩可分两步计算：首先建立切线支距法坐标系，计算各中线桩点的切线支距坐标。

1）缓和曲线上各中桩点的坐标计算公式

$$
\left.
\begin{aligned}
x &= L - \frac{L^5}{40R^2 L_s^2}\\
y &= \frac{L^3}{6R L_s}
\end{aligned}
\right\}
\tag{4-15}
$$

式中，L 为桩点至缓和曲线起点（ZH）的曲线长；R 为圆曲线半径；L_s 为缓和曲线长度。

2）圆曲线上各中桩切线支距坐标计算公式

$$
\left.
\begin{aligned}
x &= R\sin\phi + q\\
y &= R(L - \cos\phi) + p\\
\phi &= \frac{L}{R}\cdot\frac{180^\circ}{\pi} + \beta_0
\end{aligned}
\right\}
\tag{4-16}
$$

式中，L 为桩点至 HY 的圆曲线长度。

缓和曲线角

$$
\beta_0 = \frac{L_s}{2R}\cdot\frac{180^\circ}{\pi}
\tag{4-17}
$$

切线增值

$$
q = \frac{L_s}{2} - \frac{L_s^2}{240R^2}
\tag{4-18}
$$

内移值

$$P = \frac{L_s^2}{24R} \tag{4-19}$$

然后根据坐标转换公式,将其变换到控制网坐标系下的坐标。

$$\begin{bmatrix} x_i \\ y_i \end{bmatrix} = \begin{bmatrix} x_{ZHi} \\ y_{ZHi} \end{bmatrix} + \begin{bmatrix} \cos A_{i-1,i} & -\sin A_{i-1,i} \\ \sin A_{i-1,i} & -\cos A_{i-1,i} \end{bmatrix} \begin{bmatrix} x_i \\ y_i \end{bmatrix} \tag{4-20}$$

在利用式(4-20)计算时,当曲线为左转角,应以 $y_i = -y_i$ 代入。

3. YH 点至 HZ 点之间中桩坐标计算

该段为第二缓和曲线部分,亦可按式(4-16)计算切线支距法坐标,然后转换为施工控制网坐标系下的测量坐标。

$$\begin{bmatrix} x_i \\ y_i \end{bmatrix} = \begin{bmatrix} x_{ZHi} \\ y_{ZHi} \end{bmatrix} - \begin{bmatrix} \cos A_{i,i+1} & -\sin A_{i,i+1} \\ \sin A_{i,i+1} & -\cos A_{i,i+1} \end{bmatrix} \begin{bmatrix} x_i \\ y_i \end{bmatrix} \tag{4-21}$$

当曲线为右转角时,则可以 $y_i = -y_i$ 代入。

在一条曲线计算完后,下一段紧接着就是 HZ 点(包括路线起点)至 ZH 点之间直线段上的中桩坐标计算,其计算过程重复第一步即可。

4.4.2 横断面上任意点的坐标计算

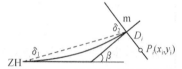

图 4-21　横断面上任意点坐标计算

在中心线上任意点坐标计算完成后,可以计算某一中线桩横断面上任意点坐标,如图 4-21 所示。

1. 直线段上的横断面上任意点坐标计算

直线段上的横断面与路线中心线方向垂直,若中心线的方位角为 $A_{i-1,i}$,则横断面的方位角为 $\alpha_i = A_{i-1,i} + 90°$($P_i$ 点位于路线右侧),或 $\alpha_i = A_{i-1,i} + 270°$($P_i$ 点位于路线左侧)。则

$$\left. \begin{array}{l} x_i = x_m + D_i \cos \alpha_i \\ y_i = y_m + D_i \sin \alpha_i \end{array} \right\} \tag{4-22}$$

式中,x_m、y_m 为横断面所在的中桩坐标;D_i 为横断面上任一点至中线的距离;α_i 为中桩到横断面上任意点 P_i 的方位角。

2. 缓和曲线中横断面上任意点坐标计算

如图 4-22 所示,过缓和曲线上任意一点 $k(x_k, y_k)$ 的横断面上任一点 P_i 离中心桩 k 点的距离为 D_i,过 k 点的横断面与过 k 点的切线垂直,先来计算过 k 点切线的方位角。

设缓和曲线上任意点 k 至起点(ZH 点)的弧长为 L,偏角为 δ,则

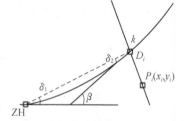

图 4-22　缓和曲线中横断面上坐标计算

$$\delta = \frac{L^2}{6RL_0} \tag{4-23}$$

若以 L_0 代替 L,则缓和曲线总偏角为

$$\delta_0 = \frac{L_0}{6R} \tag{4-24}$$

由图 4-22 中的几何关系得

$$\beta = 2\delta = 2 \times \frac{L^2}{6RL_0} = \frac{L^2}{3RL_0} \tag{4-25}$$

则过 k 点的切线方位角 α_k 为

$$\alpha_k = A_{i-1,i} \pm \beta$$

β 为 k 点切线与直线（切线）之间的夹角，当曲线右偏时，取"＋"，左偏时取"－"。则

$$\alpha_{k,p} = \alpha_k + 90°，或 \alpha_{k,p} = \alpha_k + 270°$$

当已知 P_i 点到 k 的距离和方位角时，则可用下式计算 P_i 点的坐标。

$$\left. \begin{array}{l} x_i = x_k + D_i \cos\alpha_{k,p} \\ y_i = y_k + D_i \sin\alpha_{k,p} \end{array} \right\} \tag{4-26}$$

式中，D_i 为横断面上任意点 P_i 到路线中心桩 k 的距离。

3. 圆曲线中横断面上任意点的坐标计算

如图 4-23 所示，带有缓和曲线的圆曲线上任意点 k (x_k,y_k)，因为过 k 点的横断面与过 k 点的切线垂直，所以，首先计算过 k 点的切线方位角。

设带有缓和曲线的圆曲线上任意点 k 至起点（HY 点）的弧长为 L，偏角为 δ，缓和曲线长为 L_0，则

$$\delta = \frac{L}{2R} \cdot \rho \tag{4-27}$$

由图 4-24 可知

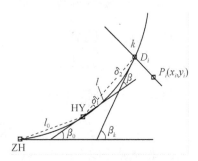

图 4-23　圆曲线中横断面坐标计算

$$\beta = 2\delta = \frac{L}{R} \cdot \rho \tag{4-28}$$

则过 k 点的切线与整个曲线交点的切线的夹角 β_k 为

$$\beta_k = \beta_0 + \beta \tag{4-29}$$

式中，β 为过 HY 点的切线与过圆曲线上任意点 k 的切线之间的夹角；β_0 为过 HY 点的切线与整个交点的切线之间的夹角；β_k 为过圆曲线上任意点 k 的切线与整个交点切线之间的夹角。

则过圆曲线上任意点 k 的切线方位角为

$$\alpha_k = A_{i-1,i} \pm \beta_k \tag{4-30}$$

当曲线右偏时，式中取"＋"，左偏时取"－"。

若已知横断面上任意点 P_i 到中心桩 k 点的距离 D_i 和 k 点到 P_i 点的方位角 $\alpha_{k,p}$ 时，则 P 点的坐标为

$$\left. \begin{array}{l} x_i = x_k + D_i \cos\alpha_{k,p} \\ y_i = y_k + D_i \sin\alpha_{k,p} \end{array} \right\} \tag{4-31}$$

式中，$\alpha_{k,p}$ 可按下式计算：

$$\alpha_{k,p} = \alpha_k \pm 90°$$

当 P_i 点在路线中线右侧时取"＋"，左侧时取"－"。

4.4.3　回旋曲线中桩坐标计算

目前道路与桥梁建设中，常采用回旋曲线作为缓和曲线。

回旋曲线是半径随曲线长度增大而成反比均匀减小的曲线,若回旋曲线上任一点的半径为 ρ,该点至起点的曲线长度为 L,则回旋曲线的基本公式为

$$\rho = C/L \quad 或 \quad \rho L = C \tag{4-32}$$

式中,C 为回旋曲线参数。

当 $L = L_s$ 时,$\rho_0 = R$(R 为圆曲线半径),L_s 为缓和曲线的全长,则

$$C = \rho L = RL_s \tag{4-33}$$

如图 4-24 所示,回旋曲线上任一点 P 处的切线与起点切线的交角为 β,亦称切线角,其值与曲线长 L 所对的中心角相等。若在 P 处取一微分弧段 dl,其对应的中心角为 $d\beta$,则

$$d\beta = \frac{dl}{\rho} = \frac{L\,dl}{C}$$

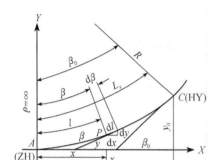

图 4-24　缓和曲线基本坐标系

对上式进行积分得

$$\beta = \frac{L^2}{2C} = \frac{L^2}{2RL_s}(弧度) = \frac{L^2}{2RL_s} \cdot \frac{180°}{\pi} = 28.6479\frac{L^2}{RL_s}(度) \tag{4-34}$$

当 $L = L_s$,则回旋曲线全长 L_s 所对的圆心角即为切线角 β_0。

$$\beta_0 = \frac{L_s^2}{2RL_s} = \frac{L_s}{2R}(弧度) = \frac{L_s}{2R} \cdot \frac{180°}{\pi} = 28.6479\frac{L_s}{R}(度) \tag{4-35}$$

因此,道路中线上任意一点 P 的坐标为

$$\left.\begin{array}{l} x_p = L - \dfrac{L^5}{40R^2L_s^2} \\[3mm] y_p = \dfrac{L^3}{6RL_s} \end{array}\right\} \tag{4-36}$$

当 $L = L_s$ 时,则回旋曲线点 HY 的坐标为

$$\left.\begin{array}{l} x_0 = L_s - \dfrac{L_s^3}{40R^2} \\[3mm] y_0 = \dfrac{L_s^2}{6R} \end{array}\right\} \tag{4-37}$$

4.5　圆曲线放样

4.5.1　圆曲线要素及其计算

如图 4-25 所示,圆曲线的半径为 R、偏角(路线转折角)α、切线长 T、曲线长 L,外矢距 E 及切曲差 q,称为曲线要素。其中,R 及 α 均为已知数据,由图 4-25 可知各要素的计算公式为

$$\left.\begin{array}{l} T = R \cdot \tan\dfrac{\alpha}{2} \\[3mm] L = \dfrac{\pi}{180}\alpha R \\[3mm] E = R\left(\sec\dfrac{\alpha}{2} - 1\right) \\[3mm] q = 2T - L \end{array}\right\} \tag{4-38}$$

4.5.2　圆曲线主点的测设

圆曲线的起点 ZY,中点 QZ 和圆曲线的终点 YZ 称为圆曲线的主点。

测设时,将经纬仪置于交点 JD 上(图 4-26),以线路方向定向,即自 JD 起沿两切线方向分别量出切线长 T,即可定出曲线起点 ZY 和终点 YZ,然后在交点 JD 上后视 ZY(或 YZ)点,拨 $\dfrac{180°-\alpha}{2}$ 度角,得分角线方向,沿此方向量出外矢距 E,即得曲线中点 QZ。主要点测设后,还要进行检核。在测设曲线主点时,还要计算曲线主点的里程桩桩号。

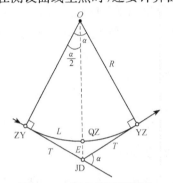

图 4-25　圆曲线要素图示

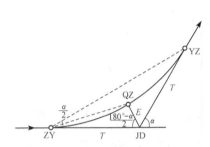

图 4-26　圆曲线主点的测设

4.5.3　圆曲线的详细测设

为了在地面上比较确切地反映圆曲线的形状,在施工时还必须沿着曲线每隔一定距离测设若干点,如图 4-27 中的点 1,2,…,这一工作称为圆曲线的详细测设。圆曲线详细测设的方法有很多,常采用的是偏角法和切线支距法,现介绍如下。

1. 偏角法

偏角法是利用偏角(弦切角)和弦长来测设圆曲线。如图 4-27 所示,根据几何原理得各偏角的计算公式为

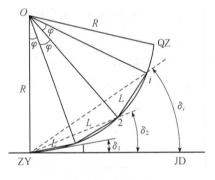

图 4-27　偏角法

$$\delta_1 = \frac{1}{2} \times \frac{180l}{\pi R} \qquad (4\text{-}39)$$

式中,l 为弧长。

当圆曲线上各点等距离时,曲线上各点的偏角为第一点偏角的整倍数,即

$$\delta_1 = \varepsilon,\delta_2 = 2\delta_1,\cdots,\delta_n = n\delta_1 \qquad (4\text{-}40)$$

测设时,可在 ZY 点安置经纬仪,后视 JD 点,拨出偏角,再以规定的长度 L,自 $(i-1)$ 点与拨出的视线方向交会得出 i 点。依此一直测设至曲线中点 QZ,并与 QZ 校核其位置。当所测设的曲线较短或用光电测距仪测设曲线时,也可用极坐标法进行。如图 4-28 所示,在曲线的起(终)点拨出偏角后,直接在视线方向上量取弦长 C_i,即可得出曲线上 i 点

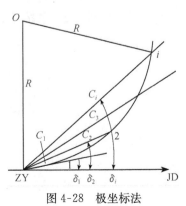

图 4-28　极坐标法

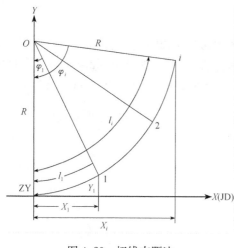

图 4-29　切线支距法

的位置。

$$c_i = 2R\sin 2\delta_i \qquad (4\text{-}41)$$

2. 切线支距法

如图 4-29 所示,以曲线起点 ZY(或终点 YZ)为坐标原点,切线方向为 X 轴,过 ZY 的半径方向为 Y 轴,建立直角坐标系。测设时,在地面上沿切线方向自 ZY(或 YZ)量出 X_i,在其垂线方向量出 Y_i,即可得出曲线上的 i 点。

从图上可以看出,曲线上任一点 i 的坐标为

$$\left.\begin{array}{l} X_i = R\sin\varphi_i \\ Y_i = R(1-\cos\varphi_i) \end{array}\right\} \qquad (4\text{-}42)$$

式中,$\varphi_i = \dfrac{l_i}{R}$。

4.6　缓和曲线放样

为行车安全,常要求在直线和圆线的衔接处逐渐改变方向,因此在圆曲线和直线之间设置缓和曲线,缓和曲线是一段曲线半径由无限大渐变到等于圆曲线半径的曲线。我国采用螺旋线作为缓和曲线。

当圆曲线两端加入缓和曲线后,圆曲线应内移一段距离,才能使缓和曲线与直线衔接,如图 4-30(a)所示。

4.6.1　缓和曲线要素的计算公式

从图 4-30(b)可看出,加入缓和曲线后,其曲线要素可用下列公式求得

$$\left.\begin{array}{l} T = m + (R+P)\tan\dfrac{\alpha}{2} \\[2mm] L = \dfrac{\pi R(\alpha - 3\beta_0)}{180°} + 2l_0 \\[2mm] E = (R+P)\sec\dfrac{\alpha}{2} - R \\[2mm] q = 2T - L \end{array}\right\} \qquad (4\text{-}43)$$

式中,l_0 为缓和曲线长度;m 为加设缓和曲线后使切线增长的距离;P 为因加设缓和曲线,圆曲线相对于切线的内移量;β_0 为缓和曲线角度。其中,m、P、β_0 称为缓和曲线参数,可按下式计算

$$\left.\begin{array}{l} \beta_0 = \dfrac{l_0}{2R}\rho\,(\rho = 206265) \\[2mm] m = \dfrac{l_0}{2} - \dfrac{l_0^2}{240R^2} \\[2mm] P = \dfrac{l_0^2}{24R} \end{array}\right\} \qquad (4\text{-}44)$$

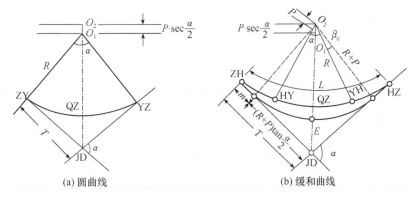

图 4-30　缓和曲线要素图示

4.6.2　缓和曲线主点的测设

具有缓和曲线的圆曲线,其主要点为 ZH、HY、QZ、YH、HZ。

当求得 T,E 后,可按圆曲线主点的测设方法测设起点 ZH,终点 HZ 和曲中点 QZ;测设主点 HY 和 YH,一般采用切线支距法,这就需要建立以直缓点 ZH 为原点(过 ZH 的缓和曲线切线为 X 轴,ZH 点缓和曲线的半径为 Y 轴)的直角坐标系(图 4-31),则缓和曲线上任一点的直角坐标的计算公式为

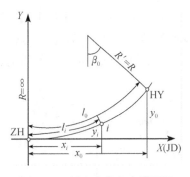

图 4-31　缓和曲线主点的测设

$$x_i = l_i - \frac{l_i^5}{40R^2 l_0^2} \left.\right\}$$
$$y_i = \frac{l_i^3}{6R l_0}$$

(4-45)

式中,l_i 为缓和曲线起点至缓和曲线上任一点的曲线长;R 为圆曲线的半径。当 $l_i = l_0$ 时,即得缓圆点 HY 和圆缓点 YH 的直角坐标计算式:

$$x_0 = l_0 - \frac{l_0^3}{40R^2} \left.\right\}$$
$$y_0 = \frac{l_0^2}{6R}$$

(4-46)

求得 HY 和 YH 的坐标之后,即可按圆曲线测设中的切线支距法确定 HY、YH 点。

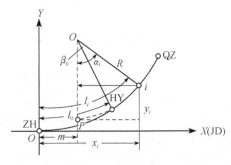

图 4-32　缓和曲线的详细测设

4.6.3　缓和曲线的详细测设

带有缓和曲线的圆曲线测设,常用的有偏角法和切线支距法,这里仅介绍用切线支距法测设曲线细部的方法。

用切线支距法进行曲线的详细测设时,首先应建立如图 4-32 所示的直角坐标系,然后利用曲线上各点在此坐标系中的坐标 x,y 测设曲线。

缓和曲线上各点的坐标计算公式如前。圆曲线上任一点 i 的坐标计算公式,从图 4-32 的几何关系

中可以看出

$$
\left.\begin{array}{l}
x_i = R\sin\alpha_i + m \\
y_i = R(1 - \cos\alpha_i) + P
\end{array}\right\} \tag{4-47}
$$

式中，$\alpha_i = \dfrac{180}{\pi R}(l_i - l_0) + \beta_0$，$\beta_0$、$m$、$P$ 为前述的缓和曲线参数。用切线支距法测设曲线细部的具体步骤与圆曲线的测设所述相同。

4.7 复曲线放样

用两个或两个以上不同半径的同向曲线相连而成的曲线称为复曲线。根据其连接方式可分为以下三种：单纯由圆曲线直接相连而成；两端由缓和曲线中间用圆曲线直接相连而成；两端由缓和曲线中间也由缓和曲线连接而成。在此以两个圆曲线组成的复曲线为例，介绍其放样过程。

对于由两个或两个以上不同半径同向圆曲线组成的复曲线，在放样时，应先确定其中一个圆曲线的曲率半径，称为主曲线，其余的曲线称为副曲线，副曲线的曲率半径可由主曲线的半径和相关测量数据求得。常用的放样方法有切基线法和弦基线法两种。

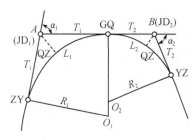

图 4-33 切基线法复曲线放样

如图 4-33 所示，两个不同曲率半径的圆曲线同向相交，其主、副曲线的交点分别为 A、B 两点，两曲线相切于公切点 GQ。该点上的切线是两个圆曲线共同的切线，称为切基线。

在交点 A、B 上分别安置经纬仪，测出两个曲线的转角 α_1、α_2，用钢尺对 A、B 两点间水平距离进行往返丈量，从而获得水平距离 AB，即两个圆曲线切线长度之和。

当选定主曲线的曲率半径 R_1 后，可通过计算获得副曲线的半径 R_2 以及其他放样元素，具体步骤如下：

（1）测定主曲线的转角和选定主曲线的曲率半径，按式(4-43)计算出曲线的测设元素：切线长 T_1、弧线长 L_1、外矢距 E_1 和切曲差 D_1。

（2）据 AB 的水平距离和主曲线的切线长度 T_1，按下式计算副曲线的切线长 T_2：

$$
T_2 = AB - T_1 \tag{4-48}
$$

（3）根据副曲线的转角 α_2 和副曲线的切线长度 T_2，按下式计算副曲线的曲率半径 R_2：

$$
R_2 = \frac{T_2}{\tan\dfrac{\alpha_2}{2}}
$$

（4）根据副曲线的转角 α_2 和曲率半径 R_2，参照式(4-43)分别计算副曲线的放样元素：切线长 T_2、外矢距 E_2、弧长 L_2 和切曲差 D_2。

（5）各圆曲线的详细放样数据的计算。在放样数据计算完成后，于 A 点处设置仪器，沿着直线 AB 的方向逆时针拨角 α_1，并倒转望远镜定出指向起点的切线方向，然后在其方向上量取切线长 T_1，定出主曲线的起点 ZY；同时从 A 点出发沿公切线 AB 向 B 点丈量 T_1 得 GQ 点；再在 A 点放样主曲线的角平分线，并沿其方向丈量外矢距 E_1，得到主曲线的 QZ 点。

同样在 B 点安置仪器，拨角 α_2 指向副曲线终点的切线方向，量水平距离 T_2 得 YZ 点，同时放样副曲线的角平分线，并沿其方向量取外矢距 E_2，得到副曲线的 QZ 点。在复曲线主点放样完成后,则可选择合适的方法进行详细放样。

4.8 竖曲线放样

路线纵断面是由许多不同坡度的坡段连接而成,其坡度的变化点称为变坡点。为了减缓坡度在变坡点处的突然变化,保障车辆安全、平稳的行驶,可在两相邻坡度段以曲线相连接,这种用来连接不同坡度的曲线称为竖曲线。竖曲线有凹形和凸形两种。竖曲线可用圆曲线或二次抛物线,而我国一般采用的是圆曲线。

1. 竖曲线半径

竖曲线半径与路线工程的等级密切相关。例如,在我国的公路规范中,各等级公路竖曲线半径和竖曲线最小长度见表 4-3。

表 4-3 各等级公路竖曲线半径和竖曲线最小长度

公路		一		二		三		四	
地形		平原微丘	山岭重丘	平原微丘	山岭重丘	平原微丘	山岭重丘	平原微丘	山岭重丘
凹形竖曲线半径	一般最小值	10000	2000	4500	700	2000	500	700	200
	极限最小值	6500	1400	3000	450	1400	250	450	100
凸形竖曲线半径	一般最小值	4500	1500	3000	700	1500	400	700	200
	极限最小值	3000	1000	2000	450	1000	250	450	100
竖曲线最小长度		85	50	70	35	50	25	35	20

注:表中数据单位为 m。

竖曲线半径选用的原则是在不过分增加工程量的情况下,一般宜选用较大的竖曲线半径;当前后两纵坡的代数差较小时,竖曲线半径更应选用大半径;当地形限制或因其他特殊困难时,才可选用极小半径。总而言之,竖曲线的选择应以获得最佳的视觉效果和保证行车的安全平稳为标准。

2. 竖曲线要素计算

(1) 由图 4-34 可知竖曲线切线长度 T 为

$$T = R\tan\frac{\alpha}{2} \qquad (4\text{-}49)$$

式中,α 是竖向转折角,其允许值一般都很小,故可用两相邻坡度值的代数差来代替,即 $\alpha = \Delta i = i_1 - i_2$,因为 α 很小,故有

$$\tan\frac{\alpha}{2} = \frac{\alpha}{2} = \frac{1}{2}(i_1 - i_2) \qquad (4\text{-}50)$$

则

$$T = \frac{1}{2}R(i_1 - i_2) = \frac{R}{2}\Delta i \qquad (4\text{-}51)$$

图 4-34 竖曲线要素的测设

(2) 竖曲线长度 L。由于 α 很小,所以 $L \approx 2T$。

(3) 外矢距 E。

$$E = \frac{T^2}{2R} \qquad (4\text{-}52)$$

3. 竖曲线测量

竖曲线的切线长 T 值求出后,即可由变坡点定出曲线的起点 Z 和终点 Y。曲线上各点常用切线支距法测定(图 4-34)。将沿着切线方向的水平距离定为 x 方向,而由于 α 很小,可认为 y 坐标与半径方向一致,也可认为它是切线与曲线上的高程差,即

$$y = \frac{x^2}{2R} \tag{4-53}$$

算得高程差 y,即可按坡度线上各点高程计算出各曲线点的高程。

竖曲线上各点的测设,以曲线起点 Z(或终点 Y)沿切线方向量取各点的 x 值(水平距离),并设置标桩。施工时,再根据附近已知高程点进行各曲线点设计高程的测设。

竖曲线测设步骤如下:

(1) 推算竖曲线上各点的桩号:

曲线起点桩号＝变坡点桩号－竖曲线的切线长
曲线终点桩号＝曲线起点桩号＋竖曲线长

(2) 根据竖曲线上细部点距曲线起点(或终点)的弧长,求出相应的 y 值,然后按下式求得各点高程

$$H_i = H_{坡} \pm y_i$$

式中,H_i 为竖曲线细部点的高程;$H_{坡}$ 为细部点 i 对应的坡段高程。当竖曲线为凹形时,式中取"＋";竖曲线为凸形时,取"－"。

(3) 从变坡点沿路线方向向前或向后丈量切线长度 T,定出竖曲线的起点和终点。

(4) 从竖曲线起点(或终点)起,沿切线方向每隔 5m 在地面上标定一木桩。

(5) 放样出各细部点高程,并在各木桩上标明地面高程与竖曲线设计高程之差(即填挖高度)。

习　题

1. 道路建设及管理有哪几个阶段?各阶段所进行的测量工作内容有哪些?

2. 道路中线测量的基本任务是什么?

3. 纵断面测量的任务及作用是什么?纵断面图的内容有哪些?

4. 简述基平测量与中平测量的区别,并说明如何进行基平测量?

5. 路基施工测量包括哪些内容?

6. 简述铁路、公路工程测量的主要任务及其特点。

7. 在道路设计中,曲线的种类有哪些?设计曲线的主要目的是什么?

8. 在道路设计中,平面曲线和竖曲线有何区别,各自的作用是什么?

第 5 章　桥梁工程测量

5.1　概　述

桥梁工程测量的主要任务是为其施工服务。它同其他测量工作一样，亦遵循从整体到局部的原则。

5.1.1　桥梁工程施工测量的任务

在桥梁工程施工开始之前，应根据桥梁的形式、跨度及施工精度要求，在其桥址区域建立统一的施工控制网；在桥梁施工期间，应做好桥梁工程施工中的各项放样工作；当桥梁结构的各分项工程结束后，应随时利用工程测量的方法检查施工的桥梁各结构工程，以确保各结构的准确性；整个桥梁工程完工后，应对其进行竣工验收测量，以检查是否满足设计要求。同时，对于大型桥梁的施工过程应进行施工监控，并在施工结束后对其进行荷载试验和健康运营检测，从而确保大桥在运营期间的稳定性和安全性。

5.1.2　桥梁工程施工测量的内容

桥梁施工测量首先应结合桥梁形式、跨径及设计要求的施工精度，根据已知控制点、通过复测和加密建立施工控制网，或重新布设专用的桥梁施工控制网。且每年应对桥梁施工控制网进行 1～2 次检测，以确保桥梁工程施工的质量。然后通过对原有水准点的复测和加密，以满足桥梁工程施工的需要，复测并恢复桥梁轴线、墩台等控制桩位。

桥梁工程细部施工测量内容和要求如下：

当距离丈量条件较好时，可采用直接丈量法进行墩台放样，特别是利用钢尺对桥梁墩台的细部放样；当模板放样要求精度较高时，则应对钢尺的尺长、温度、拉力、垂度及倾斜度进行改正。对于大、中型桥梁的水中墩、台和基础的位置，一般应采用经鉴定后的全站仪进行放样。桥梁墩、台的中心线在其桥梁轴线上的位置中误差不应大于 ±10mm。

处于曲线段桥梁的施工测量，则应根据设计的桥梁中心线坐标，采用极坐标法利用全站仪进行桥梁墩、台轴线的放样。

涵洞施工测量中，应核对其纵横轴线的地形剖面及涵洞的标高、长度与设计图纸是否一致。对于斜交的、曲线上的及陡坡上的涵洞，应考虑交角、加宽、超高和纵坡对其位置、尺寸的影响，注意锥坡、一字墙、翼墙及涵洞墙身顶部和上下游调制结构的位置、方向、长度、坡度及高度等，并使其符合技术要求。

1. 桥梁工程施工过程中的测量

桥梁施工过程中，在测定桥梁结构浇注和安装部分的位置和标高的基础上，应经常对其检查，并做出测量记录和结论。当检查中发现超过允许偏差时，应分析原因，并采取相应的措施予以补救和改正。各结构部分的允许偏差详见具体桥梁结构的施工图纸及相应规范、标准。

桥梁施工过程中的观测内容及控制标准如下：

（1）在支架上浇筑梁式桥时，应对支架的变形、位移、节点和卸架设备的压缩以及支架基础沉降等进行观测。当发现超出允许的变形、位移值时，应及时采取措施进行调整。

（2）悬臂浇筑混凝土过程中应对其中线、高程进行测量，误差应在允许范围内，如高程偏差为±10mm,中轴线偏差为±5mm。

（3）装配式桥梁施工时,悬拼测量及挠度测量应控制每节段箱梁施工过程中的中线及标高,检测施工过程中各块箱梁的挠度变化情况,并不断进行调整。基准梁块四角高差的允许误差为±2mm。

（4）悬拼允许误差:第一块箱梁中线允许误差为±2mm,箱梁顶面标高允许误差为±12mm;悬臂合拢时箱梁中线允许误差为±10mm,箱梁相对标高允许误差为±30mm。

（5）在桥的轴线超过1000m的特大桥梁和结构复杂施工过程中,应进行主要墩、台的沉降监测;对于大跨度的箱型钢构桥或斜拉桥,在悬臂浇筑施工中,应对主要塔、锚进行变形监测,对主梁要进行挠度、水平位移、应力、温度的施工监控及变形观测。

（6）大跨度的箱型钢构桥或斜拉桥的施工监控及变形观测控制网,应在原施工控制网的基础上单独布设,亦可利用桥梁施工控制网,但应提高观测精度。

2. 桥梁竣工测量

在桥梁竣工后应进行竣工测量,内容如下:

（1）测量桥梁工程的中轴线位置、桥梁纵坡度、桥梁的跨径、桥梁与道路的连接等。

（2）测量桥梁墩、台(或塔、柱、锚)的各结构部分的尺寸、顶面高程及倾斜度。

（3）测量桥面标高、宽度、横坡度、平整度等。

（4）检查测量同跨对称点的高程差、锚固点高程、系梁高程、孔道位置等。

5.2　桥梁工程控制网

在桥梁施工开始之前,应在桥址区域建立统一的施工控制网。为了满足桥梁不同施工阶段、不同施工部位和结构的施工放样需要,并结合桥梁工程的结构、形状和施工特点,桥梁施工控制网一般应布设成能控制整个桥址区域的首级控制网(亦称主网),在主网的基础上加密供直接满足施工放样的控制点,在局部工程地区,有时还需布设加密工程施工控制网。

5.2.1　桥梁工程施工控制网的技术要求

在建立控制网时,既要考虑控制网本身的精度,又要考虑今后施工的需要。因此,在控制网布设之前,应对桥梁的设计方案、施工方法、施工机具、场地布置、桥址地形及精度要求等方面进行分析,然后在桥址地形图上拟定布网方案,现场确定点位。控制网应满足以下要求:图形应具有足够的强度,以保证放样桥轴线长度和桥墩位置满足施工要求。在控制点密度不能满足施工需要时,能方便地增设插点。

为了使控制网与桥轴线相连,在河两岸的桥轴线上应各设一个控制点,其位置离桥台的设计位置不应太远,以确保桥台的放样精度。放样桥墩时,仪器可安置在桥轴线上的控制点上进行测量,以减小横向误差。

控制网边长一般应为0.5～1.5倍的河宽,并应在两岸各选控制网的一条边作为基线,其长度不应小于桥轴线长度的0.7倍,以提高放样精度。

控制点均应选在地势较高、土质坚实稳定、便于长期保存的地方,且控制点的通视条件要好。

桥梁施工高程控制点在两岸各埋设3个以上,并与国家水准点进行联测。水准点应采用永久性固定标石,亦可利用平面控制点的标石。在同岸的3个水准点中,两个应埋设在施工范围以外,以免破坏;另一个应埋设在施工区域,以便将高程直接传递到所需的地方。同时还应在每一个桥台、桥墩附近设立一个临时水准点。

5. 2. 2　平面控制网的布设形式

　　测量仪器的更新、测量方法的改进,特别是高精度全站仪的普及,使得桥梁平面控制网的布设比较灵活,也使网形趋于简单化。

　　传统的桥梁施工放样主要是依靠光学经纬仪,在桥轴线上设有控制点,便于角度放样和检测,易于发现放样错误。全站仪普及后,施工通常采用坐标放样和检测,在桥轴线上设有控制点的优势已不明显。因此,在首级控制网设计中,不必在桥轴线上设置控制点。

　　近年来,随着 GNSS 技术的广泛应用,GNSS 控制网已广泛用于桥梁施工控制网中,尤其是在跨海大桥施工中,由于它具有全天候作业、无须控制点间相互通视等优点,在建立跨越大江、大河或海域等视线较长的控制网或由于天气条件影响通视的特大型桥梁控制网时,更加显示出该方法的优越性。并且,应用该技术进行控制网加密,可提供统一的坐标基准。

　　在青岛海湾大桥施工控制网布设中,将控制网分成首级控制网、首级加密控制网、一级加密控制网和二级加密控制网。

　　首级控制网:青岛海湾大桥首级控制网是经甲方、专题承担方和监理方三方现场会商后,最终确定按公路 GNSS 一级网建立,如图 5-1 所示,共布设 15 个控制点,青岛、红岛、黄岛三岸各布设 5 个点。点位选在地质条件好,便于长期保存,既满足 GNSS 观测条件需要,又满足常规测量、施工放样和未来变形监测的需要。

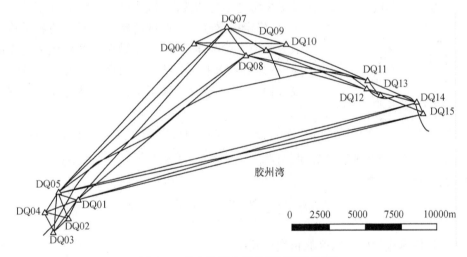

图 5-1　青岛海湾大桥首级平面控制网

　　为了消除对中误差,控制点采用了高强度的钢筋混凝土观测墩,并在墩顶部埋设不锈钢强制对中基盘,为了便于放工放样,基盘上设有标志,可作为高程点使用。

　　GNSS 控制网采用边连式和网连式,以保证图形强度,重复设站率不小于 2,网中各点至少有 3 条独立基线与之相连。观测时段长为 2h,并与 IGS 国际跟踪站进行联测,对于长边观测时段长为 12h。为了提高首级网精度,检核 GNSS 成果的可靠性,采用 DI2002 测距仪加测了 11 条边,进行了距离改化,并将其与 GNSS 观测结果进行对比,将地面观测值与 GNSS 观测值进行了联合平差。

　　加密控制网的主要功能是将跨海大桥在海中分成若干个小的施工区域,其点位分布于大桥附近。加密控制网是先施工一个优先墩或实验墩台,在墩台上建立观测墩,观测墩建在桥的同一侧,在不同的曲线时可转入另一侧,以便利用常规方法观测。在优先墩台施工完成后进行全桥加密控制测量,测量时采用 VRS 系统进行 GNSS 观测,并按 B 级网要求进行观测。

一级、二级加密控制网是在首级加密点距离较远,不能完全满足施工放样要求时,由施工单位在两个首级加密点之间进行一级、二级网加密。

VRS 综合应用系统是服务于大桥施工和后期变形监测的一套以 GNSS 技术为核心的信息系统。在施工阶段,GNSS 能为用户提供实时高精度差分改正数据以及静态原始数据,能对全桥工程进行施工放样和精确定位;同时,可进行施工期间的沉降监测和运营阶段的变形观测、安全检测和健康运营检测。

无论施工平面控制网采用何种布设形式,其精度必须满足施工放样的精度要求,并使控制点位置尽可能地方便于施工放样,且能长期稳定而不受施工的干扰。一般中、小型桥梁控制点采用地面标石,大型或特大型桥梁控制点应采用配有强制对中装置的固定观测墩或金属支架。

5.2.3　桥梁工程控制网的精度确定

桥梁施工控制网是放样桥台、桥墩的依据,若将其精度定得过高,虽能满足施工要求,但控制网施测困难,既费时又要增加费用;若控制网的精度过低,则难以满足施工的要求。目前常用确定控制网精度的方法:一种是按桥式、桥长(上部结构)来设计,另一种是按桥墩中心点位误差(下部结构)来设计。

1. 按桥式、桥长来确定控制网精度

按桥式确定控制网精度的方法是根据跨越结构的架设误差(它与桥长、跨度大小及桥式有

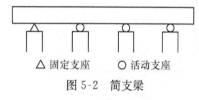

图 5-2　简支梁

关)来确定桥梁施工控制网的精度。桥梁跨越结构形式一般分为简支梁和连续梁,简支梁在一端桥墩上设有固定支座,在其余桥墩上设活动支座,如图 5-2 所示。在钢梁的架设过程中,其长度误差来源于杆件加装配误差和安装支架误差。

在《铁路钢桥制造规则》中规定,钢桁梁节间长度制造容许误差为 $\pm 2\text{mm}$,两组孔距误差为 $\pm 0.5\text{mm}$,则每一节间的制造和拼装误差为 $\Delta l = \pm \sqrt{0.5^2 + 2^2} = \pm 2.12\text{mm}$,当杆件长 $L = 16\text{m}$ 时,其相对容许误差为

$$\frac{\Delta l}{L} = \frac{2.12}{16000} = \frac{1}{7550} \tag{5-1}$$

由 n 根杆件铆接的桁式钢梁的长度误差为

$$\Delta L = \pm \sqrt{n \Delta l^2} \tag{5-2}$$

设固定支座安装容许误差为 δ,则每跨钢梁安装后的极限误差为

$$\Delta d = \pm \sqrt{\Delta L^2 + \delta^2} = \pm \sqrt{n \Delta l^2 + \delta^2} \tag{5-3}$$

式中 δ 的值是根据固定支座中心里程的纵向容许偏差大小和梁长与桥式来确定,一般取 $\delta = \pm 7\text{mm}$。

根据各桥跨的极限误差,即可求得全长的极限误差为

$$\Delta L = \pm \sqrt{\Delta d_1^2 + \Delta d_2^2 + \cdots + \Delta d_N^2} \tag{5-4}$$

式中,N 为桥的跨数。

若大桥为等跨距时,则有

$$\Delta L = \pm \Delta d \sqrt{N} \tag{5-5}$$

取 $\dfrac{1}{2}$ 的极限误差作为中误差,则全桥轴线长的相对中误差为

$$\frac{m_L}{L} = \frac{1}{2} \cdot \frac{\Delta L}{L} \tag{5-6}$$

表 5-1 是根据上述铁路规范列举出的以桥式为主,并结合桥长来确定的控制网精度要求。而表 5-2 则是根据《公路桥涵施工技术规范》列举出的以桥长为主来确定的控制网精度。显而易见,铁路规范比公路规范要求严格。但实际应用中,尤其是对特大型公路桥,应结合工程的实际需要来确定首级网的等级和精度。

表 5-1　铁路规范规定的桥位三角网精度要求

等级	测角中误差/(″)	桥轴线相对中误差	最弱边相对中误差
一	±0.7	1/175000	1/150000
二	±1.0	1/125000	1/100000
三	±1.8	1/75000	1/60000
四	±2.5	1/50000	1/40000
五	±4.0	1/30000	1/25000

表 5-2　公路规范规定的桥位三角网精度要求

等级	桥轴线桩间距离/m	测角中误差/(″)	桥轴线相对中误差	基线相对中误差	三角形最大闭合差/(″)
二	>5000	±1.0	1/130000	1/260000	±3.5
三	2001~5000	±1.8	1/70000	1/140000	±7.0
四	1001~2000	±2.5	1/40000	1/80000	±9.0
五	501~1000	±5.0	1/20000	1/40000	±15.0
六	201~500	±10.0	1/10000	1/20000	±30.0
七	≤200	±20.0	1/5000	1/10000	±60.0

2. 按桥墩中心点位的容许误差确定平面控制网的精度

在桥墩的施工中,从基础至墩台顶部的中心位置要根据施工进度随时放样确定,由于放样的误差使得实际位置与设计位置存在着一定的偏差。根据桥墩设计理论,当桥墩中心偏差在 ±20mm 内时,产生的附加力在容许范围内。因此,在《铁路测量技术规则》中,对桥墩支座中心点与设计里程纵向容许偏差作了规定,对于连续梁和跨度大于 60m 的简支梁,其容许偏差为 ±10mm。

根据容许偏差即可确定桥梁施工控制网的精度。在桥墩的施工放样中,引起桥墩点位误差的因素为控制网本身的误差和施工放样过程中的误差。即

$$\Delta^2 = m_{控}^2 + m_{放}^2 \tag{5-7}$$

式中,Δ 为桥墩点位误差;$m_{控}$ 为控制点误差;$m_{放}$ 为放样误差。

控制网精度设计,就是依据 Δ 的取值和实际施工条件,按一定的误差分配原则,在确定出 $m_{控}$ 和 $m_{放}$ 的关系后,再确定具体的数值要求。

在建立控制网阶段,桥梁施工尚未展开,不受施工影响,且有较充裕的时间和条件进行多余观测以提高控制网的精度;在施工放样时,现场测量条件差、干扰大、测量速度要求快,没有

充裕的时间和条件来提高测量放样精度。因此,控制点误差 $m_{控}$ 要比放样误差 $m_{放}$ 小得多。一般取 $m_{控}=\frac{1}{3}m_{放}$,按式(5-7)可求得

$$m_{控}=0.32\Delta \tag{5-8}$$

当桥墩中心测量精度要求 $\Delta=\pm 20mm$ 时,$m_{控}=\pm 0.64mm$。若以此作为控制网最弱点的精度要求时,则可根据设计控制网的平均边长(主轴线长度或河宽)确定施工控制网的边长相对精度要求。

3. 桥梁高程控制网

无论是公路、铁路或公路铁路两用桥,在布设桥梁施工高程控制网前均应收集两岸桥轴线附近的国家水准点资料。对于城市桥还应收集有关市政工程水准点资料,对两用桥还应收集铁路线路勘测或已有铁路的水准点资料,包括水准点位置、编号、等级、高程系统及最近的测量日期等。

桥梁高程控制网的起算高程数据是由桥址附近的国家水准点或其他水准点引入的,这只是引入了高程系统,而桥梁高程控制网仍是一个自由网,不受已知高程点约束,以保证自身的精度。

桥墩、台高程的放样精度除受施工放样误差影响外,控制点高程误差亦是一个重要的影响因素,因此高程控制网应有足够的精度。对于水准网、水准点之间的联测及起算高程的引测,一般采用三等水准。若是跨河水准测量,当距离小于800m时,可采用三等水准,当大于800m时应采用二等水准。

5.3　桥梁基础施工测量

5.3.1　围堰定位测量

钢板围堰适用于各类土质(含强风化岩石)的深水基坑,钢板桩定位一般采用极坐标法,在

图 5-3　围堰定位测量

将钢板桩打入地基前,应在围堰上、下游一定距离及两岸陆地设置全站仪观测站,用以控制围堰长、短边方向的钢板桩定位。钢板桩的施打过程中必须有导向设备,以保证其位置的正确性。

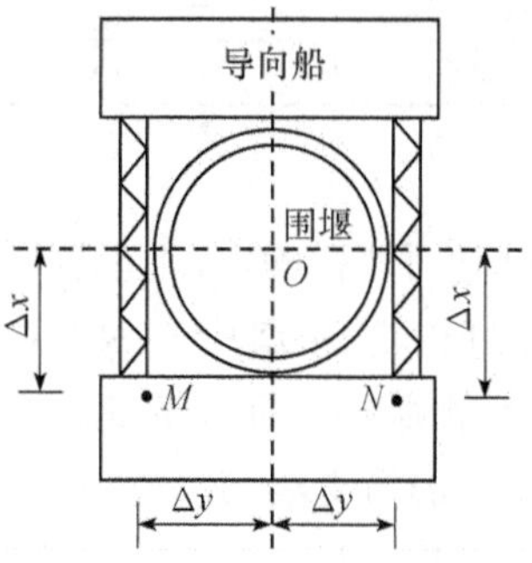

双壁钢围堰的施工定位必须有可靠的锚定系统,它不但能锚定导向船及围堰,而且能方便地调整导向船和围堰的位置。双壁钢围堰的精密定位一般是观测设置于导向船中心线上、下游的两个对称棱镜,如图 5-3 所示。两棱镜(M、N)的理论坐标是根据中心点 O 的设计坐标推出,在定位时可用设于岸上的全站仪测出 M、N 点的实际坐标,从而推出导向船结构物中心偏离值及导向船的扭转量。导向船的调整是用收放锚绳来进行,通过不断调整,使其接近理论值。

5.3.2　水中桩基放样

在水中建设桥墩时,首先要搭设钢平台来支撑灌注桩钻孔机的安置。

平台钢管支撑桩的施工方法一般是利用打桩船进行水上沉桩,测量定位的方法采用全站仪极坐标法,施工时将仪器安置于控制点上对其进行三维定位。沉桩的平面精度一般为 $\pm 10cm$,高程精度为 $\pm 5cm$,倾斜度为 1/100。在支撑桩施打完成后,用水准仪抄出桩顶标高

供桩帽安装,用全站仪在桩帽上放出平台的纵横轴线进行平台的安装。

在平台搭建完成后,然后根据施工设计图计算出每个桩基中心的放样数据,采用极坐标法放样出钢护筒的纵横轴线,并在定位导向架的引导下进行钢护筒的沉放。在沉放时,应于两个互相垂直的测站上安置仪器,以便控制钢护筒的垂直度,并监控下沉过程,若有偏差随时校正。高程可利用布设在平台上的水准点进行控制。护筒沉放完成后,用制作的十字架测出其实际中心位置,精度应控制在平面±5cm、高程±5cm、倾斜度1/150。

5.3.3　钻孔桩施工测量

钻孔桩施工测量的主要内容有:钢护筒的定位、钻机定位、孔底标高测定、成孔倾斜度测定及封孔测量。

1. 钢护筒定位

为了固定桩位,导向钻头一般均在钻孔桩孔口设置护筒。钢护筒定位测量的方法可根据施工方法而定。

江河主桥的桥墩一般为深水基础,宜采用整体吊装的方法施工,应在围堰封底前安置好钢护筒。因此,应先将所有的钢护筒按其设计的相对位置固定于护筒固定架上,并通过调整护筒固定架,使护筒一次就位。其测量定位就是测定护筒架中心及四个角点坐标,来控制固定架使其准确就位,如图 5-4 所示。在护筒就位后,必须准确测定其最终位置。其方法是采用类似于倒锤线法,通过浮在围堰内静水上特制的浮标,获取护筒位置信息,以精密确定各护筒的位置。

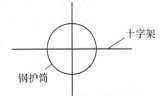

图 5-4　钢护筒定位测量

2. 孔底标高及倾斜度测量

当钻孔桩的孔底标高达到设计要求后,应进行钻孔检验测量,为推算桩底位置,必须进行钻孔的倾斜度测量。一般钻孔桩可采用简易测孔器来检测成孔的孔径和孔的实际倾斜度,大型钻孔桩可采用超声波孔径测斜仪来检测。在钻孔桩成孔并清理完孔底余渣后,应测定孔底标高,用经过与钢尺比长的测绳和测锤实测,一般测孔底的上、下、左、右及中五个测点,精度应达到±5cm。

3. 水封测量

水下混凝土灌注中的测量称为水封测量。它一般采用直升导管法灌注,导管应插至离孔底 0.3～0.5m 处,灌注开始前,在导管上口放一直径微小于管口的砂球,使其卡在管口不致滑落;当漏斗中聚集一定量混凝土时,砂球下滑挤出管内的水,最后挤出管口,混凝土也快速涌出管口,向四周流动,将管口埋没。在此后的灌注过程中,随着混凝土上升,应逐节提升导管,但应保证下端管口埋于混凝土中 2～6m,从而使新灌入的混凝土与水隔离,保证桩的质量。在此过程中,应及时准确地提供导管底口和混凝土面的标高,保证导管不至于提空。其具体测量是用测绳或皮尺加锤球测定混凝土表面标高,并与通过计算导管长度而确定的管底口高程进行比较。

5.4　桥梁墩、台及高塔柱施工测量

5.4.1　桥梁墩、台中心位置放样

桥梁墩、台中心位置放样是桥梁建设的基础,在对其位置进行放样时必须满足相应的精度要求,并经反复检查确认无误为止。

1. 直线桥墩、台中心放样

如图 5-5 所示,桥轴线上两岸的控制桩 A、B 间的距离称为桥轴线长度。因为桥轴线长度是精确放样其墩、台位置的基础,所以必须精确测定桥轴线的长度。

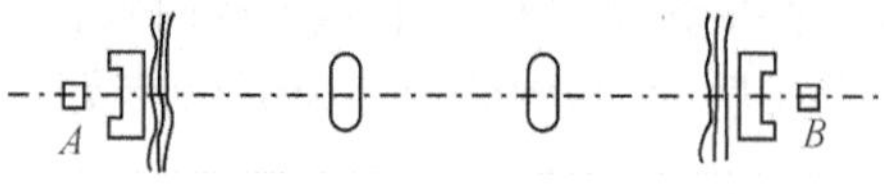

图 5-5　直线段桥轴线放样

在条件许可的情况下,可将全站仪安置于 A 点或 B 点上直接测定桥轴线长度或其坐标;在精确测定桥轴线长度之后,便可由 A 点或 B 点放样各桥墩、台的实际位置。如果设计文件中已给出各墩、台的中心坐标则可直接利用其坐标进行放样。如果已知的是桥轴线控制桩 A、B 及各墩、台中心的里程,则可据此算得各墩、台至控制桩 A 或 B 的距离,并按距离将各墩、台中心位置在实地标注出来。在标出墩、台中心位置后,应对其进行检核,直至满足其精度要求为止。

2. 曲线桥墩、台中心放样

如图 5-6 所示,因为曲线桥的路线中心线也是曲线,而所用的梁是直线,所以路线中心线与梁的中心线不能完全吻合。梁在曲线上的布置,是使各跨梁的中线连接起来,成为与路线中线基本相符合的折线,该折线称为桥梁的工作线,而墩、台中心一般就是位于这条折线转折角的顶点。所谓曲线桥墩、台中心放样,就是放样这些顶点的位置。

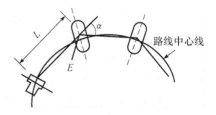

图 5-6　曲线桥墩、台中心放样

如图 5-6 所示,在桥梁设计中,梁的中心线两端并不位于路线中心线上,而是外移了一段距离 E,这段距离 E 称为偏距;相邻两跨梁中心线夹角 α 称为偏角;每段折线的长度 L 称为桥墩中心距。这些数据在桥梁设计时已经确定。

极坐标法放样桥墩、台的步骤如下:

（1）利用路线中心线坐标按切线支距法或偏角法计算出各墩、台纵轴线与路线中心线的交点坐标,即各墩、台中心坐标,然后通过坐标转换公式,将其转换成控制网下的坐标。

（2）安置全站仪于控制点上,按坐标放样法放样出这些交点的位置。

（3）从交点放出墩、台纵轴方向,并从交点沿纵轴线向外测出距离 E,即可得到墩、台的中心位置。

（4）若计算出的是桥梁各墩、台的中心坐标,亦可按其坐标,用极坐标法直接将墩、台中心位置标定下来。

3. 桥梁墩、台细部放样

墩台细部放样是在中心定位和标定纵横轴线的基础上进行的。但由于墩台逐段加高等因素,纵横轴线会遭到破坏,这时则应根据护桩或交会定位的方法恢复轴线,然后再进行细部放样。所以桥墩、台的中心定位与细部放样有时是交织在一起反复进行。

墩、台细部测量主要是控制模板上、下口的位置和混凝土浇筑顶面的标高,模板上、下口位置通常采用坐标进行控制,其实测坐标与设计坐标差值控制在允许范围内时方可浇筑混凝土。

在桥梁墩、台、柱的施工过程中,还应控制其垂直度或倾斜度。一般是在模板上、下口的立面上各设一个监测标志,其高差为 h,然后用全站仪将上标志中心的平面坐标测出,利用公式 $\Delta S = \sqrt{\Delta x^2 + \Delta y^2}$ 计算出设计点与实测点间水平距离,则 $i = \dfrac{\Delta S}{h}$ 即为两标志中心连线的倾斜度。

桥墩倾斜度测定最简单的方法是悬挂锤球,根据其偏差值可直接确定其倾斜度,但有时因各种原因无法实施时,则可采用投影或测平面坐标的方法来实现。

如图 5-7 所示,根据设计,A、B 两点位于同一竖直线上,墩柱高为 h,若墩柱倾斜时,A 点相对于 B 点沿水平方向移动某一距离 a,则该墩柱的倾斜度为

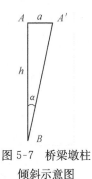

$$i = \tan\alpha = \frac{a}{h} \qquad (5-9)$$

因此,为了确定墩柱倾斜度,必须测出 a 和 h 的数值,其中 h 一般为已知。将仪器安置在离墩柱较远的地方(距离最好在 $1.5h$ 以上),将墩柱顶部的 A' 投影到 B 点的水平面内,即可得到 a 的距离,从而计算出墩柱的倾斜度。

图 5-7　桥梁墩柱倾斜示意图

5.4.2　高塔柱施工测量

高塔柱施工测量的重点是确定塔柱各部分的空间位置,其主要任务是塔柱各节段的轴线放样,劲性骨架与劲性柱的定位、检查,模板定位与检查,高程传递测量等。

因为斜拉桥或悬索桥的主塔相对高度较大,且大部分都位于江河之上主航道附近,距离岸边较远,要直接利用岸上的控制点来进行施工放样,无论是放样精度和速度都不能满足施工的要求。所以,根据塔柱的结构特点,结合施工现场情况,在不同的施工阶段和不同的施工部位,应建立相应的施工控制网以满足施工放样要求。

1. 高塔桩施工控制网建立

如图 5-8 所示,在塔柱基础承台上建立控点,并作为下塔桩及下横梁施工放样的依据。墩中心点 A 将作为整个塔柱的平面控制基准,上投到下横梁和上横梁。A 点位置确定是整个塔柱控制的基础,可采用极坐标法和距离交会法精确测定,并在 A 点上、下游各一定距离 d_1 布设平面控制点 B、C 作为检核与备用点。高程基准可采用电磁波测高法由岸上精密传递,并在承台平面的上、下、左、右共布设 4 个高程控制点,它们除了作为高程控制外,还可以用来观测墩台的沉降和倾斜情况。

根据主塔施工的阶段性,在下横梁竣工后,在其顶面建立如图 5-9 所示的控制点,并作为中塔柱及横梁施工放样的依据。A 为墩中心点,B、C 在墩中线上且距离 A 点均为 d_2。水准点也布设了上、下、左、右 4 个点,为了便于基准点的上传,结合下横梁结构,在桥轴线上适当位置布设了预留孔。

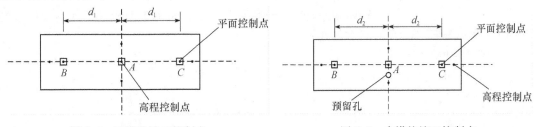

图 5-8　下塔柱施工控制点　　　　　　　　　图 5-9　中塔柱施工控制点

在上横梁竣工后,根据上塔柱的具体外形及上塔柱索道管定位的特殊要求,为施工方便,在其顶面布设了如图 5-10 的控制点。A 为墩中心点,J 为预留孔,供传递中心基点用。另设 I、K 两孔,它们在墩中心线上且距墩中心点 A 为 d_2,I、K 可用于投点检核,同时可作为塔柱日照扭转变形观测和监控状态下梁体施工时观测塔柱变形的预留孔。矩形控制网点 M、N、

L、P 建立在上塔柱 H 形断面内,可直接用来控制上塔柱和索道管的施工。

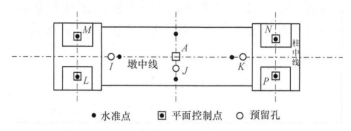

● 水准点　　■ 平面控制点　　○ 预留孔

图 5-10　主塔上部结构施工控制点分布图

2. 塔柱施工测量基准传递

根据各层控制点布设情况可知,整个塔柱施工测量的平面基准为基础承台平面的墩中心点,高程基准为该平台上的 4 个水准点。

平面基准传递分为两步,第一步是在下横梁竣工后,利用预留孔将承台顶面的墩中心点垂直地投到下横梁顶面,并在该面建立平面控制点,如图 5-8 所示;第二步是当下横梁竣工后,将墩中心点再次垂直上投到上横梁顶面,建立上塔柱及索道管定位平面控制网点,如图 5-9 所示。

1) 平面基准传递

墩中心点上传是整个塔柱施工测量的关键,其上传的精度直接影响施工的质量。基点上传方法较多,常用的方法是激光铅垂仪和经纬仪精密投点法。一般而言,激光铅垂仪的投点精度约为 1/20000。

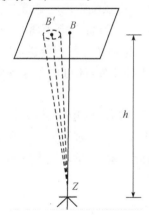

图 5-11　天顶距基准法投点
(路桥书 P118)

经纬仪精密投点法的具体操作过程如图 5-11 所示,在 A 点精确安置 T_2 经纬仪或 TC702 全站仪,装上折角目镜,并将望远镜固定于竖盘读数为零处,在需要投点的高程面上,于望远镜视场内十字丝处,固定一透明玻璃板。旋转经纬仪照准部一周,由于视准轴与旋转轴的不一致,十字丝交叉点在玻璃板上的轨迹一般是一个圆。旋转一周时间隔均匀地选择 4 点或 8 点,就可以描绘出十字丝交叉点在玻璃板上的轨迹,并取轨迹的中心点,即得初步投射的铅垂点 B'。在 B' 点做上明显的标志,然后使经纬仪分别在 x、y 两个方向上各取盘左、盘右照准 B' 点,读取天顶距两测回,算出天顶距 Z_x 与 Z_y,根据玻璃板仪器视准轴中心的垂直高度 h,可知

$$\left. \begin{aligned} \Delta x &= h \tan Z_x \approx h \frac{Z_x}{\rho''} \\ \Delta y &= h \tan Z_y \approx h \frac{Z_y}{\rho''} \end{aligned} \right\} \tag{5-10}$$

根据 Δx、Δy,在 x、y 两方向上,将 B' 改正到 A 的正天顶 B 点。改正后再施测一次,直至 x、y 两方向上天顶距趋于零。此时 A 点即铅直地投到另一高度上的 B 点处。

由于具有竖直自动补偿装置的 T_2 经纬仪或 TC702 全站仪的补偿精度可达 $1'' \sim 2''$,天顶距的实际测角精度为 $m_a = \pm 2''$。

B 点的点位精度

$$m_B = \sqrt{m_x^2 + m_y^2} \tag{5-11}$$

$$m_x = m_y = \frac{h}{\rho''} \cdot m_a \tag{5-12}$$

则 $m_B = \sqrt{2}\, m_x = \frac{\sqrt{2}}{\rho''} \cdot m_a \cdot h = \frac{h}{73000}$，所以 $\frac{m_B}{h} = \frac{1}{73000}$。

由此可见，精密天顶基准法投点的精度可达 1/73000，大大高于一般激光铅垂仪 1/20000 的精度。而且该方法还可同时建立铅垂面，可快速满足塔柱施工的要求。

2）高程基准传递

如图 5-12 所示，在高程基准传递时，必须同时设置两台水准仪，两把水准尺和一把经过检定的钢尺。首先将钢尺悬挂于固定架上，零点向下并挂一与钢尺检定时的拉力同重的重锤。然后利用下面水准仪在起始水准点上的水准尺上读取 a，在钢尺上读取 r_1，上面水准仪同时在钢尺上读取 r_2，在待定点的水准尺上读取 b，并同时测定温度。则待测点高程为

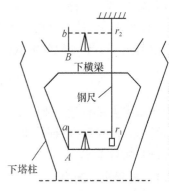

图 5-12　高程基准传递

$$H_B = H_A + a + [(r_2 - r_1) + \Delta l_t + \Delta l] - b \tag{5-13}$$

式中，Δl_t 为温度改正；Δl 为钢尺的尺长改正。

为了检核，后视应在其他几个水准点上变换，并取其均值作为最终结果。对于整个塔柱基准应定期与岸上水准点进行联测。

3. 高塔柱施工放样

在塔柱的施工放样中，劲性骨架或劲性架的放样与塔柱中心十字线的放样方法基本相同，下面以塔柱中心十字线的放样为例。

下、中塔柱均为倾斜的柱体，因此其放样方法也基本相同。下、中塔柱的横桥向中心线与桥墩中心线一致，放样时可将全站仪安置于桥墩中心点，后视轴线方向，旋转 90°，即可直接投放不同高度上的横向中心线（当高度较大时可利用折角目镜投放）。但下、中塔柱的顺桥向中心线将因高度不同而其到桥轴线的距离各异，其实际距离可以根据设计图纸上尺寸计算出不同高度的放样数据（计算方法应根据桥梁塔柱形式而定）。

其具体放样方法是：在桥墩中心安置全站仪，后视桥的轴线方向，利用折角目镜来建立一个过桥轴线的铅垂面，以便确定不同高度上的桥轴线位置，从而通过测距或直接测量中心点坐标来放样塔柱不同高度的中心点位置。

4. 高塔柱垂直度测量

1）激光垂准仪法

（1）在液压翻模平台顶面人行步板上对应位置切割一个 20cm×20cm 的方洞（网格激光靶尺寸为 20cm×20cm），并把激光靶安装于此处。在钢板平台上安置垂准仪，打开向下发射激光束按钮，对中后精确调平垂准仪。关闭向下发射按钮，打开向上发射激光束按钮，调节物镜焦距，使激光束在靶标上形成一个直径 1mm 的光点，做好标记，转动垂准仪，观察光点中心偏离标记点是否超过 1mm，若超过时，则应重新调整垂准仪，直至光点中心偏差不超过 1mm，此时激光束直线即为该控制点的垂直方向线。

（2）从模板角上沿其内边缘的延长线拉钢尺，并将激光靶中心十字线的一条线与钢尺50cm刻度线重合，扶平激光靶，使激光靶平面与模板顶处于同一水平面内，用另一把钢尺丈量激光点距50cm刻度线的距离并记录。

（3）依次测量每个空心桥墩8个点的偏差值，并根据标准判定模板4个角点平面位置是否满足精度要求（一般规定其偏差应小于8mm），若其偏差值超过标准，则应重新调整模板，重新检查。

2）全站仪检查模板法

（1）置棱镜与模板上口4个角点上，用全站仪测出其实际坐标，求出设计坐标与实测坐标差值 Δx 和 Δy，依 x、y 轴与纵横桥轴线夹角，把测量结果换算成纵横向偏差值，依据标准判定模板安装是否合格。

（2）对照全站仪、激光垂准仪检查结果：若两者检查结果相符，则认为模板安装合格；若两者之差超过2mm，则应分别重新检查。

5.5　桥梁架设施工测量

因桥梁上部构造和施工工艺的不同，其施工测量的内容及方法也各异，但不论采用何种方法，架梁过程中细部放样的重点是要精确控制梁的中心位置和标高，使最终成桥的线形和梁体受力满足设计要求。

5.5.1　盖梁施工测量

桥梁的盖梁工程是连接立柱并承担桥梁上部结构的部分，是桥梁墩台柱之上的混凝土工程。盖梁施工与斜拉桥（悬索桥）塔柱工程的上、下横梁施工基本相同，也可分为落地支架施工和无落地支架施工。图5-13为塔柱下横梁落地支架施工。

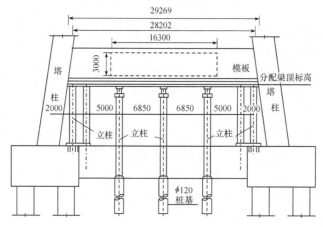

图 5-13　塔柱下横梁落地支架施工

无落地支架施工技术的实质就是一种应用于大型桥梁施工中的模板系统，它是将模板和支架合二为一，依靠钢模自身的强度和刚度，将盖梁钢筋、混凝土、模板及各种施工荷载全部传递到已完成的立柱中，省去了常规施工中的落地支架，其下方可供车辆自由通行。该技术的应用，完全改变了传统支架必须依靠地基承载力来完成施工中各种荷载的承柱，充分利用了墩柱自身承载力，避免了施工支架占用交通道的现象，不但有效地缓解了交通压力，而且也降低了不良地基和狭窄净空给盖梁施工带来的影响。

　　盖梁的施工测量主要是盖梁标高和平面位置控制。对于有落地支架盖梁施工,主要是用水准测量来控制盖梁底模的立模标高,用全站仪坐标放样来控制盖梁的平面位置。而对于无落地支架盖梁施工放样,可采用如下方法。

　　1. 盖梁标高控制

　　因为预留钢管位置的准确与否将直接影响盖梁标高,所以在立柱混凝土浇筑之前,必须将钢管准确地固定于立柱的主筋上,其步骤如下:

　　(1) 在模板安装、定位后,从模板内侧自上而下放出钢管大样。

　　(2) 在中间及两侧各设一道 10mm 厚的钢板作为定位装置,使四根钢管的相对位置固定。

　　(3) 检查钢管标高、相对位置和水平度,在准确无误后,将钢板与立柱主筋焊接牢固。砂箱千斤顶在不同荷载情况下,具有不同的压缩变形,模板标高必须进行预抛,预抛值根据砂箱模拟预压试验确定。

　　2. 平面位置控制

　　(1) 用全站仪将盖梁横向轴线放样至立柱混凝土侧面,检查立柱施工误差,将立柱的施工误差通过调整专用支架来消除。

　　(2) 在完成跨接梁安装后,将四片跨接梁轴线调整到与横轴平行,且左、右两侧的跨接梁必须在一条直线上,并应复核纵、横向的间距,必须与模板保持一致。

　　(3) 若复核时发现偏差,则可适当同步旋转四片跨接梁对其进行改正,如仍无法消除误差,可通过移动砂箱千斤顶位置消除误差。

　　墩、台帽或盖梁实测项目及允许偏差见表 5-3。

表 5-3　墩、台帽或盖梁实测项目及标准

项次	检查项目	规定值或允许偏差	检查方法和频率	权值
1	混凝土强度(MPa)	在合格标准内	施工技术规范	3
2	断面尺寸	±20mm	尺量:检查 3 个断面	2
3	轴线偏位	10mm	全站仪:纵横各测 2 个点	2
4	顶面标高	±10mm	水准仪:检查 3～5 个点	2
5	支座垫石预留位置	10mm	尺量:每个垫石预留位置	

　　3. 支座垫石放样

　　支座垫石是位于盖梁之上用来支撑支座的部分,支座平面位置的放样是采用全站仪坐标放样法,亦可利用支座与盖梁的几何关系,在盖梁上直接放样。支座的标高及支座之间的高差是确保箱梁正确安装的关键,若高差偏差太大,则可能导致箱梁无法平稳地安放在支座上。因此,支座垫标高的控制是测量的关键。支座垫石标高应用水准仪精确测定。对于同一盖梁上各支座垫石的标高,要采用相同的控制点和相同的仪器进行测量,并严格控制相邻支座垫石的标高,以确保其在允许偏差以内。

5.5.2　主梁施工测量

　　1. 主梁施工测量的任务及要求

　　主梁施工测量是大型斜拉桥或悬索桥施工测量的重要组成部分,在其施工中有着特别重要的位置。目前,用于大型斜拉桥的主梁有预应力混凝土梁、钢箱梁和钢桁梁三种基本形式,而主梁架设一般分为现场浇筑和预制标准构件拼装。但无论是何种形式的主梁或采用何种方

法施工，其共同特点就是采用悬臂法进行施工，即在索塔下双向对称悬臂架设，跨中合龙，因此，施工方法复杂，而且都是动态。施工测量的任务就是保证斜拉桥的成桥线符合设计要求。具体的施工测量的任务及要求如下：

（1）主梁施工控制网建立在主梁施工前，必须复测全桥平面和高程控制网，在此基础上建立统一的主梁施工控制网，并应具有足够的精度，以确保主梁形体尺寸符合设计要求，边跨、中跨按设计预定的主梁中心和高程正确合龙。

（2）挂篮定位测量。牵索挂篮和钢构梁施工挂篮的定位测量，在施工中，每当浇筑完成一节后，都要重新对三脚架走道和挂篮后端挂钩走道的安装进行定位，当挂篮到位后，还应对其进行三维实时相对定位测量。

（3）块体模板安装检查及竣工测量。主梁的块件模板支架一般采用可调式顶拉支撑，外模与支架固定于挂篮平台上，并随挂篮整体移动到位，且模板上部尺寸及箱梁顶标高必须进行检查调整。当节段浇筑及养护后，应对快件混凝土主梁进行竣工测量。

（4）主梁索道管安装定位测量及竣工测量。在采用悬臂浇筑法施工钢筋混凝土主梁时，索道管的安装定位测量非常关键，必须结合动态施工的实际情况，不断分析索道管的竣工资料，总结影响其定位质量的各种因素，并适时地改进和调整定位元素，从而确定索道管定位精度。

（5）施工过程监测。在斜拉桥主梁的施工中，应对主梁线型、主梁中线及塔柱变形进行跟踪测量，从而为工程控制提供所需的线型信息。监控测量应在模板、钢筋安装完成及挂篮标高设定之前进行，并要求全部监控测量内容应在日温变化较小、气温稳定的时间内完成。

（6）挂篮标高的设定。当主梁架设采用牵索挂篮悬臂浇筑法施工时，应在节段灌注之前进行挂篮标高设定，以便控制主梁线型按设计位置向前延伸。控制主梁线型的实质就是预定现浇段挂篮前端的绝对标高。然而，因为主梁受大气温度变化的影响，主梁标高是时间的函数，所以，要求设定标高的时间应尽可能在日温变化较小的时间段（一般为晚 10 点至次日早 8 点）进行。

（7）混凝土灌注过程监控测量。因为主梁施工是从索塔向两侧对称的一块块向前延伸，每浇筑一块，挂索一块，整个梁体全靠缆索牵挂。所以，梁体在塔柱两侧是处于动态平衡状态，为了确保工程质量和塔柱安全，应及时对挂篮平台前端在灌注过程中的变化进行控制和调整，以便保持梁体两侧始终处于平衡状态。由此可见，对现浇节段梁体进行监视观测是必不可少的。

（8）全桥成桥线型测量。斜拉段主梁边跨、中跨合龙后，应进行全桥调索和线型测量，以便实现全桥索力和全桥线型达到设计的预期目标。全桥线型测量数据也是设计全桥桥面铺装线型的依据，而铺装线型又是踢脚、缘后、人行道板及栏杆等一系列装饰工程的线型依据。在进行桥面铺装之前，为了便于全桥线型测量，还应将梁顶面上全部的水准点传递到相应的踢脚门型架上。在桥面铺装完成后，则应进行全桥的线型测量，其成果作为全桥竣工的重要档案资料。

2. 主梁线型测量

主梁线型是指主梁梁底的线型，如图 5-14 所示，每一节段（节段长 8m）均由它匹配前端梁底 1、2、3、4 四个测点的标高来表示，每当增加一个节段，则加劲梁的线型长度也增加一节段。在现场作业中，无法直接测量梁底 4 个测点的高程，而是测定其对应的梁顶面上两个高程控制点 A、B。因此，线型测量就是直接测量梁顶面上高程点的瞬时绝对高程，然后根据梁顶面高程点与梁底测点的相对高差,推算出梁底测点的瞬时绝对高程。

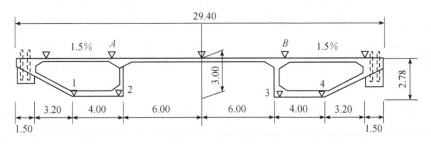

图 5-14　混凝土主梁梁顶面水准点与梁底高程测点位置

主梁线型测量应在规定的时间段内按几何水准测量方法进行。观测前应检查水准点标志,校正水准仪 i 角在 $10''$ 以内。观测时应在梁体较稳定的状态下进行,仪器安置应尽量使前后视距相等,以消除 i 角误差的影响,并从一个施工水准点附合到另一个水准点。整个测量过程力求在最短的时间内完成,以减少大气条件及荷载变化的影响,确保观测成果的质量。当主梁长度较长且观测水准点的数目较多时,可采用两台水准仪同时进行观测,以缩短观测时间,提高观测精度。

主梁施工高程控制是以主塔下横梁顶面经复测后的水准点高程为起始数据,引测至中塔柱外侧的水准点,它们是全桥主梁施工的高程起算点,如图 5-14 所示,高程线型点布设在主梁每一悬拼段的前端,并在 1、2、3、4 四个点上埋设水准标志。高程线型测量时,以塔柱上的水准点为基点,测定梁面各线型点高程,然后依据各节段竣工时梁面线型点与梁底线型点高差,计算出梁底在观测时间段的实际线型。高程线型观测应在大气温度变化小,气温稳定时进行。

高程观测通常采用高精度的水准仪,其标称精度一般采用 ±1.0mm/km,按最长测线(中跨长度的一半 190m)计算

$$m_h = \pm 1.0 \sqrt{\frac{190}{1000}} = \pm 0.436 (\text{mm}) \tag{5-14}$$

塔根处高程起算控制点采用精密钢尺高程传递法由承台传至桥面,并用全站仪对向观测三角高程法检核,其精度设为 $m_{起} = \pm 1.0\text{mm}$,则

$$m_{\triangle} = \pm \sqrt{m_{起}^2 + m_h^2} = \pm 1.09 (\text{mm}) \tag{5-15}$$

由于现场测量会受外界环境条件的影响和系统误差的影响,若按三者误差等影响原则考虑,则各种误差的综合影响为

$$m_H = \pm m_{\triangle} \cdot \sqrt{3} = \pm 1.89 (\text{mm}) \tag{5-16}$$

规范规定梁顶高程测量精度要求为 ±10mm,因此,采用该方法即可满足施工精度要求。

主梁线型测量成果是包括全部已浇段主梁梁面高程点的瞬时绝对高程值,并通过相对高差传递,最终提供梁底 4 个测点的瞬时绝对高程值。

3. 主梁中线测量

主梁中线是指由节段匹配前端埋设在梁顶面上的主梁中心点所构成的线,由于梁体受钢筋混凝土收缩徐变、现浇段超重、施工偏差及塔柱扭转等因素的影响,将使梁体发生局部变形或引起整个梁体偏离桥梁中心线方向。为了控制主梁中心线偏差在 ±10mm 以内,保证边跨、中跨在中心线方向上正确合龙,必须进行中线测量。

中线测量的方法是将经纬仪安置于 0 号块主梁中心点上,以另外一墩柱中心线定向。对于与后视方向同向的主梁中心线测量,可采用视准线法,直接利用小钢尺测量每一块主梁中心线的偏离值;对于与后视方向异向的主梁中心线测量,可采用正、倒镜观测法,依次测量每一块主梁中心点的偏离值,并取两次结果的平均值作为该块主梁中心点的偏离值。

主梁施工测量的控制一般以主塔中心点连接为基准方向(桥轴线),两塔柱中线为主梁施工的里程起算线,塔柱中线方向应在主梁 0 号梁段拼装之前将其投至两中塔柱内侧壁上,轴线方向投至上横梁及边跨墩上,并作永久标记。在现浇主梁 0 号块桥面板之前,应在索塔中心位置埋设中心点预埋铁板,待 0 号、1 号及 2 号梁段拼接完,河侧及岸侧的 1 号索亦张拉完成后,将塔柱中心点恢复至主梁顶索塔中心预埋板上,并作永久性标记,两塔柱中心点的连线即可构成主梁中心线的控制方向。为了防止梁段拼接、索的张拉使梁顶面索塔中心位置发生偏移,应定时利用塔中线和桥轴线来恢复梁顶面索塔的中心点。

应在每个梁段的桥轴线及主梁距拉索轴线的适当位置设置平面标志,随着主梁悬拼施工的延伸,这些平面标志也相应地向前布设,并作为平面控制的主、副线,以控制梁体轴线偏差和整体位置。具体布置如图 5-15 所示。

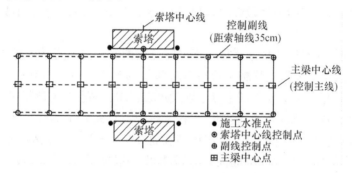

图 5-15   主梁轴线控制点布设

根据主梁架设的实际情况,主梁中线测量也可采用测小角法直接以经纬仪测其偏角,具体做法是:将仪器架设在主塔墩中心,后视另一主塔墩的中心视线作为基准线,然后观测各已架设节段前端标志相对于基准线的偏角 α_i,则其偏移值为

$$L_i = \frac{\alpha_i}{\rho} S_i \tag{5-17}$$

式中,ρ 为弧度,换算到秒,其值为 $206265''$;S_i 为测点到测端的距离。

这一过程应进行周期性观测,具体应在混凝土现浇过程中,顶推过程中,斜拉索的每次张拉前后,拆除临时支墩的前后以及施加二期恒载前后对其进行中线测量。

5.5.3   普通桥梁架设施工测量

现以预应力混凝土简支梁和现浇混凝土箱梁的架设施工测量为例进行介绍。

1. 架梁前的检测

架梁之前应通过桥墩的中心放样出桥墩顶面十字线及支座与桥中线间距平行线,然后放样出支座的精确位置。因为施工、制造和测量均有误差,使得梁跨的大小不一,墩跨间距的误差大小也各不相同,所以,在架梁前应对号将梁架在相应墩的跨距中,使误差分配得最相宜,以便梁缝均匀。

1) 梁的跨度及全长检查

预应力简支梁架设前必须将梁的全长作为梁的一项重要验收资料,必须进行实测以期架到墩顶后保证梁间缝隙的宽度。

梁的全长检测通常与梁跨复测同步进行,由于混凝土与钢尺的温胀系数基本相同,故检测时不必考虑温差改正。检测一般是在梁台座上进行,先丈量梁底两侧支座板中心翼缘上的跨度冲孔点,然后用小钢尺从该跨度点量至梁端边缘。梁顶面长度也必须同时量出,以检查梁体顶、底部是否等长。方法是从上述两侧的跨度冲孔点用弦线作延长线,再用线绳投影至梁顶,得出梁顶的跨度线点,从该点各向梁端边缘量出短距,即可得出梁顶的全长,如图 5-16 所示。

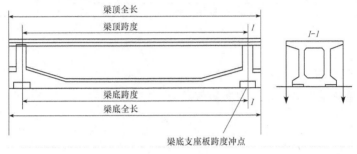

图 5-16　梁结构示意图

2) 梁体顶宽及底宽检查

顶宽及底宽的检查,一般检查两个梁端、跨中及 1/4、3/4 跨距共 5 个断面,除梁端可用钢尺直接丈量读数外,其他 3 个断面读数时要注意以最小值为准,保证检测断面与梁中线垂直。

3) 梁体高度检查

检查的位置与检查梁宽的位置相同,同样需测 5 个断面,一般采用水准仪正、倒尺读数法求得,如图 5-17 所示。梁高 $h = a_1 + a_2$。其中,a_1 为零端置于梁体底板面上的水准尺读数,a_2 为零端置于梁顶面时的水准尺读数。

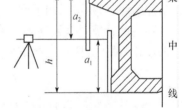

图 5-17　梁体高度测量

当然,在底板的底面平整时,也可采用在所测断面的断面处贴底紧靠一根刚性水平尺,从梁顶悬垂钢尺来直接量取 h 值求得梁高。

2. 架梁后的支座高程测算

1) 确定梁的允许误差

按《铁路桥涵施工规范》来确定梁的有关允许误差。梁的实测全长 L 和梁的实测跨度 L_P 应满足:

$$\left. \begin{array}{l} L = l \pm \Delta_1 \\ L_P = l_p \pm \Delta_2 \end{array} \right\} \tag{5-18}$$

式中,l 为两墩中心间距的设计值;Δ_1 为两墩实测中心间距与设计间距的差值,当实测值小于设计值时,Δ_1 取负号,反之取正号;l_p 为梁的设计跨度;Δ_2 为架设前箱梁跨度实测值与设计值的差值,当实测值大于设计值时,取负号,反之取正号。

支承垫石标高允许偏差为 $\pm \Delta H$。

2) 下摆和座板安装测量

下摆是指固定支座的下摆,座板是指活动支座的座板。在安装铸钢固定支座前,应在砂浆抹平的支承垫石上放样出支座中心的十字线位置,同时也应将座板或支座下摆的中心首先进行分中,并用冲钉冲成小孔,以便对接安装。

设计规定,固定支座应设在箱梁下坡的一端,活动支座安装在箱梁上坡的一端,如图 5-18 所示。

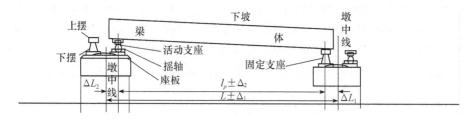

图 5-18　支座安装方法

3) 固定支座调整值 ΔL_1 计算

固定支座调整值是以墩中心线为准来放样的,因此有

$$\Delta L_1 = L_0 \pm \frac{\Delta_1}{2} \pm \frac{\Delta_2}{2} + \frac{\delta_{n1}}{2} + \frac{\delta_{n2}}{2} + \Delta_3 + \frac{\delta_t}{2} \tag{5-19}$$

式中,L_0 为墩中心至支座下摆中心的设计值(一般为 550mm);Δ_1、Δ_2 含义同式(5-18);δ_{n1} 为梁体混凝土收缩引起的支座调整值;δ_{n2} 为梁体混凝土徐变引起的支座调整值;Δ_3 为曲线区段增加的支座调整值;δ_t 为架梁时的温度与当地平均温度的温差引起的支座位移改正数。

当采用摆式支座时,采用实测若干片梁的收缩徐变量的平均值来放样下摆中心较为可靠。若无条件实测时,则可采用下列近似公式计算。

(1) δ_{n1} 的计算,按《铁路桥涵施工规范》有关规定,混凝土收缩的影响系假定用降低温度方法来计算,对于分段进行浇筑的钢筋混凝土结构,相当于降低温度 10℃。计算公式为

$$\delta_{n1} = -0.00001 \times 10 \times l_p \times B \tag{5-20}$$

式中,0.00001 为混凝土的膨胀系数;l_p 为梁的设计跨度;B 为混凝土收缩来完成的百分数,以混凝土浇灌后 90 天计算,一般为 0.4。

(2) δ_{n2} 的计算

$$\delta_{n2} = \frac{n}{E_g} \cdot \delta_{SI} \cdot l_p \cdot B \tag{5-21}$$

$$n = E_g / E_h \tag{5-22}$$

式中,E_g 为钢的弹性模量,$E_g = 2$MPa;E_h 为混凝土的弹性模量 $E_h = 0.35$MPa;δ_{SI} 为混凝土的有效预应力,$\delta_{SI} = 20.3$MPa。

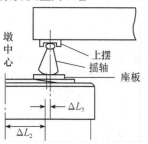

图 5-19　支座上摆与摇轴几何关系

活动支座的座板中心调整值 ΔL_2 的计算,也是从墩中线出发放样,其值与 ΔL_1 值相同。

4) 温差影响值 ΔL_3 的计算

活动支座上摆与摇轴上端中心到摇轴下端中心距离的计算,当安装支座时温度与设计采用的当地平均温度一致,且梁体张拉后已有 3 年以上的龄期时,则上摆中心与摇轴中心以及座板位置的中心应在一条铅垂线上。但实际安装时,很难正是此温度,故必然将产生温差改正值 δ_t,而且架梁时,

也不可能等所有梁在张拉 3 年后再来进行。因此,必须求得在任何时候与任何温度条件下的上摆与摇轴下端中心(即坐标中心)的距离,如图 5-19 所示。

活动支座上摆在架设前业已连接于上摆锚栓上,当发现梁端底下不平时,则应用薄垫板调整。

$$\delta_t = \alpha \cdot \Delta_t \cdot l_p \qquad (5-23)$$
$$\Delta L_3 = \pm \delta_t + \delta_{n1} + \delta_{n2} \qquad (5-24)$$

当架梁时温度高于当地平均温度时,δ_t 取正值,向跨中方向移动;反之,小于当地平均温度时,δ_t 取负值,向梁端方向移动。

通过前面的计算和测量可知,固定支座在架梁时,是一次性安装到位后不再移动。而活动支座端,则由于温度的调整以及通常存在的测量误差,ΔL_1 与 ΔL_2 值各自放样座板的中心位置,理论上应在同一点上,若发现误差较大时,则应以实际的上摆中心投影,并通过 ΔL_3 来调整支座的座板位置为准。

在支座平面位置确定后,应及时测量支座间和支座本身平面的相对高差,读数精度应至0.2mm,供施工参考。为了防止“三支点”(如 39.6 跨度的箱形梁为四点支承,若其不在同一平面内,则会造成三支点状态)状态,最后还以千斤顶的油压作为控制,使 4 个支座均同时受力。

3. 桥面中线和水准测量

对于箱梁的上拱度的终极值要在 3~5 年后方能达到,因此,设计规定桥面承轨台的混凝土应尽可能放在后期浇筑。这样则可消除全部近期上拱度和大部分远期上拱度的影响。即要求将预应力梁全部架设完成后进行一次按路线设计坡度的高程放样,再立模浇筑承轨台混凝土,以便更好地保证工程质量。当墩、台发生沉降时,则可在支座上设法抬高梁体,确保桥面坡度。可以通过最先制造好的梁的实测结果来解决桥面高程放样问题。

习　题

1. 简述桥梁施工测量的基本任务和内容。
2. 简述桥梁施工测量各阶段的特点。
3. 简述桥梁施工控制网与一般工程控制网的区别。
4. 桥梁工程控制网的精度与哪些因素有关?
5. 在桥梁墩、台及高塔柱施工测量时,基准传递中应注意哪些问题?

第 6 章 地下工程测量

6.1 概　　述

6.1.1 地下工程测量的类型及特点

地下工程测量是指地面下的工程在规划、设计、施工、竣工及经营管理各阶段所进行的测量工作。依据地下工程施工建设特点通常有：①地下通道工程。主要包括公路、铁路、跨海、跨河隧道、城市地铁、地下管道等工程。例如，1989 年，上海杨树浦电厂建设的穿越黄浦江电缆隧道，将 220kV 电缆通过黄浦江水下管道，使浦东与杨树浦电厂联结。该隧道全长 848m，钢管内径 2.4m，并于 1990 年 1 月贯通。②地下建(构)筑工程。主要包括地下工厂、地下防空建筑、地下发电站、地下油库、地下仓库、地下娱乐场、地下停车场等工程测量。③地下采矿工程，主要包括地下煤矿、金矿、铜矿等地下矿产工程。根据工程所处的环境、地质条件、工程性质等不同，地下工程的施工方法也各不相同，一般可分为明挖法和暗挖法。明挖法地下工程测量一般可以按地面工程要求进行测量，所以本章主要针对暗挖法地下工程施工测量进行讲述。

由于各种工程自身特性和施工方法的不同，对施工过程的测量工作要求和精度也各有异同，其与地面上的工程测量工作相比主要具有以下特点：

(1) 地下工程特有的工作环境。地下环境通常是黑暗潮湿，通视条件比较差，工作范围比较狭窄，因此控制测量、施工测量作业方法较为单一，测量精度难以提高。

(2) 现代地下工程的真三维立体式的开发。现代地下工程的立体交互式的开发方式，地下管道、地下交通、地下建构筑物错综复杂，要求地下真三维的立体测量，对工程测量作业提出了更高的要求。

(3) 特定功能的仪器和特殊的测量方法。为了保证地下工程测量的精度，对地下工程控制网和地面控制网的联系测量，地下工程检验通常采用陀螺仪进行方位角的检查。由于地下环境的特点，对仪器的防爆型、密封性、防潮性提出了更高的要求。

(4) 实时动态测量。由于通视条件的限制，为了保证工程的贯通和边界的确定，要求随着工程进度，实时动态地监测施工的方位和位置。

6.1.2 地下工程测量的内容

地下工程测量针对工程的特点，主要测量内容包括地面控制测量、地面与地下联系测量、地下控制测量、施工测量、竣工测量、变形监测等。

1. 规划设计阶段

在地下工程规划设计阶段，视工程规模和所处地下位置情况，需要测绘或收集工程范围内的各种大、中比例尺(1∶50000～1∶200)的地形图或专用地形图、纵横断面图以及地质剖面图等。为了保证测绘成图的精度、坐标系统的统一和提供施工控制框架，要进行地面控制测量，必要时要与国家控制网或区域控制网(城建控制网)联测。

2. 施工建设阶段

在施工阶段，根据施工方法，配合施工进程，保证地下工程按照设计方案正确施工，主要进行以下测量工作：

（1）地面与地下联系测量。为了保证地面测量和地下测量具有统一的坐标系统和高程系统，保证地下工程在横向、纵向、高程等顺利贯通，在进行地下控制测量之前必须进行地面与地下控制联系测量。即将地面控制点的平面坐标、高程和方向传递到井下控制点上，作为井下控制点平面坐标、高程和方位的起算数据。

（2）地下控制测量。地下控制测量是在与地面联系测量的控制点基础上，依据地下工程开挖的形状、大小等在地下布设施工控制网，包括平面控制网和高程控制网，为地下施工提供控制基准。在地下工程中，地下工程控制网并不是一次建成，它是随着工程的进展，剖面的开挖不断地完善和补充，并分级布设控制网。

（3）地下定线放样测量。地下定线放样是依据地下平面控制和高程控制，放样出施工中线和施工腰线，并给出施工开挖的方位，指导工程的施工。

3. 竣工及运营管理阶段

地下工程竣工后，需要测定和记录其必要的数据和图纸，为设计检验施工的质量和后期的运行管理提供必要的数据参考。

因为地下工程的开挖造成周围岩体的应力发生变化，随着时间推移，可能造成地下建（构）筑物及其周边岩体的下沉、隆起、挤压、断裂以致滑动等变形和位移，所以在地下工程施工和运营阶段必须对地下工程进行严密的形变观测，以保证工程的安全施工和正常运营。通常要进行的观测包括地面的沉降观测、水平位移观测、断裂监测等。

6.1.3　地下工程测量的作用

所有为地下工程所进行的测量工作旨在：标定出地下工程的设计中线和高程，为开挖、衬砌和施工指定方向和位置；保证相向开挖面在设计精度要求范围内正确贯通；保证地下开挖面在规定的界限范围内；保证设备的正确安装；为设计和管理部门提供竣工测量资料，制订运营管理阶段的动态监测任务，等等。

6.2　地下工程控制测量

地下工程控制网是为地下工程施工及地面相关附属设施施工服务的，主要包括地面控制网和地下控制网。

6.2.1　地下工程的地面控制测量

地面控制网不但为施工放样服务，而且为前期测图、航测加密、选线、勘探等服务，在后期为地面相关建（构）筑物、地表监测、地下监测等服务。所以为了使地面控制网在勘察设计、施工、运营管理阶段都提供高精度的、统一的数据服务，应建立统一的、多用途的地面控制网，并定期或不定期地对控制网进行复测。

1. 地面控制网建立

一般来说，地下工程的地面控制网的布设方法与步骤和一般工程控制网没有太大的区别。

1）收集资料、了解测区情况

针对控制网建立和工程设计、施工、管理的要求，通常需要收集工程所在地的各种大中比例尺已有地形图、工程初步设计图、区域内有关地下工程相互关系图、工程施工技术设计资料以及相关的国家规范标准等。为了保证控制点长期保存的稳定性、施测方便性、与国家坐标系或区域坐标系联测等，还应收集测区范围内现有的地面控制点相关资料、气象、水文、地质、交通、经济、社会背景、当地生活习惯等方面的资料。资料收集的全面与否将直接影响到控制网的点位的选择、网形的选择、观测方法的选择以及整个控制网的使用等。

2) 控制网设计与图上选点

在对所有收集到的资料进行详细研究分析后,根据地下工程选线或初步设计情况,在已有相应比例尺地形图上进行控制点的初步定位,并构建控制网图。

3) 现场踏勘选点、埋点

在控制网初步设计和对已有资料分析的基础上,为了验证资料的正确性,进一步确定控制网点位布设的可行性,结合工程的初步设计方案必须对地下工程所经过或覆盖的区域进行详细的野外勘察,了解地下工程区域内的地形、经济、道路分布、居民地分布、行政区划、地质条件等情况,并在现场确定控制点的位置、埋设控制点标志,同时做好控制点标记;控制点必须布设于土质坚实、通视条件良好(包括控制点之间的通视、控制点与洞口的通视条件)、施测方便、便于长期保存、高程适宜的地方。地下工程地面控制点布设一般要求:

(1) 控制点点位均匀分布且便于利用和施测;

(2) 控制点点位应稳定、便于长期保存;

(3) 控制点点位精度应满足一定的精度且精度均匀。

4) 确定控制网布设、施测方案

根据野外选点、布网方案,结合地下工程设计要求,对控制网进行精度概算,推导对地下工程贯通误差大小的影响,并根据控制网点现场地形、工程大小、现场情况以及现有仪器设备的情况,在确保工程质量的前提下,确定控制网的布网、施测、精度控制方案等,通常可以布设为导线网、GPS 网、三角网、测边网、边角网等。

2. 地面控制网的种类

地面控制网是保证地下工程及相关地面工程顺利施工的基础。为了保证施工进度,通常是多个作业面同时开挖,这样必须在每个作业面建立统一的高精度控制网以保证地下工程的最后贯通。根据地下工程的施工方法、作业面大小、长度、形状、工程要求等,建立地面控制网方案可以灵活选择。

1) GPS 地面控制网

GPS 测量的特点是地面点间不需要通视,点位精度分布均匀、测量精度高、对边长限制条件相对较少,它与传统控制测量方法相比,具有更加灵活布网形式、控制区域更大等优越性,适合于各种地下工程的地面控制网测量,尤其是特大型长隧道,如图 6-1 所示,$G_1 \sim G_9$ 为 GPS 控制点,在跨山、跨河、跨海隧道控制测量中特别方便。大区域矿山工程如图 6-2 所示,$K_1 \sim K_6$ 为地面控制点,根据工程的大小、范围、精度、点位密度等要求布设控制。GPS 控制测量除满足一般要求外,还应满足以下要求。

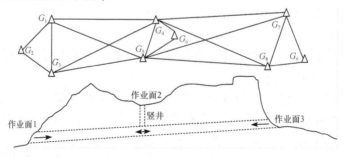

图 6-1　隧道 GPS 控制网

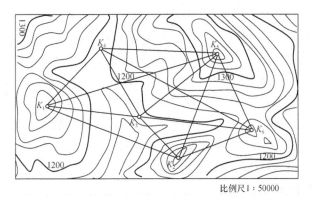

比例尺 1：50000

图 6-2　矿山 GPS 控制网

（1）应满足相应的工程规范《工程测量规范》《高速铁路工程测量规范》《客运专线无砟轨道铁路工程测量暂行规范》和国家规范《全球定位系统（GPS）测量规范》等，按等级要求设计、布网、选择仪器、数据处理软件和作业方法。

（2）网形设计要求：GPS 网形设计是测量方案的基础，主要是指在测量过程中的同步闭合环、异步闭合环、独立基线、重复基线等重要指标，具体要求参见相应规范，这些指标的设计主要是为了检验 GPS 数据质量和保证点位精度等。通常在带状工程中采用三角锁路线形式，点连接、边连接或网连接方式进行，如图 6-3 所示。

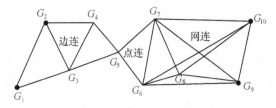

图 6-3　GPS 网形

（3）为了保证与地下联系测量的顺利进行，地下工程洞口附近最少布设三个平面控制点和两个高程控制点，且控制点间必须相互通视，便于地面与地下联系测量。

2）地面导线网

地面导线网是地面控制测量中一种常用的方法，随着测距仪、全站仪、电子经纬仪测量精度的提高，以及导线测量布点具有灵活性、外业施测方便与内业数据计算简单等特点，从而给地下线状工程的地面测量提供了十分便利的条件。

在利用导线测量进行线状地下工程控制时，导线点不宜设置过多，且应沿工程中心线布设成直线延伸状，以减少导线转折角的测角误差对横向贯通的影响。由于单一导线测量的多余观测少，使其自身检核条件差，为了增加检核条件、提高导线测量的精度和可靠性，一般使其构成闭合环、导线网或采用主副导线形式，如图 6-4 所示。若采用主副导线布设控制网时，为了减少野外工作量，可以采用主导线既测定导线转折角，又测定各导线边的边长，而副导线只测定转折角，同时主副导线应有一定数量的共同点，从而增加导线的检核条件以减少角度测量误差对横向贯通误差的影响。导线测量精度可以参照相应角度测量、距离测量规范要求。

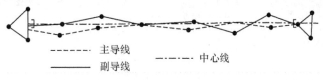

图 6-4　主副导线

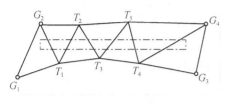

图 6-5　三角网

3) 三角网

三角网相对于导线网测量来说，随着多余观测量的增加，检核条件较多，精度可靠，但野外工作量大，数据处理复杂。目前地面三角网测量通常布设为线形三角锁，如图 6-5 所示，$G_1 \sim G_4$ 为 GPS 点，$T_1 \sim T_5$ 为加密点，而且三角网的观测精度要依据地下工程横向贯通误差的限差与布设图形条件来确定。由于电子测距仪、全站仪的应用，在测角同时可测定边长，增加多余观测量，以保证三角网的精度和地下工程的贯通。

4) 地面高程控制测量

地下工程的地面高程控制测量方法目前常用水准测量方法，在山区或特殊地区采用三角高程、GPS 拟合高程的方法。进行地面水准路线测量时，利用路线上已知的高精度水准点的高程作为起算数据，沿水准路线在每个地面与地下联系的洞口至少应埋设两个水准点，水准路线应布设成闭合环、附合水准路线或水准网。水准测量精度要求可以参照各类地下工程规范要求，水准测量的仪器及等级要求主要依据指标是高程贯通精度和水准路线长度，必要时可以进行往返测量，提高测量精度。

随着测角、测边精度提高，在山区或特殊地区可以利用电磁波测距的三角高程测量来代替三四等水准测量，甚至可以达到二等水准测量的精度要求（Leica2003 对向三角高程测量），这样不仅能提高作业的效益，而且减少了野外工作的强度。

6.2.2　地下工程控制测量

地下控制测量是通过地面与地下联系测量后建立的地下施工控制网，以指导地下工程的施工，包括地下平面控制测量和地下高程控制测量。由于地下与地面上的测量环境不同，地下平面控制测量的方法最主要是导线测量；地下高程控制测量的方法主要是水准测量。

1. 地下导线的特点及其布设要求

地下导线测量是建立在地面控制测量和联系测量的基础上，其等级和精度要求主要取决于地下工程的类型、范围，具体指标可以参照相关国家、行业规范。与地面导线相比其主要具有以下特点：

（1）受地下条件的限制，导线成延伸状支导线布设。

（2）导线的形状受地下工程的走向限制。

（3）为了提高测量精度，随着工程的开展，地下导线分级布设：①施工导线，主要指导工程施工，边长为 25～50m；②基本导线，边长为 50～100m；③主要导线，边长为 150～800m，如图 6-6 所示。

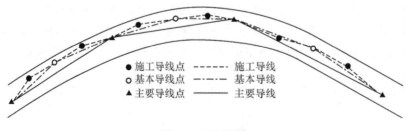

图 6-6　地下导线

（4）受施工的影响，导线点常设置于顶板，防止施工过程中的破坏，需要点下对中。

由于地下测量的特殊性，地下导线布设必须注意以下规则与事项：

（1）地下导线点应尽量布设于施工影响小、通视良好、地面稳固的地方；地下导线应尽量沿地下工程中线或中线偏离适当距离布设，各导线边边长应尽量相等，在条件允许的情况下，应尽量布设闭合导线或主副导线环。

（2）延伸导线时，应对导线点作检核测量，直伸导线段只作角度检核，曲线段在检验角度同时还应检测导线边边长。

（3）由于地下环境黑暗，导线边长相对较短，应尽量减小仪器的对中误差、目标偏心误差的影响，提高照准精度。

（4）当采用钢尺量距时应尽量加入尺长、温度等改正；当采用电磁波量距时，应经常拭擦镜头和反射棱镜，防止水雾的影响，并在短边测量时加钢尺量距；在长隧道等工程中，对距离还应进行归化到投影面上的改正。

（5）对构成闭合、附合图形的导线网、环，应进行统一的平差计算。

（6）对于环形地下工程，不能形成长导线边作为检核，在延伸导线时应作洞外复测，保证复测精度一致。

（7）在地下工程测量时，为了提高精度、增加检核条件，必要时可加测陀螺方位角。

（8）随着地下工程的进展，应及时埋设永久性导线点标志，并在必要时做检查。

2. 地下导线测量

地下导线测量与地上导线测量类似，主要测定导线的转折角与边长。

（1）测定导线转折角：测定导线转折角的角度可以按复测法、测回法或方向观测法进行，按照规范要求测定一定数量的测回求取转折角的平均角度。

（2）导线边长测量：根据仪器、精度要求，可以采用钢尺量距或电磁波测距，并作好误差改正和投影归化计算，见式（6-1）：

$$\Delta D = \frac{H}{R} D \qquad (6\text{-}1)$$

式中，D 为两控制点间水平距离；H 为平均高程；R 为地球平均曲率半径，等于 6371km。

3. 地下高程控制测量

地下高程控制测量主要是为建立与地面统一的高程系统，作为地下工程施工放样的高程依据，保证地下工程竖向的贯通和立体开发，其通常采用的方法为水准测量、三角高程测量。

地下水准测量是以洞口水准点为高程起算点，通过高程联系测量到地下作业面，然后按水准测量的方法测定地下各水准点的高程，作为施工放样的依据。地下水准测量的等级、仪器主要根据两开挖洞口间洞外水准路线测量长度确定，具体指标参见相关规范。

地下水准测量的方法虽然与地面水准测量相同，但根据地下工程施工的情况，地下水准测量还具有以下特点：

（1）在地下工程贯通前，水准路线均为支水准路线，为了保证精度需要增加多余观测，常需要进行往返观测或多次测量。

（2）常以地下导线点作为水准点，有时布设于顶板、边墙上。

（3）由于地下施工场地限制，地下水准测量通常可采用倒尺法传递高程，如图 6-7 所示。

地下三角高程测量通常在倾斜巷道倾角大于 8°，与导线测量同时进行，如图 6-8 所示，利用全站仪测定的地下两点的倾斜距离和高度角，根据三角原理计算出地下两点之间的高差进而推算出地下水准点或导线点高程。

$$H = H_0 + S \times \sin\alpha + i - v \tag{6-2}$$

式中，H_0 为起算点高程；S 为地下两点间的倾斜距离；α 为两点间的高度角；i 为仪器高；v 为目标高。

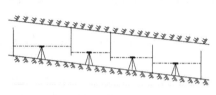

图 6-7　地下水准测量

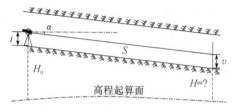

图 6-8　地下三角高程测量

6.3　地面与地下联系测量

6.3.1　联系测量类型

在地下工程中，除了开挖平峒、斜井以增加作业面外，通常还采用开挖竖井的方法来增加作业面。为了使各相向开挖作业面正确贯通，确保地面工程与地下工程之间设备的联系，确定地下工程与地面建筑物、构建物等之间的相互关系，保证工程质量等，必须将地面控制网中的坐标、方位、高程与地下控制网统一起来，即坐标系统和高程系统的统一，这种测量称为联系测量。联系测量通常分为：①平面联系测量，将地面控制点的平面位置坐标和方位传递到地下控制点的测量，又称定向测量；②高程联系测量，依据地面高程控制点将高程传递到地下控制点的测量，使地下高程系统获得与地面相同的高程起算面。

定向测量的误差主要包括坐标传递误差和方位传递误差，其对地下工程控制点点位精度及贯通有着重要的影响，其中坐标传递误差将使地下控制点产生同一数值上的位移，如图 6-9 所示。A、B、C、D 为地下控制点的正确位置，若在坐标传递的过程中使地下联系控制点存在位移量 m，其在 X、Y 坐标轴上的位移分别为 m_x，m_y，最终将导致地下所有的控制点平行移动至 A'、B'、C'、D'。

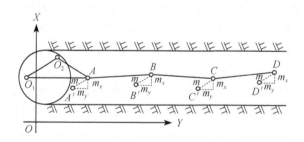

图 6-9　竖井坐标传递误差

方位传递误差将使地下控制点产生旋转偏移，而且随着地下工程的延伸误差增大。如图 6-10 所示，A、B、C、D 为地下控制点的正确位置，若在方位传递的过程中使地下联系控制点存在旋转量 m_α，最终将使所有控制点发生扭转，控制点偏离至 B'、C'、D'，偏离量将引起横向偏移误差为

$$m_x = \frac{m''_\alpha}{\rho''}D \tag{6-3}$$

式中，D 为控制点至起算点水平距离。

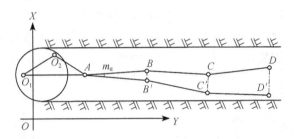

图 6-10　竖井方位角传递误差

例 6-1　根据《高速铁路工程测量规范》(要求：横向贯通误差限差为 50mm，假设隧道为直线延伸，总长为 4km)，允许的方位传递误差为

$$m'' = \frac{m_x}{D}\rho'' = \frac{0.45 \times 0.050}{4000/2} \times 206265 = 9.2'' \tag{6-4}$$

从上例可以看出，在地下工程测量中定向的精度要求非常高。按照地面控制网与地下控制网联系测量的形式不同，定向联系测量的方法主要有以下几种：

(1) 通过一个竖井定向(一井定向)。

(2) 通过两个竖井定向(两井定向)。

(3) 通过横洞(平峒)或斜井定向。

(4) 应用陀螺经纬仪定向。

因为横洞(平峒)或斜井可以按导线测量的方式进行联测，所以这里不再详述，本节主要讲解一井定向和两井定向的方法。

高程联系测量是为了建立地面与地下统一的高程系统，具有统一的高程起算面，高程传递误差将使地下高程控制点产生同一数值上的高差偏离。高程联系测量可以通过斜井、横洞(平峒)、竖井等将高程传递到地下工程开挖面，通常斜井、横洞(平峒)可以直接通过水准测量和三角高程测量直接传递，所以这里不再详述，本节主要探讨通过竖井的高程联系测量方法。

6.3.2　一井定向

一井定向就是在竖井内悬挂两条钢丝铅垂线，如图 6-11 所示，根据地面控制点来测定两垂线的平面坐标(x,y)及其连线的方位角，在竖井下以垂线投影点的坐标及其连线方位角作为起算数据，测定和推算地下其他控制点的坐标和方位。

一井联系定向测量主要过程如下。

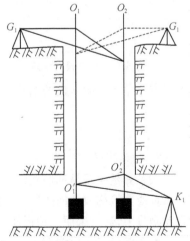

图 6-11　一井定向

1. 投点

1) 钢丝垂线投点法

通过竖井用钢丝作铅垂线投点,吊锤的重量与钢丝的直径随竖井的深度不同而不同(例如,当井深小于 100m 时,吊锤重 30~50kg,井深超 100m 时,宜采用 50~100kg 的吊锤,而钢丝的选择应满足吊锤的质量为吊丝极限可吊重量的 60%~70%,直径可选 0.5~2mm 的高强度的优质碳素钢丝)。投点时,首先将钢丝在较轻的荷载下用绞车将钢丝放入竖井中,然后在竖井底换为作业吊锤,并将吊锤放入使之稳定的装置中(这种方法称为单重稳定投点法)或在吊锤底下安装专门的观测装置,如图 6-12 所示,观测吊锤自由摆动的平衡位置(称为单重摆动投点法)。

图 6-12　竖井投点定点装置

图 6-13　南方 ML-401 激光垂准仪

2) 激光铅垂仪法

本法是利用激光铅垂仪(图 6-13),借助仪器中安置的高灵敏度水准管或水银盘反射系统,将激光束导向至铅垂方向,将井下点垂直向上投影或井上点垂直向下投影,通过测定激光束的井上和井下位置将地面控制点坐标和方位角传递到地下的方法。与钢丝垂线投影法相比,激光铅垂仪法具有操作简便、投影精度高(投点精度达 5″)、受外界影响小等特点。

3) 投向误差

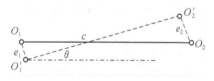
图 6-14　竖井投向误差

在作投点时由于井上和井下测量点不在同一铅垂线上,导致投影点偏离地面上的位置所引起方位角的偏差称为投向误差。如图 6-14 所示,e_1、e_2 分别为 O_1、O_2 点投影所产生的水平方向上的偏差,最终将引起垂线间的连线方位角上产生 θ 角的偏差。

$$\theta = \frac{e_1 + e_2}{c}\rho'' \qquad (6-5)$$

2. 联系测量

联系测量主要是利用地面控制点与吊垂线连接构成几何图形,在井下同样将地下联系点与吊垂线连接构成几何图形,通过测定角度距离元素来推算地下联系控制点坐标和方位。在联系测量中,通常采用三角形作为几何图形,如图 6-15 所示。

地面点 G 与吊垂线 O_1、O_2 连接,地下联系点 K 与吊垂线投影点 O_1'、O_2' 相互构成联系三角形,通过地面测量连接角 ω、三角形内角 γ、边长 a、b、c 以及井下测量连接角 ω'、三角形内角 γ'、

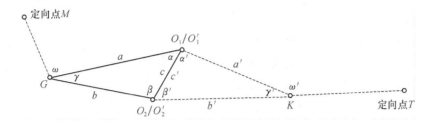

图 6-15　联系三角形

边长 a'、b'、c'。在连接测量中,角度观测可以采用全圆方向观测法观测,距离测量可以采用钢尺量距或电磁波量距,精度要求可以参照相关工程规范要求,成果检核应满足吊垂线地面间距与井下间距互差不得超过 2mm,以及按式(6-6)计算的吊垂线间距与测量值互差应小于 2mm。

$$c_{\text{计}}^2 = a^2 + b^2 - 2ab\cos\gamma \tag{6-6}$$

3. 地下起算方位角及坐标计算

观测后,根据三角形正弦定理可以计算联系三角形 GO_1O_2 内角 α、β 与 $KO_1'O_2'$ 内角 α'、β':

$$\frac{\sin\alpha}{b} = \frac{\sin\gamma}{c} \tag{6-7}$$

$$\frac{\sin\alpha'}{b'} = \frac{\sin\gamma'}{c'} \tag{6-8}$$

$$\frac{\sin\beta}{a} = \frac{\sin\gamma}{c} \tag{6-9}$$

$$\frac{\sin\beta'}{a'} = \frac{\sin\gamma'}{c'} \tag{6-10}$$

将联系三角形展开为支导线形式,即可按支导线形式计算 K 点的坐标及 KT 方位角,如图 6-16 所示。

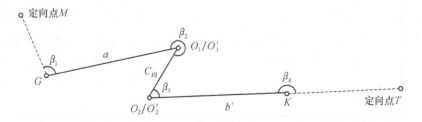

图 6-16　联系三角形展开为支导线

若起算边 MG 方位角为 α_0,G 的坐标为 (x_G, y_G),则有

$$\left.\begin{aligned}
\beta_1 &= \omega \\
\beta_2 &= 360° - \alpha \\
\beta_3 &= \beta' \\
\beta_4 &= \omega' + \gamma'
\end{aligned}\right\} \tag{6-11}$$

$$\left.\begin{array}{l}\alpha_{GO_1} = \alpha_0 + \beta_1 - 180° \\ \alpha_{O_1O_2} = \alpha_{GO_1} + \beta_2 - 180° \\ \alpha_{O_2K} = \alpha_{O_1O_2} + \beta_3 - 180° \\ \alpha_{KT} = \alpha_{O_2K} + \beta_4 - 180°\end{array}\right\} \tag{6-12}$$

$$C_{均} = (c + c' + c_{计} + c'_{计})/4 \tag{6-13}$$

$$\left.\begin{array}{l}x_K = x_G + a\cos(\alpha_{GO_1}) + C_{计}\cos(\alpha_{O_1O_2}) + b'\cos(\alpha_{O_2K}) \\ y_K = y_G + a\sin(\alpha_{GO_1}) + C_{计}\sin(\alpha_{O_1O_2}) + b'\sin(\alpha_{O_2K})\end{array}\right\} \tag{6-14}$$

由于支导线检核条件少,为了保证联系边方位角 $\alpha_{O_1O_2}$ 的精度,可以根据现场条件,增加联系三角形,如图 6-17 所示;通过不同的路径计算 $\alpha_{O_1O_2}$ 或增加吊垂线,由三条吊垂线组成联系三角形,通过不同路径传递方位角,以计算地下起算边方位角,如图 6-18 所示,以提高定向的精度。

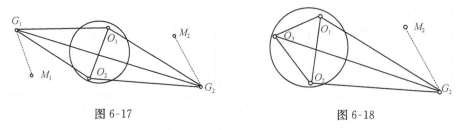

图 6-17　　　　　　　　　　　　图 6-18

4. 联系几何图形

从上面方位角及坐标传递计算中可以看出,联系测量是先将地面控制点坐标和方位角传递到吊垂线 O_1、O_2 和 O_1O_2 连线上。由式(6-11)和式(6-12)可得

$$\alpha_{O_1O_2} = \alpha_0 + \omega - \alpha \tag{6-15}$$

由式(6-7)得

$$\sin\alpha = \frac{b}{c}\sin\gamma \tag{6-16}$$

若 α_0、ω 精度一定的情况下,要提高联系边 O_1O_2 的方位角精度关键在于提高 α 的精度,而 α 是根据三角形边 b、c 与角度 γ 计算出来的,所以提高 α 的精度归结为设计最有利的联系三角形来使观测元素 b、c、γ 的观测误差对 α 角的精度影响最小。根据误差传播定律可知 α 的中误差为

$$\cos^2\alpha\, m_\alpha^2 = \sin^2\gamma\left(\frac{m_b}{c}\right)^2\rho''^2 + \sin^2\gamma\left(\frac{bm_c}{c^2}\right)^2\rho''^2 + \cos^2\gamma\left(\frac{b}{c}\right)^2 m_\gamma^2 \tag{6-17}$$

$$m_\alpha^2 = \frac{\sin^2\gamma}{c^2\cos^2\alpha}\rho''^2 m_b^2 + \frac{b^2}{c^4}\frac{\sin^2\gamma}{\cos^2\alpha}\rho''^2 m_c^2 + \frac{b^2}{c^2}\frac{\cos^2\gamma}{\cos^2\alpha}m_\gamma^2 \tag{6-18}$$

顾及式(6-16),将 γ 表示为 α 的函数代入式(6-18)得

$$m_\alpha^2 = \frac{1}{b^2}\tan^2\alpha\,\rho''^2 m_b^2 + \frac{1}{c^2}\tan^2\alpha\,\rho''^2 m_c^2 + \frac{b^2 - c^2}{c^2}\frac{\sin^2\alpha}{\cos^2\alpha}m_\gamma^2 \tag{6-19}$$

即

$$m_a'' = \pm \sqrt{\frac{1}{b^2}\tan^2\alpha\rho''^2 m_b^2 + \frac{1}{c^2}\tan^2\alpha\rho''^2 m_c^2 + \frac{b^2 - c^2\,\sin^2\alpha}{c^2\,\cos^2\alpha}m_\gamma^2} \qquad (6\text{-}20)$$

针对式(6-19)，对联系边方位角误差主要分为 b、c 距离测量误差影响和角度 γ 观测误差的影响，现以单误差影响来分析，即

$$m_a'' = \pm \sqrt{\frac{1}{b^2}\tan^2\alpha\rho''^2 m_b^2 + \frac{1}{c^2}\tan^2\alpha\rho''^2 m_c^2} \qquad (6\text{-}21)$$

$$m_a'' = \pm m_\gamma \sqrt{\frac{b^2 - c^2\,\sin^2\alpha}{c^2\,\cos^2\alpha}} \qquad (6\text{-}22)$$

因为联系三角形的边长相对较短，假设距离测量误差 $m_b = m_c = m_s$，则

$$m_a'' = \pm m_s\tan^2\alpha\rho'' \sqrt{\frac{1}{b^2} + \frac{1}{c^2}} \qquad (6\text{-}23)$$

所以在边长一定的情况下，要使距离测量误差对 m_a'' 影响最小，就必须使 α 角很小，而对于边长设置来说，边长越长，对误差影响也越小。

当 α 角很小时，m_a'' 在数值上与边长 b/c 成比例关系，即下式成立。

$$m_a'' \approx \pm m_\gamma \frac{b}{c} \qquad (6\text{-}24)$$

所以在竖井联系测量中应尽量增大两吊垂线间距离。

通过上述分析，在设计联系三角形时应尽量满足以下条件：

(1) 联系三角形应为伸展形状，使角度 γ、α、β'、γ' 最小。

(2) b/c 的数值大约等于 1.5。

(3) 两吊垂线间距离应尽可能大。

(4) 联系三角形不存在多余观测且观测值未经过平差处理时，导线方向应尽可能选择经过小角 α、β' 的路线，如图 6-19 所示。

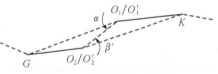

图 6-19　最优联系三角形

6.3.3　两井定向

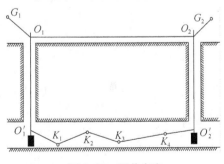

图 6-20　两井定向

在地下工程建设过程中，为了加快施工进度，在某些地方开挖多个竖井增加作业面，或为了改善地下施工环境，增加通风竖井等。当两相邻竖井间开挖贯通后，利用两相通竖井进行两井定向。两井定向就是利用两个已经贯通的竖井，分别在竖井中悬挂一条吊垂线，如图 6-20 所示，利用导线测量或其他测量方法在地面上测定两吊垂线的平面坐标，在地下两点间布设无定向导线并计算地下各导线点坐标与导线边的方位角，即将地面坐标、方位角传递到地下。与一井定向相比，由于增加了两吊垂线间的距离，减少了由于投点误差而引起的方位角误差，有利于提高地下导线的定向精度。

两井定向与一井定向的过程相似，也要进行投点和联系测量两个过程。

1. 投点

两井定向投点方法与一井定向相同,可以采用悬挂钢丝铅垂线或利用激光铅垂仪进行投点,且两竖井的投点工作可以同时进行。

2. 地面联系测量

地面联系测量即根据地面控制点测定两吊垂线的平面位置的过程。依据地面控制点的分布情况,地面联系测量可采用导线测量、交会测量等方法进行,测量精度参照相关规范要求。

3. 地下联系测量

地下联系测量通常是在两竖井间的巷道或通道中布设无定向导线,根据地下情况尽量布设长导线边,以减少测角误差的影响,并且投点与地面联测应同时进行,以减少投点误差的影响,测量精度参照相关规范要求。

4. 两井定向地下联测计算

地下导线通常布设为无定向导线(图 6-21),因为无定向导线两端没有定向角,所以没办法直接计算各导线点的坐标及导线边的方位角。单一无定向导线的近似计算思路为:假设第一条导线边(无定向导线起始边)的方位角为 α_0,利用该方位角、起算点的坐标、导线边边长和导线转折角直接计算所有导线边的方位角以及导线点的坐标。由于假设的起始边方位角的不确定性,导致计算的终点坐标与实际坐标不符,为了消除这种不符,可以利用已知的起止点的边长和方位角作为导线纠正的尺度基准和方位基准,对计算导线进行旋转和缩放的纠正,以得到最终与实际相符的导线点坐标及导线边的方位角,达到计算无定向导线近似计算的目的。计算过程如下。

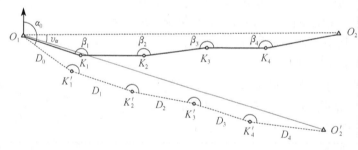

图 6-21　无定向导线

1) 假设起始边方位角为 α_0,起算点坐标为 $O_1(x_1,y_1)$,计算各导线点坐标

$$\alpha'_i = \alpha_0 + \sum_{i=1}^{n} (\beta_i - 180°) \tag{6-25}$$

$$\left.\begin{array}{l} x'_{K_{i+1}} = x_1 + \sum_{i=0}^{n} D_i \cos\alpha'_i \\[2mm] y'_{K_{i+1}} = y_1 + \sum_{i=0}^{n} D_i \sin\alpha'_i \end{array}\right\} \quad i = (0,1,2,\cdots) \tag{6-26}$$

2) 计算两投点间的方位角及距离

根据地面联测坐标 $O_1(x_1,y_1)$、$O_2(x_2,y_2)$,按式(6-27)和式(6-28)计算 O_1O_2 的方位角 $\alpha_{O_1O_2}$ 与距离 $D_{O_1O_2}$ 及在假设起始边方位角情况下 O_1O_2 的方位角 $\alpha'_{O_1O_2}$ 与距离 $D'_{O_1O_2}$。

$$\left. \begin{array}{l} \alpha = \arctan \dfrac{y_2 - y_1}{x_2 - x_1} \\[3mm] D = \sqrt{(y_2 - y_1)^2 + (x_2 - x_1)^2} \end{array} \right\} \tag{6-27}$$

3）计算尺度比和旋转角度

$$\left. \begin{array}{l} v_\alpha = \alpha_{O_1 O_2} - \alpha'_{O_1 O_2} \\[3mm] K = \dfrac{D_{O_1 O_2}}{D'_{O_1 O_2'}} \end{array} \right\} \tag{6-28}$$

4）计算导线点平差值

顾及

$$\left. \begin{array}{l} \Delta \hat{x}_{O_1 K_i} = \hat{x}_i - x_{O_1} = \hat{D}_{O_1 K_i} \cos \hat{\alpha}_{O_1 K_i} \\[3mm] \Delta \hat{y}_{O_1 K_i} = \hat{y}_i - y_{O_1} = \hat{D}_{O_1 K_i} \sin \hat{\alpha}_{O_1 K_i} \end{array} \right\} \tag{6-29}$$

$$\frac{\hat{D}_{O_1 K_i}}{D'_{O_1 K_i}} = \frac{D_{O_1 O_2}}{D'_{O_1 O_2'}} = K \tag{6-30}$$

得

$$\left. \begin{array}{l} \Delta \hat{x}_{O_1 K_i} = K D'_{O_1 K_i} \cos(\alpha'_{O_1 K_i} + v_\alpha) \\[3mm] \Delta \hat{y}_{O_1 K_i} = K D'_{O_1 K_i} \sin(\alpha'_{O_1 K_i} + v_\alpha) \end{array} \right\} \tag{6-31}$$

$$\left. \begin{array}{l} \hat{x}_{K_i} = x_1 + K D'_{O_1 K_i} \cos(\alpha'_{O_1 K_i} + v_\alpha) \\[3mm] \hat{y}_{K_i} = y_1 + K D'_{O_1 K_i} \sin(\alpha'_{O_1 K_i} + v_\alpha) \end{array} \right\} \tag{6-32}$$

或

$$\left. \begin{array}{l} \Delta \hat{x}_{O_1 K_i} = K D'_{O_1 K_i} \cos(\alpha'_{O_1 K_i} + v_\alpha) \\[3mm] \qquad = K D'_{O_1 K_i} (\cos \alpha'_{O_1 K_i} \cos v_\alpha - \sin \alpha'_{O_1 K_i} \sin v_\alpha) \\[3mm] \qquad = K \cos v_\alpha D'_{O_1 K_i} \cos \alpha'_{O_1 K_i} - K \sin v_\alpha D'_{O_1 K_i} \sin \alpha'_{O_1 K_i} \\[3mm] \qquad = K \cos v_\alpha \Delta x'_{O_1 K_i} - K \sin v_\alpha \Delta y'_{O_1 K_i} \\[3mm] \Delta \hat{y}_{O_1 K_i} = K D'_{O_1 K_i} \sin(\alpha'_{O_1 K_i} + v_\alpha) = K D'_{O_1 K_i} (\sin \alpha'_{O_1 K_i} \cos v_\alpha + \cos \alpha'_{O_1 K_i} \sin v_\alpha) \\[3mm] \qquad = K \cos v_\alpha D'_{O_1 K_i} \sin \alpha'_{O_1 K_i} + K \sin v_\alpha D'_{O_1 K_i} \cos \alpha'_{O_1 K_i} \\[3mm] \qquad = K \cos v_\alpha \Delta y'_{O_1 K_i} + K \sin v_\alpha \Delta x'_{O_1 K_i} \end{array} \right\} \tag{6-33}$$

令

$$\left. \begin{array}{l} K_1 = K \cos v_\alpha \\[2mm] K_2 = K \sin v_\alpha \end{array} \right\} \tag{6-34}$$

$$\left. \begin{array}{l} \Delta \hat{x}_{O_1 K_i} = K_1 \Delta x'_{O_1 K_i} - K_2 \Delta y'_{O_1 K_i} \\[3mm] \Delta \hat{y}_{O_1 K_i} = K_1 \Delta y'_{O_1 K_i} + K_2 \Delta x'_{O_1 K_i} \end{array} \right\} \tag{6-35}$$

顾及

$$\left. \begin{array}{l} \Delta x_{O_1 O_2} = K_1 \Delta x'_{O_1 O_2'} - K_2 \Delta y'_{O_1 O_2'} \\[3mm] \Delta y_{O_1 O_2} = K_1 \Delta y'_{O_1 O_2'} - K_2 \Delta x'_{O_1 O_2'} \end{array} \right\} \tag{6-36}$$

$$\left. \begin{array}{l} \Delta x_{O_1 O_2} = K_1 \Delta x'_{O_1 O_2'} - K_2 \Delta y'_{O_1 O_2'} \\[3mm] \Delta y_{O_1 O_2} = K_1 \Delta y'_{O_1 O_2'} - K_2 \Delta x'_{O_1 O_2'} \end{array} \right\} \tag{6-37}$$

$$K_1 = \frac{\Delta x'_{O_1\alpha}\Delta x_{O_1O_2} + \Delta y'_{O_1\alpha}\Delta y_{O_1O_2}}{(\Delta x'_{O_1\alpha})^2 + (\Delta y'_{O_1O'_2})^2}$$
$$K_2 = \frac{\Delta x'_{O_1O'_2}\Delta y_{O_1O_2} - \Delta y'_{O_1O'_2}\Delta x_{O_1O_2}}{(\Delta x'_{O_1O'_2})^2 + (\Delta y'_{O_1O'_2})^2}$$

(6-38)

$$\hat{x}_{K_i} = x_1 + K_1(x'_{K_i} - x_1) - K_2(y'_{K_i} - y_1)$$
$$\hat{y}_{K_i} = y_1 + K_1(y'_{K_i} - y_1) + K_2(x'_{K_i} - x_1)$$

(6-39)

6.3.4 高程联系测量

通过竖井进行高程联系测量时,常用的方法有长钢尺导入法、光电测距仪铅垂测距法等。

1. 长钢尺直接导入法

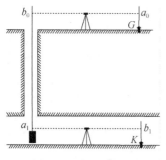

图 6-22　钢尺高程联系测量

长钢尺直接导入法是利用水准测量的原理,同时使用两台水准仪、两把水准尺以及一把长钢尺,如图 6-22 所示,按一井定向与二井定向投点法将钢尺悬挂于竖井中,零点段向下,且钢尺下悬挂重物的重量一般应等于钢尺检定时的拉力。同时将水准仪安置于地面和地下,水准尺分别立于地面近井水准点与地下水准点上,地面水准仪分别读出在地面水准尺与钢尺上的读数 a_0、b_0,地下水准仪同时也分别读出在钢尺与地下水准尺上的读数 a_1、b_1,一般要求 b_0 与 a_1 在同一时刻观测,并同时测定地面、地下温度,即可通过式(6-40)计算地下水准点高程 H_K。

$$H_K = H_0 + (a_0 - b_0) + (a_1 - b_1) + \Delta t + \Delta k \tag{6-40}$$

式中,Δt 为钢尺的温度改正数,可按 $\Delta t = \beta l(t_平 - t_0)$ 计算。其中,β 为钢尺膨胀系数,根据钢尺材料查取,通常取 $1.25 \times 10^{-5}/℃$;$l = b_0 - a_1$;$t_平$ 为地面与地下的平均温度;t_0 为钢尺检定时的温度;Δk 为钢尺检定改正数;H_0 为地面近井水准点高程。

为了进行高程传递检核,应根据地面 2～3 个水准点分别进行高程传递到地下两个以上的水准点上,且分别求得的地下水准点的高程不符值应不大于 5mm。

2. 光电测距仪铅垂测距法

当竖井内环境对电磁波测距影响较小时,可以采用电磁波测距的方法将地面高程导入至地下。即在井口正上方固定安置铅垂光电测距仪,在竖井正下方安置反射棱镜,用光电测距仪直接测定井口平台与井下平台之间的距离 S,以及光电测距仪中心与井上平台铅垂方向上的偏差 v_1 与井下棱镜中心与井下平台的铅垂方向上的偏差 v_2,同时利用水准仪测定地面近井口水准点与井口平台的高差 $h_上$ 以及井下平台与井下水准点之间的高差 $h_下$,并同时测定井上井下温度、气压以求出光电距离测量等改正数 Δ,即可按式(6-41)计算地下水准点高程。

$$H_K = H_0 + h_上 - (S - v_1 + v_2) + h_下 + \Delta \tag{6-41}$$

6.4　控制测量精度分析

地下工程控制网精度分析主要是依据工程控制网的质量准则,借助误差传播定律来研究控制测量中的各类观测误差对地面与地下控制点的点位精度、相对精度、误差椭圆或某一特定方向上的精度的影响规律,以便制定合理的布网方案、观测方法、选定测量仪器、数据处理方案等,保证地下工程质量,满足地下工程的贯通及其安全等的需要。

6.4.1　平面联系测量精度分析

平面联系测量根据地下工程施工的情况,在横洞(平峒)、斜井联系时通常使用的方法为三角测量、导线测量,该联系测量方法精度可以按地面平面控制测量平差的精度评定方法进行。本节主要以竖井联系测量中的一井定向来分析联系测量过程的误差影响。

通过竖井用联系三角形将地面控制点平面坐标传递到地下。地下控制网起算边方位角误差(m)主要包括边长测量(m_s)、角度测量(m_β)、吊垂线投点(m_p)所引起的误差影响。

$$m^2 = m_s^2 + m_\beta^2 + m_p^2 \tag{6-42}$$

1. 边长测量误差对联系测量的影响

如图 6-18 所示,一井定向边长测量误差对地下起算边方位角的影响主要体现在对 α、β' 角度上。根据式(6-21)可知:

$$m_s^2 = \left(\frac{1}{b^2}\tan^2\alpha\rho''^2 m_b^2 + \frac{1}{c^2}\tan^2\alpha\rho''^2 m_c^2\right) + \left(\frac{1}{a'^2}\tan^2\beta'\rho''^2 m_{a'}^2 + \frac{1}{c'^2}\tan^2\beta'\rho''^2 m_{c'}^2\right) \tag{6-43}$$

若假设地面及地下距离测量误差相等,即 $m_b = m_c = m_{a'} = m_{c'} = m_0$,则

$$m_s^2 = m_0^2 \rho''^2 \left(\frac{b^2+c^2}{b^2 c^2}\tan^2\alpha + \frac{a'^2+c'^2}{a'^2 c'^2}\tan^2\beta'\right) \tag{6-44}$$

2. 角度测量误差对联系测量的影响

下面根据联系三角形来分析角度测量误差对起算边方位角误差的影响。

由式(6-11)和式(6-12)可知:

$$\alpha_{KT} = \alpha_0 + \omega - \alpha + \beta' + \omega' + \lambda' \pm 4 \times 180° \tag{6-45}$$

根据误差传播定律并顾及联系三角形的形状,令地面方向观测中误差为 m_1,地下方向观测中误差为 m_2,则

$$m_\beta^2 = 2m_1^2\left(1 + \frac{b}{c} + \frac{b^2}{c^2}\right) + 2m_2^2\left(1 + \frac{b'}{c'} + \frac{b'^2}{c'^2}\right) \tag{6-46}$$

3. 投点误差对联系测量的影响

投点误差对方位角的影响随着竖井的深度、吊垂线间的距离以及投点的方法而不同。假设在两投点过程中 O_1 没有误差,O_2 存在 e_2 的投点误差,而引起方位角误差 θ,如图 6-23 所示。

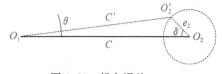

图 6-23　投向误差

$$\sin\theta = \frac{e_2}{C'}\sin\delta \tag{6-47}$$

由于投点误差 e_2 较小,所以 θ 是个小角,且 $C'\approx C$,于是有

$$\theta = \frac{e_2}{C}\sin\delta \tag{6-48}$$

由于投点 O_2' 可以处于以 O_2 为圆心,半径为 e_2 的圆周任何位置,即 $d\in(0°,360°)$,以 θ 的均方值为中误差,即

$$m_{O_2}^2 = \left(\frac{e_2\rho''}{C}\right)^2 \int_0^{2\pi}\frac{\sin^2\delta}{2\pi}\mathrm{d}\delta \tag{6-49}$$

对式(6-49)积分可得

$$m_{O_2}^2 = \frac{1}{2}\left(\frac{e_2\rho''}{C}\right)^2 \quad 或 \quad m_{O_2} = \frac{e_2\rho''}{\sqrt{2}C} \tag{6-50}$$

同理可得

$$m_{O_1}^2 = \frac{1}{2}\left(\frac{e_1 \rho''}{C}\right)^2 \quad 或 \quad m_{O_1} = \frac{e_1 \rho''}{\sqrt{2}C} \tag{6-51}$$

所以投点引起的方位角误差为

$$m_{\alpha}^2 = m_{O_1}^2 + m_{O_2}^2 = \frac{\rho''^2}{2C^2}(e_1^2 + e_2^2) \quad 或 \quad m_p = \sqrt{m_{O_1}^2 + m_{O_2}^2} = \frac{\rho''}{C}\sqrt{\frac{(e_1^2 + e_2^2)}{2}} \tag{6-52}$$

令 $e_1 = e_2 = e$,则

$$m_{\alpha} = \frac{e\rho''}{C} \tag{6-53}$$

6.4.2　地下平面控制测量精度分析

地下平面控制测量主要以导线(支导线)为主,按导线测量情况来看,主要测量元素包括导线转折角、连接角、各导线边边长,所以其主要误差来源于角度测量误差与距离测量误差。下面以支导线为例来分析地下导线测量的误差传播。

从测角误差和测距误差分析可以知道,测角测边误差的累积将使导线点的平面位置误差随着导线的延伸累积,如图 6-24 所示。假设对某一支导线测定了其所有转折角(左角)β_i、导线边边长 D_i,已知起算边方位角为 α_0 以及起算点 K_0 坐标(x_{K_0}, y_{K_0})。由于测角测边误差的存在导致支导线偏离正确位置(虚线),各支导线点坐标可按式(6-54)和式(6-55)计算。

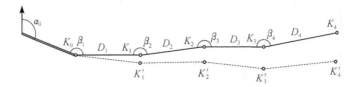

图 6-24　导线测量误差

$$\left.\begin{array}{l} x_{K_i} = x_{K_0} + \displaystyle\sum_{j=1}^{i} D_j \cos\alpha_j \\[2mm] y_{K_i} = y_{K_0} + \displaystyle\sum_{j=1}^{i} D_j \sin\alpha_j \end{array}\right\} \tag{6-54}$$

$$\alpha_j = \alpha_0 + \sum_{n=1}^{j}\beta_n + j \times 180° \tag{6-55}$$

设测角中误差为 $m_{\beta_1} = m_{\beta_2} = m_{\beta_3} = \cdots = m_{\beta_n} = m_{\beta}$,各导线边距离测量中误差为 m_{D_1}、m_{D_2}、m_{D_3}、$\cdots$、m_{D_n},已知点 K_0 的点位位差为(m_{x_0}, m_{y_0}),起算边方位角中误差为 m_{α_0}。根据误差传播定律有

$$\left.\begin{array}{l} m_{xK_i}^2 = m_{x_0}^2 + \dfrac{1}{\rho''^2}\left(\dfrac{\partial x_{K_i}}{\partial \alpha_0}\right)^2 m_{\alpha_0}^2 + \dfrac{1}{\rho''^2}\displaystyle\sum_{j=1}^{i}\left(\dfrac{\partial x_{K_i}}{\partial \beta_j}\right)^2 m_{\beta}^2 + \displaystyle\sum_{j=1}^{i}\left(\dfrac{\partial x_{K_i}}{\partial D_j}\right)^2 m_{D_j}^2 \\[4mm] m_{yK_i}^2 = m_{y_0}^2 + \dfrac{1}{\rho''^2}\left(\dfrac{\partial y_{K_i}}{\partial \alpha_0}\right)^2 m_{\alpha_0}^2 + \dfrac{1}{\rho''^2}\displaystyle\sum_{j=1}^{i}\left(\dfrac{\partial y_{K_i}}{\partial \beta_j}\right)^2 m_{\beta}^2 + \displaystyle\sum_{j=1}^{i}\left(\dfrac{\partial y_{K_i}}{\partial D_j}\right) m_{D_j}^2 \end{array}\right\} \tag{6-56}$$

可以简写为

$$
\left.\begin{array}{l}
m_{xK_i}^2 = m_{x0}^2 + m_{x\alpha0}^2 + m_{x\beta}^2 + m_{xD}^2 \\
m_{yK_i}^2 = m_{y0}^2 + m_{y\alpha0}^2 + m_{y\beta}^2 + m_{yD}^2
\end{array}\right\}
\tag{6-57}
$$

式中,$m_{x\alpha0}^2/m_{y\alpha0}^2$ 为起算方位角误差对 x,y 坐标的影响;$m_{x\beta}^2/m_{y\beta}^2$ 分别表示角度测量对 x,y 坐标的影响;m_{xD}^2/m_{yD}^2 分别表示距离测量对 x,y 坐标的影响。

1. 测角误差的影响

根据式(6-54)求偏导数 $\dfrac{\partial x_{K_i}}{\partial \beta_j}$,可得

$$
\left.\begin{array}{l}
\dfrac{\partial x_{K_i}}{\partial \beta_1} = -\left(D_1 \sin\alpha_1 \dfrac{\partial \alpha_1}{\partial \beta_1} + D_2 \sin\alpha_2 \dfrac{\partial \alpha_2}{\partial \beta_1} + \cdots + D_i \sin\alpha_i \dfrac{\partial \alpha_i}{\partial \beta_1}\right) \\[2mm]
\dfrac{\partial x_{K_i}}{\partial \beta_2} = -\left(D_1 \sin\alpha_1 \dfrac{\partial \alpha_1}{\partial \beta_2} + D_2 \sin\alpha_2 \dfrac{\partial \alpha_2}{\partial \beta_2} + \cdots + D_i \sin\alpha_i \dfrac{\partial \alpha_i}{\partial \beta_2}\right) \\[2mm]
\quad\vdots \\[2mm]
\dfrac{\partial x_{K_i}}{\partial \beta_i} = -\left(D_1 \sin\alpha_1 \dfrac{\partial \alpha_1}{\partial \beta_i} + D_2 \sin\alpha_2 \dfrac{\partial \alpha_2}{\partial \beta_i} + \cdots + D_i \sin\alpha_i \dfrac{\partial \alpha_i}{\partial \beta_i}\right)
\end{array}\right\}
\tag{6-58}
$$

根据式(6-55)求偏导数 $\dfrac{\partial \alpha_i}{\partial \beta_j}$,可得

$$
\frac{\partial \alpha_i}{\partial \beta_j} = \begin{cases} 1, & i \geqslant j \\ 0, & i < j \end{cases}
$$

所以:

$$
\left.\begin{array}{l}
\dfrac{\partial x_{K_i}}{\partial \beta_1} = -(D_1 \sin\alpha_1 + D_2 \sin\alpha_2 + \cdots + D_i \sin\alpha_i) \\[2mm]
\dfrac{\partial x_{K_i}}{\partial \beta_2} = -(D_2 \sin\alpha_2 + \cdots + D_i \sin\alpha_i) \\[2mm]
\quad\vdots \\[2mm]
\dfrac{\partial x_{K_i}}{\partial \beta_i} = -(D_i \sin\alpha_i)
\end{array}\right\}
\tag{6-59}
$$

$$
\left.\begin{array}{l}
\dfrac{\partial x_{K_i}}{\partial \beta_1} = -(\Delta y_1 + \Delta y_2 + \cdots + \Delta y_i) = -(y_{K_i} - y_{K_0}) \\[2mm]
\dfrac{\partial x_{K_i}}{\partial \beta_2} = -(\Delta y_2 + \cdots + \Delta y_i) = -(y_{K_i} - y_{K_1}) \\[2mm]
\quad\vdots \\[2mm]
\dfrac{\partial x_{K_i}}{\partial \beta_i} = -(\Delta y_i) = -(y_{K_i} - y_{K_{i-1}})
\end{array}\right\}
\tag{6-60}
$$

$$
m_{x\beta}^2 = \frac{m_\beta^2}{\rho''^2} \sum_{j=1}^{i} (-(y_{K_i} - y_{K_{j-1}}))^2
\tag{6-61}
$$

同理:

$$
m_{x\beta}^2 = \frac{m_\beta^2}{\rho''^2} \sum_{j=1}^{i} (x_{K_i} - x_{K_{j-1}})^2
\tag{6-62}
$$

2. 测边误差的影响

根据式(6-54)求偏导数 $\dfrac{\partial x_{K_i}}{\partial D_j}$，可得

$$
\left.
\begin{aligned}
\frac{\partial x_{K_i}}{\partial D_1} &= \cos\alpha_1 \\
\frac{\partial x_{K_i}}{\partial D_2} &= \cos\alpha_2 \\
&\vdots \\
\frac{\partial x_{K_i}}{\partial D_i} &= \cos\alpha_i
\end{aligned}
\right\}
\tag{6-63}
$$

$$
m_{xD}^2 = \sum_{j=1}^{i} (\cos\alpha_j)^2 m_{D_j}^2
\tag{6-64}
$$

同理：

$$
m_{yD}^2 = \sum_{j=1}^{i} (\sin\alpha_j)^2 m_{D_j}^2
\tag{6-65}
$$

3. 起算边方位角误差的影响

根据式(6-54)和式(6-55)求偏导数 $\dfrac{\partial x_{K_i}}{\partial \alpha_0}$，可得

$$
\frac{\partial x_{K_i}}{\partial \alpha_0} = -\sum_{j=1}^{i} D_j \sin\alpha_j = -(y_{K_i} - y_{K_0})
\tag{6-66}
$$

$$
m_{x\alpha0}^2 = \frac{1}{\rho''^2}(y_{K_i} - y_{K_0})^2 m_{\alpha0}^2
\tag{6-67}
$$

同理：

$$
m_{y\alpha0}^2 = \frac{1}{\rho''^2}(x_{K_i} - x_{K_0})^2 m_{\alpha0}^2
\tag{6-68}
$$

4. 支导线点位误差

$$
\left.
\begin{aligned}
m_{xK_i}^2 &= m_{x0}^2 + \frac{m_{\alpha0}^2}{\rho''^2}(y_{K_i} - y_{K_0})^2 + \frac{m_\beta^2}{\rho''^2}\sum_{j=1}^{i}(-(y_{K_i} - y_{K_{j-1}}))^2 + \sum_{j=1}^{i}(\cos\alpha_j)^2 m_{D_j}^2 \\
m_{yK_i}^2 &= m_{y0}^2 + \frac{m_{\alpha0}^2}{\rho''^2}(x_{K_i} - x_{K_0})^2 + \frac{m_\beta^2}{\rho''^2}\sum_{j=1}^{i}(x_{K_i} - x_{K_{j-1}})^2 + \sum_{j=1}^{i}(\sin\alpha_j)^2 m_{D_j}^2
\end{aligned}
\right\}
$$

$$
\tag{6-69}
$$

$$
m_{K_i}^2 = m_{x\alpha0}^2 + m_{y\alpha0}^2 = m_{K_0}^2 + \frac{D_{K_iK_0}^2 m_{\alpha0}^2}{\rho''^2} + \frac{m_\beta^2}{\rho''^2}\sum_{j=1}^{i} D_{K_iK_{j-1}}^2 + \sum_{j=1}^{i} m_{D_j}^2
\tag{6-70}
$$

6.4.3　高程控制测量精度分析

高程控制测量一般按水准测量或三角高程的方法进行，所以其精度分析可以按水准路线精度评定。水准测量误差主要来源于水准测量读数误差、水准管气泡居中误差、水准仪的 i 角误差、水准尺刻划误差、水准尺零点误差、水准尺倾斜误差、水准尺与仪器沉降误差、地球曲率与大气折光误差等。

如果水准路线布设成水准网、附合水准路线或闭合水准路线形式时，各水准点高程中误差可按水准网平差时的协方差矩阵或权矩阵、单位权中误差进行计算，单位权中误差可按下式计算。

$$m_0 = \pm\sqrt{\frac{[PVV]}{N-1}} \ \text{或} \ \pm\sqrt{\frac{[P\Delta\Delta]}{N}} \tag{6-71}$$

6.5　地下工程施工测量

在地面控制测量、联系测量、地下控制测量等控制测量工作完成后,根据地下工程性质、工程进度、作业面等要求完成以下工程施工测量任务。

6.5.1　竖井施工测量

竖井是长隧道、地下矿产等地下工程的核心部分,它承担着地面与地下联系测量、交通要道等重要任务。竖井开采施工测量主要任务是把竖井与竖井内的建(构)筑物及设备等的特征点、线按要求测设于正确的位置上。竖井的主要特征点、线包括:①竖井中心点,竖井水平切面的几何中心;②竖井十字中线,通过竖井中心且相互垂直的两方向线;③竖井中心线,通过竖井的铅垂线。

竖井施工测量主要是以竖井的中心位置、十字中线及中心线为测量基准点、线,根据设计资料直接或间接的获取测设要素,并将其测设于实地位置。竖井施工测设的主要资料有:

(1) 竖井十字中线基点。

(2) 竖井平面布置图、水平断面图、纵剖面图。

(3) 竖井凿井设备布置图。

(4) 临时锁扣框架及吊盘平面图与断面图。

(5) 竖井井口附近的平面控制点、高程控制点数据及分布图。

(6) 其他相关设计图纸资料。

1. 竖井井筒锁口测设

圆形竖井开挖时,首先根据竖井附近的控制点和竖井位置,在实地测设出竖井的中心点位置和竖井设计毛断面位置开挖 4~6m 深,砌筑临时井壁、设置临时锁口位置固定井位。

1) 临时锁口测设

在安置锁口时,首先按竖井井筒断面设计图纸组装好临时锁口,并在其顶面标出十字线通过的位置 a、b、c、d,再将 4 点安置于井口;然后用两端挂有垂球的细钢丝找出井口对应的 A、B、C、D 点位置,使其位于竖井井筒的十字中线上,同时用水准仪找平并固定,水平程度与中心点平面位置误差不得大于 20mm,如图 6-25 所示。

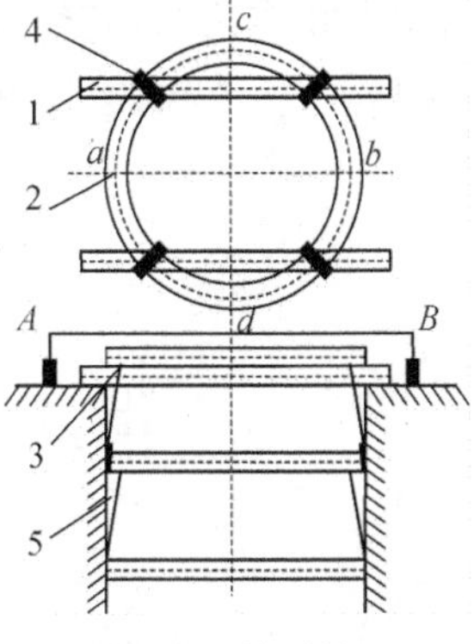

2) 永久锁口测设

标定永久性竖井锁口时,首先要找平十字中线点 A、B、C、D 桩顶标高,并使之高于井口 0.1~0.3m。在 AB、CD 间拉细钢丝,

图 6-25　临时锁口

1. 工字钢;2. 井筒圈;3. 挂钩;
4. U 形卡;5. 背板

并在交点处悬挂铅垂线,同时向下量取规定的垂距,作为永久锁口模板底面高程位置并找平。自下而上砌筑井筒至井口,井口高程与设计高程不符值不得超过 30mm。在浇筑锁口时应用经纬仪或全站仪等在竖井十字中线方向于井口和井筒内壁标定十字中线标志,作为井筒内确定十字中线的依据。

2. 竖井中心线测设

竖井中心线是竖井整个施工过程中的基准线,即竖井必须沿中心铅垂线方向施工,其他施工要素以竖井中心线为基准进行测设和安置。在竖井施工过程中要定期检查竖井中心线是否发生偏离,方法可以在十字中线基点处设置吊垂线法和激光投点法,其点位误差应小于 5mm,否则应纠正。

3. 竖井砌壁施工测设

竖井砌壁施工测设主要包括井壁高程点测设、砌壁模板位置测设、预留梁窝位置测设等。

井壁高程点测设是在施工过程中,在井壁铅垂方向上每隔一定距离要标定一个高程点以显示竖井的高程位置,高程点可以从近井高程控制点开始,按钢尺导入法和光电测距仪铅垂测距法随着施工进度分段进行。

砌壁模板位置测设是指在安装竖井井筒内砌壁模板时,由内壁高程点控制模板底部高程位置,并用半圆仪或连通管找平模板托盘,其误差应小于 20mm,同时沿竖井中心垂线量取至模板边缘以确定模板的平面位置,保证竖井中心线不偏离。

预留梁窝位置测设是指为了在竖井内安装罐梁等其他设备,在井壁砌壁时预留梁窝位置的确定。梁窝位置是保证设备能否正确安装的前提,所以必须正确测设,其精度按相关规范要求执行。

1) 梁窝平面位置测设

梁窝平面位置测设即在砌壁模板上标定梁窝的中线,依据竖井平面布置及下线不同可以采用不同方法进行。

(1) 极坐标下线标定。首先在竖井井盖上标定出梁窝下线点位置,如图 6-26 所示 1、2、3、4 所在位置,并且保证 1、2、3、4 在梁的中心铅垂线上。测设 1、2、3、4 时,可以按地面点测设的方法(极坐标法等),参照十字中心线进行。根据现场情况在十字中心线上及其两基点之间选定一点 E,同时测定出 E 点离竖井井筒中心位置的距离,以井筒中心位置为原点,十字中心线为坐标轴建立一假设坐标系,计算各梁窝下线点的坐标和各下线点与 E 点连线的距离 S 以及与坐标轴的夹角 β。这样可以以 E 点为测站点按极坐标方法测设出 1、2、3、4 在井盖上的位置,通过 1、2、3、4 下线点下放梁窝线,根据梁窝的高程位置在模板上标定出梁窝开口的平面位置。

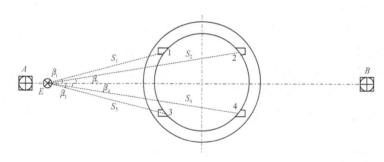

图 6-26　极坐标测设竖井梁窝

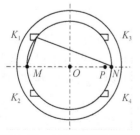

图 6-27　交会测设竖井梁窝

(2) 交会法标定。在梁窝所在高程位置利用竖井井筒中心垂线 O 和边线 P 的水平连线至模板的两交点按距离交会方法测设出梁窝的平面位置。如图 6-27 所示,从竖井井口沿中心垂线和边线处各下放铅垂线,在梁窝所在高程位置横拉一水平线,并延长至井筒模板 M、N 处,从 M、N 开始按预先计算好的距离 MK_1、NK_1 在模板上交会出梁窝 K_1 的平面位置。

2）梁窝高程位置测设

梁窝高程位置测设可以依据竖井井壁内侧的高程点沿梁窝下线量取距离来确定。

6.5.2　中线测设

隧（巷）道中线是指示其水平开挖方向的重要标志线。

1）开挖点与初始方向测设

隧（巷）道开挖掘进的初始点即开挖切点，是依据开挖点附近的地面控制点或地下控制点测设出来的。目前最主要的方法即为全站仪极坐标方法。如图 6-28 所示，在最近的控制点 G 上安置全站仪并进行设站定向，输入开挖切点的设计坐标，根据仪器指示的方向测设出开挖切点 K_0。通常在两个不同的控制点上分别测设并检查两次测设的结果是否在限差范围以内。然后在 K_0 点安置仪器，以 G 点为后视定向，测设出隧（巷）道的开挖方向，为了保证测设的方位正确，可以采用正倒镜方法取其平均位置作为最终方向，同时在其反方向标定最少三个点以备检查。

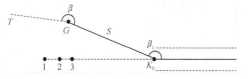

图 6-28　隧（巷）道初始位置测设

2）直线型中线测设

隧（巷）道中线测设采用中线法利用全站仪正倒镜或激光导向进行。测设过程：从开挖切点 K_0 开始，与测设初始开挖方向相同，随着隧（巷）道施工掘进，每掘进 20～30m，测设一组中线点 K_i，1，2，同时检查前一组点的正确性直到隧（巷）道终点或贯通面，如图 6-29 所示。

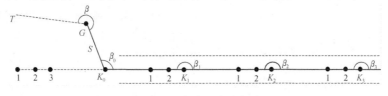

图 6-29　直线型中线测设

3）曲线型中线测设

由于曲线隧（巷）道涉及圆曲线和缓和曲线，隧（巷）道中线随着掘进施工方向不断改变，为了保障隧（巷）道按水平设计方向正确掘进，必须随时确定其开挖方向，这样给隧（巷）道中线的施工测设带来了麻烦。在实际工作中采用圆弧微分折线拟合的方法，即将曲线隧（巷）道中线按精度要求折合为若干折线，用折线配合大样图来指示曲线隧（巷）道的施工，测设的方法通常为弦线法。弦线法原理是将曲线部分等分（或非等分）成若干段，根据测设的仪器配置情况计算每段的弦长 l 与相邻弦线的偏角或方位角，也可计算各分段点的坐标等测设元素（计算方法参照第 4 章），弦长可按下式估算。

$$l \leqslant 2\sqrt{2RS - S^2} \tag{6-72}$$

式中，R 为曲线曲率半径；S 为隧道上宽之半。

但隧（巷）道施工到曲线起始点 K_0 时，可在 K_0 安置全站仪或经纬仪，后视隧（巷）道中线点 M 或导线控制点定向，测设弦线的偏角 β 定出弦线的方向，并在其反延长线上标定最少三个点，以备检查和掘进指示，随着掘进当距离正好等于弦线长到达 K_1 点，重复上述过程直到曲线终点或贯通面，如图 6-30 所示。

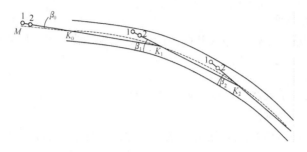

图 6-30　曲线中线测设

6.5.3　腰线测设

在隧(巷)道施工测量过程中除了要给出掘进的水平方向外,同时还要给出掘进的坡度(称为腰线),这样才能保证隧道按设计的三维方向要求施工。腰线的作用就是指示隧(巷)道中线在竖直面内的倾斜方向,通常腰线测设于隧(巷)道的一侧帮或两侧帮,离隧(巷)道地面高 1.0~1.5m,可采用全站仪、经纬仪、水准仪等来标定腰线。

1. 水平或倾斜隧(巷)道腰线的测定

1) 用经纬仪测设腰线

当隧(巷)道坡度在 8°以上时,在标定中线的同时测设腰线。如图 6-31 所示,在 A 点安置经纬仪并量取仪器高 i,仪器视线高程 $H_i = H_A + i$,在 A 点的腰线高程设为 $H_A + 1$,则两者之差为

$$k = (H_A + i) - (H_A + 1) = i - 1 \tag{6-73}$$

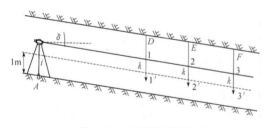

图 6-31　经纬仪测设腰线

当经纬仪所测的倾角为设计隧(巷)道的倾角 δ 时,瞄准中线上 D,E,F 三点所挂的垂球线,从视点 1、2、3 向下量 k,即得腰线点 1′、2′、3′。

在隧(巷)道掘进过程中,标志隧(巷)道坡度的腰线点并不设在中线上,往往标志在隧巷道的边帮上。

如图 6-32 所示,仪器安置在 A 点,在 AD 中线上倾角为 δ;若 B 点与 D 点同高,AB 线的倾角 δ' 并不是 δ,通常称 δ' 为伪倾角。δ' 与 δ 之间的关系可按下式求出:

$$\tan\delta = \frac{h}{\overline{AD'}} \tag{6-74}$$

$$\tan\delta' = \frac{h}{\overline{AB'}} = \frac{\overline{AD'}\tan\delta}{\overline{AB'}} = \cos\beta\tan\delta \tag{6-75}$$

可根据现场观测的 β 角和设计的 δ 计算 δ' 之后就可标定边帮上的腰线点。如图 6-33 所示,在 A 点安经纬仪,观测 1、2 两点与中线的夹角 β_1 和 β_2,计算 δ'_1、δ'_2,并以 δ'_1、δ'_2 的倾角分别瞄准 1、2 点,从视线向上或向下量取 k,即为腰线点的位置。

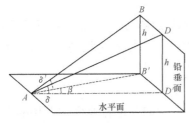

图 6-32　隧(巷)道腰线倾角

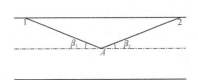

图 6-33　腰线测设

2) 用水准仪测设腰线

当隧(巷)道坡度在 8°以下时,可用水准仪测设腰线。

如图 6-34 所示,A 点高程 H_A 为已知,且已知 B 点的设计高程 $H_设$,设坡度为 i,腰线距地面高

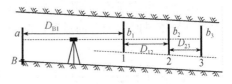

图 6-34　水准仪测设腰线

1m,在中线上量出 1 点距 B 点距离 D_{B1} 和 1、2、3 之间的距离 D_{12}、D_{23},就可计算 1、2、3 点的设计高程为

$$\left.\begin{aligned} H_1 &= (H_设+1) + D_{B1}i \\ H_2 &= H_1 + D_{12}i \\ H_3 &= H_2 + D_{23}i \end{aligned}\right\} \tag{6-76}$$

安置水准仪后视 A 点,读数为 a,仪器高程为

$$H_视 = H_A - a \tag{6-77}$$

分别瞄准 1、2、3 点在边帮相应位置的水准尺,使读数分别为

$$\left.\begin{aligned} b_1 &= H_1 - H_视 \\ b_2 &= H_2 - H_视 \\ b_3 &= H_3 - H_视 \end{aligned}\right\} \tag{6-78}$$

尺底即是腰线点的位置,可在边帮上标志 1、2、3 点,三点的连线即腰线。

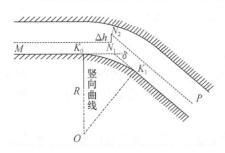

图 6-35　水平与倾斜腰线连接处测设

2. 水平隧(巷)道与倾斜隧(巷)道连接处腰线测设

水平隧(巷)道与倾斜隧(巷)道连接处是隧(巷)道坡度变化的位置,而且为了保证设备安装、运营的安全等,水平隧(巷)道与倾斜隧(巷)道通常通过竖曲线(圆曲线)连接,所以在连接处腰线测设要作相应的调整。当水平隧(巷)道 MN_1 转为倾角为 δ 的倾斜隧(巷)道 N_2P 时,在坡度起变点 N_1、N_2 处腰线要抬高,坡度起变点 N_1、N_2 由设计给定 K_0,K_1 为实际变坡点,如图 6-35 所示。

为了保证上下腰线离地面高 H 为定值,在坡度起变点 N_1、N_2 处腰线变高 Δh 应满足以下公式:

$$\Delta h = H\sec\delta - H = H(\sec\delta - 1) \tag{6-79}$$

测设时,首先测设出实际变坡点 K_0 在腰线上的投影位置和 N_1。

6.5.4 断面测量

在地下工程施工中,为了保证开挖断面符合设计要求,断面测量是必须进行的,即在开挖断面上测设出断面的开挖尺寸。断面测量可以在中线、腰线、地下控制点的基础上按断面支距法测设或采用专用的断面测量仪器和程序进行。

6.5.5 贯通测量

地下工程贯通测量是指单个、两个或多个相向或同向开挖作业面按设计要求在预定空间位置连通而进行的测量工作,贯通测量主要包括横向、纵向、高程贯通测量。当两个作业面同时相向开挖掘进称为相向贯通,如图 6-36(a)所示;当一作业面向另一指定位置或另一同向开挖的作业面掘进贯通称为同向贯通或单向贯通,如图 6-36(b)所示;当多个作业面同时向同一贯通点开挖掘进时称为多向贯通,如图 6-36(c)所示。

(a) 相向贯通　　　　(b) 同向贯通　　　　(c) 多向贯通

图 6-36　贯通方式

横向、纵向贯通测量是指保证作业面在平面位置上的正确连接,在水平贯通时主要考虑贯通作业面在垂直于隧(巷)道中线上的投影位置的偏差,称为横向贯通误差,如图 6-37(a)所示,保证其差值 Δx 在允许范围内;而在中线上投影的偏差称为纵向贯通误差;高程贯通测量是保证作业面在高程位置上的正确连接,主要考虑的是腰线在高程上的正确连接,使贯通两作业面的腰线高程与设计方案相同,使其差值 Δh 在允许范围内,如图 6-37(b)所示。

(a) 横向贯通　　　　　　　　　　(b) 高程贯通

图 6-37　贯通误差

贯通误差的存在将使贯通面断面扩大,增加衬砌工作的难度,因此贯通测量必须符合相关规范要求,保证各作业面沿着正确的设计位置、方向掘进,避免在时间和经济上的损失。贯通测量工作应遵循以下原则:

(1)为了保证在横向、纵向及高程正确贯通,在测量中线、腰线时必须进行多余观测,使各项测量工作都存在独立的检核条件;

(2)根据贯通的精度要求,确定正确的测量方案、方法与仪器,并进行贯通误差概算。

1. 贯通误差的测定

贯通误差的测定是为了用实测的坐标、高程数据来对隧(巷)道贯通情况做出评价,并作为最后贯通调整的依据。常用的测量方法包括以下三种。

(1)中线法测量:隧(巷)道贯通后从相同的两个方向各自用支导线法将中线延伸至贯通面 A、B 点,如图 6-38 所示,用钢尺丈量 A、B 之间的距离即为隧(巷)道的实际贯通误差 Δ,其在贯通面上的投影为横向贯通误差 Δx，在中线上的投影为纵向贯通误差 Δy。

（2）支导线法测量：如图 6-39 所示，在隧（巷）道联通后，在贯通面地面上标定一临时点，由两相向开挖方向分别用支导线方法测定该点的临时坐标，由于测量误差的存在，导致两支导线测量得到两组不同的坐标，其不符值即为贯通误差 Δ，分别在贯通面和中线上的投影误差 Δx 和 Δy 分别为横向贯通误差和纵向贯通误差。同时在临时标定的点上测定两导线边的夹角 β，将两导线合并为附合导线，其角度闭合差即为方位角贯通误差，同时可以按附合导线平差计算各导线点的坐标，作为隧（巷）道后续工作的控制点坐标。

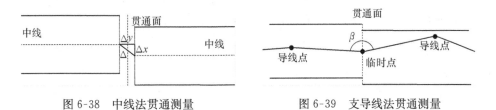

图 6-38　中线法贯通测量　　　　　　　图 6-39　支导线法贯通测量

（3）高程贯通误差测量：可以从隧（巷）道相向开挖的高一级水准点按支水准路线测定贯通面上的临时点高程，比较两高程的不符值，即高程贯通误差。

2. 贯通误差的调整

隧（巷）道贯通并测定贯通误差后，为了保证隧道按设计要求进行施工，必须按规范设计要求对中线、腰线进行调整。

1）中线调整

若贯通误差在限差范围内，直线型隧（巷）道中线调整一般根据规范、设计要求可在未砌壁段采用折线法进行。如图 6-40 所示，在中线上与距贯通面相距一定距离选定两转点，连接两点代替两点间原来的中线，以指导该段的内壁的砌筑和其他施工、设备的安装。

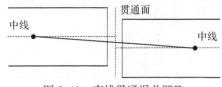

图 6-40　直线贯通误差调整

若为曲线隧（巷）道且误差小于限差，贯通面位于圆曲线上而且误差调整段也位于圆曲线上时，可由圆曲线的两端向贯通面按长度比例调整中线或按偏角进行调整（即按固定弦长在贯通面两侧的中线上，增加或减小切线偏角）。

如图 6-41 所示，当贯通面位于曲线起止点附近时，首先测定直线段 A 点和直曲点 B，从另一端曲直点 E 经曲线 D、C 点测至 B' 点，由于贯通误差的存在，使得 B 与 B' 点不重合。过 B' 作切线至 A'，再调整圆曲线长度（即保持圆曲线半径 R 与缓和曲线长度 L 不变，延长或缩短圆曲线长度 $D'D$）使 AB 与 $A'B'$ 平行。

$$D'D = \frac{A'A - B'B}{AB}R \tag{6-80}$$

对应的圆曲线圆心角（弧度）变化量为

$$\delta = \frac{D'D}{R} \tag{6-81}$$

调整圆曲线长度后，将曲线沿曲直点 E 的切线向 $B'B$ 方向移动使 AB 与 $A'B'$ 重合，如图 6-42 所示，移动量为 EE'。最后按曲线测设的方法将曲线测设于地面上。

$$EE' = FF' \tag{6-82}$$

2）腰线调整

腰线调整主要是为了调整高程贯通方向上的误差。当高程贯通误差 Δh 小于规范要求时,取贯通面上高程的平均值,按实测高差和距离重新标定腰线,同时将两支水准路线连接,并按附合水准路线长度对高程贯通误差按比例分配求取各水准点高程,作为以后施工放样的依据。

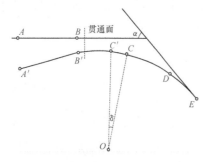

图 6-41　曲线贯通误差圆曲线调整　　　　图 6-42　曲线贯通误差位移调整

6.5.6　激光导向测量

随着激光技术的发展,激光束的发散小、方向性好、可见等特点,在现代施工测量、导向中被广泛应用,特别是在盾构设备和联合掘进机中的自动导向作用,大大提高导向的效率和精度。

图 6-43　激光指向仪

如图 6-43 所示为 YBJ-600 型激光指向仪,主要由半导体激光管、微型稳压电源、光学系统、调焦系统、隔爆结构和调节装置组合而成。YBJ-600 型激光指向仪可为煤矿井下提供中腰线、指向,还可以为铁路、公路、隧道、涵洞、建筑及管道铺设等提供准直线,特别适用于巷道较长、坡度较大的掘进工程。其主要技术参数有:

（1）激光功率:10mW。

（2）工作距离:600m 处中心光斑 35mm(光斑大小可调)。

（3）输入电压:127V、220V、36V、4.5V。

（4）光束调节范围:水平±16°、垂直±12°。

（5）水平位移调节:±25mm。

（6）垂直位移调节:依锚杆长度而定。

激光指向仪的安装及其使用方法:

（1）确定仪器的安装位置:仪器可以安装在隧（巷）道顶板中线、偏离中线一定位移的指向线或腰线上,其可以用经纬仪、全站仪、水准仪确定。

（2）仪器安装:根据仪器下托板安装孔的直径及四孔的中心距离,预先在巷道顶部中线或腰线两侧对称位置设置两根或四根与仪器托板安装孔直径相同的锚杆,将仪器托板安装孔对准锚杆穿入,用锚杆上下螺母及垫片压紧仪器托板至牢固为止。

（3）仪器调整:接通电源,打开激光束并调节激光光束大小,然后使用双头螺栓的上下螺母和微调装置调节仪器水平角度、水平位移与垂直角度来实现高精度指向。

6.5.7　顶管施工测量

顶管施工是现代地下管道工程中常用的方法之一,主要优点在于不破坏地面建(构)筑物,不干扰地面活动,等等。顶管施工是利用机械化的顶镐技术,把放在欲穿越物周边的工作坑道轨道上的管材按设计方向顶进土中,然后掏空管材中的土方的施工技术。在顶管施工过程中测量的主要任务是按规范要求控制管材中线在设计的方向(方位、坡度)上。

1. 顶管施工测量准备工作

(1) 工作坑道内顶管中线桩、高程控制点的测量:在开挖好的工作坑道内,可以按竖井联系测量等方法将顶管中线、临时水准点测设于坑道底部,并在坑道侧壁上作标记,防止施工破坏。

(2) 导轨安装:在工作坑道中线上按设计高程和坡度浇筑混凝土垫层,并根据轨道的宽度在垫层上安装导轨,并使导轨在设计的中线和高程位置上。

2. 顶管施工测量

1) 顶管中线测量

顶管中线测量是在顶管顶进的过程中保证顶管始终沿中线方向顶进,可以采用激光指向仪和垂线法。垂线法是一种最为简单的定线方法,它是在坑道侧壁上的中线标示桩之间拉一细钢丝,然后在钢丝上悬挂两铅垂线,两铅垂线投影下来点的连线即顶管中线。为了保证顶管中线测量的方便,在投点正下方的机械设备上水平横放一小钢尺,钢尺中心刻划为零,同时向两端对称刻划,若投点始终在零点上,说明顶管顶进方向在设计正确位置上,根据投点在钢尺上的读数可以发现顶进中线的水平偏离,必要时进行顶进水平方向的调整。

2) 高程测量

高程测量可以按水准高程测量方法进行,即在坑道内架设水准仪,后视坑底已知高程控制点上的水准尺,同时在顶管内待测点上放置小于管材内径的水准尺,直接测定顶管管底标高,并与设计标高进行对比,必要时对顶管顶进坡度进行调整。

6.5.8　盾构设备施工测量

由于城市公共设施、建筑的错综复杂,交通日益繁杂,城市地下交通、管网施工立体式的开发以及隧(巷)道穿越水域、公路、铁路、沼泽地等地方时,明挖施工方案很难实现,盾构法施工成为当今地铁、海底隧道、跨江隧道等工程施工的主要方法之一。盾构法是暗挖法施工中的一种全机械化施工方法,它是将盾构机械在地下推进,通过盾构外壳和管片支承四周围岩防止发生隧道内的坍塌,同时在开挖面前方用切削装置进行土体开挖,通过出土机械运出洞外,靠千斤顶在后部加压顶进,并拼装预制混凝土管片,形成隧道结构的一种机械化施工方法。

1. 盾构法施工适应区域

在松软含水地层以下(海底、河底、沼泽地等)或城市地下管道、地铁等设施埋深达到 10m 以上的地下工程施工特别适合采用盾构法施工。满足盾构法施工还必须满足以下条件:

(1) 隧(巷)道上要有允许盾构设备进出洞和出渣进料的工作井。

(2) 隧(巷)道离地面要有足够的埋深,覆土层深度不宜小于 6m。

(3) 盾构开挖方向有相对均质的地质条件。

(4) 由于盾构设备昂贵,为保证工程的经济效益,盾构施工长度不宜小于 300m。

2. 盾构法施工的优缺点

(1) 盾构设备的推进、出土与衬砌一体化工序自动循环作业,其开挖和衬砌过程安全,速度快,施工劳动强度低,而且易于管理。

（2）盾构施工完全在地下进行,既不影响地面交通、航运与相关设施等,而且减少了环境污染（施工粉尘、噪声等）。

（3）施工中不受季节、风雨等气候条件影响。

（4）在松软含水地层施工环境中具有较高的技术和经济方面等优越性。

（5）对施工断面尺寸多变、曲线半径小的区段适应能力差。

（6）对浅层地下工程施工难度大。

（7）在施工环境特殊地方（饱和含水松软土层等）,对施工技术、措施要求高。

（8）盾构设备昂贵,对施工区段短的工程不太经济。

3. 盾构法施工测量

目前盾构法施工的盾构设备都配备有先进的自动导向系统（包括自动照准目标全站仪、电子激光系统、计算机及控制软件、电源等）,所以盾构法施工测量的主要任务就是对盾构设备的自动导向系统进行姿态定位测量及其检验,使盾构设备按设计的方向正确掘进。

随着盾构设备的掘进,及时布设地下导线控制网,依据地下导线控制点来确定盾构设备的掘进方向和位置。首先在盾构机后导向点上安置带激光指向装置的全站仪并进行后视定向后,直接测出盾构机上电子激光系统中的标板或激光靶标的位置（X、Y、H）,瞄准标板打开全站仪的激光,由电子激光系统测定出激光相对于标板平面的偏角,同时测得激光入射点的折射角和入射角,计算出盾构机轴线相对于工程施工中心线的偏角及其坡度和旋转角度,并将有的测量数据传输给计算机,由控制软件计算出盾构机轴线参考点的精确位置与设计位置的偏差,同时控制盾构设备的液压系统,调整姿态保证盾构机沿正确方向掘进。

在盾构机不断掘进过程中,为了保证掘进方向的准确性,必须独立、定期对盾构机的姿态和位置进行检核。检核方法可以按碎部测量的方法测定盾构机上固定参考点的空间位置来推算盾构机的姿态和位置参数。

6.6　陀螺定向测量

6.6.1　陀螺定向原理

由物理学可知,一个对称刚体旋转体的转动惯量 I 为

$$I = \int r^2 \,\mathrm{d}m \tag{6-83}$$

式中,r 为旋转体质点到旋转轴的垂直距离;$\mathrm{d}m$ 为旋转刚体每一质点的质量。

当刚体以角速度 ω 绕其旋转轴旋转时,其角动量 J 为

$$J = \int \omega r^2 \,\mathrm{d}m = \omega \int r^2 \,\mathrm{d}m = \omega I \tag{6-84}$$

若旋转刚体质量集中于边缘,当刚体高速旋转时,将产生非常大的角动量 J。高速旋转刚体具有两个特性：

（1）定轴性：在没有外力矩的作用下,高速旋转刚体保持旋转轴惯性指向不变。

（2）进动性：在外力矩作用下,高速旋转刚体的旋转轴指向将向外力矩作用方向运动。

但由于地球绕地轴自转角速度 ω 和旋转体的定轴性的存在,它将改变旋转刚体旋转轴与

地平面的关系。如图 6-44 所示,地球自转角速度可以分解为水平(子午线方向)分量 ω_H 和垂直(铅垂线方向)分量 ω_V,水平分量使地平面西升东落,就好像我们感觉太阳的高度在变化,垂直分量使子午线北端西移,就好像我们感觉到太阳的方位在变化。我们在地平面内以旋转刚体的旋转轴为 X 轴,以刚体中心为原点,建立一个右手平面直角坐标系,若把水平分量再在水平面内分解为 X 轴分量 ω_X 和 Y 轴分量 ω_Y,X 轴分量表示地平面绕 X 轴的角速度分量,Y 轴分量表示绕 Y 轴旋转的角速度分量。由于 X 轴分量方向与旋转轴重合,其对旋转体空间方位不产生影响。由于 Y 轴分量的存在,旋转体将产生进动。

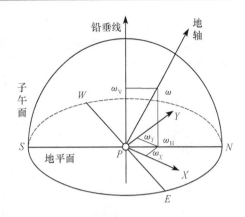

图 6-44 地球角速度矢量分解

现在我们将一陀螺旋转体(转子)自由悬挂于空中 P 点,并使其旋转轴平行于地面高速旋转,假设在 t_0 时刻,其旋转轴 OX 指向任意方位。在 t_1 时刻,地球以 ω 角速度自西向东自转,即相当于地平面绕 Y 轴分量 ω_Y 角速度旋转,由于转子定轴性,旋转轴与地平面关系发生变化,转子重力形成一个外力矩,依据右手准则,使转子旋转轴向子午面产生进动。由于地球自转的存在和惯性作用,使转子旋转轴在到达子午面后,并以此为对称中心作等幅简谐运动,其平衡位置即为真子午线北方向。

由于旋子的进动力矩与地理位置(纬度)有关,在赤道达到最大值,在南北两极为最小值零,所以在以陀螺定向时一般要求在南北纬度 75°范围以内。因为我国所处的地理位置为从东经 73°40′(帕米尔高原乌恰县的乌兹别里山口)到东经 135°5′(黑龙江和乌苏里江交汇处)、从北纬 3°52′(南沙群岛的曾母暗沙)到北纬 53°37′(漠河以北的黑龙江主航道),所以我国都适合用陀螺定向。

6.6.2 陀螺经纬仪的基本构造

陀螺经纬仪最早源于矿业,随着矿业在地下空间的深度和范围不断扩大,迫切需要一种方便、准确、快捷的定向方法。在 1920 年德国制造了第一台测量陀螺经纬仪,随后陀螺定向在国民经济建设、国防建设等领域得到了广泛的应用。陀螺经纬仪经过 90 多年的发展,经历了四个阶段:

第一阶段:主要以液体漂浮式陀螺经纬仪为主,采用单一的陀螺转子密闭在球形浮子内构成陀螺灵敏部分,定向精度达 $\pm 20''\sim 90''$。主要仪器型号有 MW 系列(德国)、ATF(苏联)、M-1(苏联)、M-2(苏联)、MYT-2(苏联)等。

第二阶段:以下架悬挂式陀螺仪为主,它与液体漂浮式陀螺经纬仪相比就是利用了金属悬挂带把陀螺挂于经纬仪空心竖轴下来代替漂浮式陀螺,使仪器结构简化、降低了能耗、缩短了观测时间,定向精度达 $\pm 10\sim 30s$。主要以 KT-1(德国)、MW-77(德国)、MRK-1(德国)、Gi-B1(匈牙利)、Gi-B2(匈牙利)、MT-1(苏联)、DTJ-Ⅱ(中国)等为主流。

第三阶段:以上架悬挂式陀螺经纬仪为主,与第二阶段相比,其仪器体积、功耗、重量进一步减小,观测时间缩短。主要以 GAK-1(瑞士)、Gi-C11(匈牙利)、Gi-C13(匈牙利)、Gi-C23(匈牙利)、GP-1(日本)、TK-2(德国)等为代表。

第四阶段:自动陀螺经纬仪,结合陀螺技术、光电技术、精密机械制造技术、计算机技术、控制理论等,仪器向着高精度、自动化、快速等方向发展,精度可达秒级。主要以 Gyromat(德国)、MARCS(美国)、Gi-B23(匈牙利)等为主。

普通陀螺经纬仪一般由陀螺仪(灵敏部、观测系统、锁紧限幅结构等)、经纬仪/全站仪、电源三部分组成。

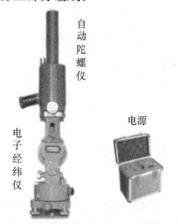

图 6-45　XTY2-JT15 型陀螺经纬仪

如图 6-45 所示,XTY2-JT15 型陀螺经纬仪是徐州天测测绘仪器设备有限公司制造,其主要包括陀螺仪、经纬仪、电源部分。其主要技术参数:

(1) 陀螺方位角一次测定中误差≤±15″。

(2) 陀螺马达转速 21500r/min,启动时间 4min。

(3) 角动量 4000g•cm•s。

(4) 制动时间 1.5min,自摆周期 35s。

(5) 光学系统物镜放大 7.5 倍。

自动陀螺经纬仪是结合陀螺技术、光电技术、精密机械制造技术、计算机技术、控制理论等技术,对陀螺轴摆动过程或重力外力矩进行数据自动采集和处理,避免了人工干预,提高了定向的精度、效率以及自动化水平。其主要部件包括自动陀螺仪、电子经纬仪/全站仪、电源等。

如图 6-46 所示 GAT 磁悬浮陀螺全站仪是由长安大学和中国航天科技集团公司第 16 研究所联合研制的全自动陀螺全站仪。该陀螺全站仪摒弃了传统吊带技术模式,利用磁屏蔽材料技术、惰性气体密封技术、磁悬浮自适应技术、低通加小波滤波技术、耐高低温高性能硅橡胶密封技术等,将陀螺仪与高精度全站仪结合,生产的 GAT 磁悬浮陀螺全站仪。GAT 磁悬浮陀螺全站仪一次性定向误差优于标准偏差 5s,一次定向时间只需要 8min,能自主式寻北并测定目标的方位角,实现精确定向。

如图 6-47 所示 Gyromat 2000 全自动精密陀螺仪是由德国 DMT 公司生产。其主要技术指标:① 具有三种测量模式 A/B/C。② 测量精度:3.2s/16.2s/32.4s。③ 测量时间:9min/5min/2min。④ 操作温度:−20～50℃。⑤ 质量:18.5kg。

图 6-46　GAT 磁悬浮陀螺全站仪

图 6-47　Gyromat 2000

6.6.3　陀螺经纬仪定向测量

陀螺经纬仪定向测量通常包括陀螺方位角测量和陀螺定向测量。

1. 陀螺方位角测量

1) 悬挂式陀螺经纬仪陀螺方位角测量过程

(1) 在测站点上精确对中整平陀螺经纬仪,连接好电缆,以一个测回测定待测边的方向值。

(2) 粗略定向:将仪器大致瞄准北方向,锁紧灵敏部,启动陀螺,待稳定后,下放陀螺灵敏部,可用两逆转点法或四分之一周期法等测定近似北方向,然后制动陀螺并锁紧,转动照准部使望远镜瞄准近似北方向,并固定。

(3) 测前悬带零位观测。

(4) 精密定向:可采用中天法、时差法、摆幅法等精确测定待测边的陀螺方位角。

2) 自动陀螺经纬仪陀螺方位角测定过程(以 Gyromat 2000 为例)

(1) 在测站点上对中整平自动陀螺经纬仪。

(2) 连接电缆:连接电源电缆及陀螺仪与电子经纬仪之间的数据通信电缆等。

(3) 启动陀螺仪和电子经纬仪。

(4) 启动定向测量程序:①自动概略寻北;②测定悬带零位;③粗略定向;④按光电积分法或光电时差法精确定向,显示照准部零位与陀螺方向的偏角。

(5) 按一测回观测待测边方向值,将结果输入陀螺仪,即可完成待测边的陀螺方位角测量。

2. 陀螺定向测量

1) 仪器常数测定

陀螺仪旋转轴、望远镜视准轴以及度盘分划板零线所代表的光轴因安装、调整不完善,三轴通常不在同一铅垂面内,所以陀螺仪旋转轴的平衡位置一般不与子午面重合,它们之间的偏差称为陀螺仪的仪器常数 Δ,若旋转轴平衡位置位于子午面的东边为正,反之为负,如图 6-48 所示表示各轴线之间的关系。

仪器常数测定可以通过地面已知方位角 A_0 的边来测定。如图 6-48 所示,已知方位角 OA,在 O 点上架设陀螺经纬仪,直接测定 OA 与旋转轴方向夹角 α_T,通常进行多次测量,并保证其互差在规范要求范围内,以其平均值作为最终陀螺方位角 α_T,即可按式(6-78)计算仪器常数 Δ。为了减小陀螺仪误差及经纬仪度盘误差的影响,

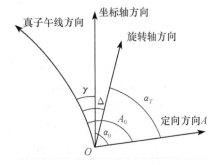

图 6-48　陀螺经纬仪轴线关系

在每次测量后停止陀螺运转 $10\sim15\text{min}$,同时按 $180°/n$ 间隔来变换经纬仪度盘。

$$\Delta = A_0 - \bar{\alpha}_T \tag{6-85}$$

式中,$\bar{\alpha}_T = \dfrac{\sum\limits_{i=1}^{n} \alpha_{Ti}}{n}$。

2) 测定待测边的真方位角

在待测点上架设陀螺经纬仪,直接测定待测边方向的陀螺方位角 α'_T。同样为了减小误

差,可进行多次测量且在每次测量后停止陀螺运转 $10\sim15\mathrm{min}$,同时按 $180°/n$ 间隔来变换经纬仪度盘,取多次测量的平均值作为最终的陀螺方位角 α'_T。按式(6-86)计算待定边的真方位角 A。

$$A = \alpha'_T + \Delta \tag{6-86}$$

3)计算待测边的坐标方位角

为了求取待测边的坐标方位角,首先必须计算待测点上的子午线收敛角 γ,γ 可按式(6-87)计算。

$$\gamma = l\sin B + \frac{1}{3}l^3(1 + 3e'^2\cos^2 B + 2e'^4\cos^4 B)\sin B\cos^2 B \tag{6-87}$$

式中,l 为待测点偏离中央子午线的经差;B 为待测点的纬度;e' 为椭球第二偏心率。

待测边坐标方位角 α 可按式(6-88)计算。

$$\alpha = A - \gamma \tag{6-88}$$

6.6.4　陀螺经纬仪定向精度分析

陀螺经纬仪定向精度是指陀螺经纬仪定向观测值的离散程度与偏离真值的大小。在评定其精度指标时通常分一次定向标准差和一次定向的中误差。从标准差和中误差的概念可知,标准差是包含有随机误差和系统误差(仪器常数)的影响,而中误差评价的是测量过程中的随机误差。

以陀螺经纬仪进行定向观测时,依据式(6-85)、式(6-86)和式(6-88)可得

$$\alpha = \alpha'_T + (A_0 - \bar{\alpha}_T) - \gamma$$
$$= A_0 + (\alpha'_T - \bar{\alpha}_T) - \gamma \tag{6-89}$$

从误差传播定律可知:

$$m_\alpha^2 = m_{A_0}^2 + m_{\alpha'_T}^2 + m_{\bar{\alpha}_T}^2 + m_\gamma^2$$
$$= m_{\alpha'_T}^2 + m_\Delta^2 + m_\gamma^2 \tag{6-90}$$

陀螺经纬仪定向误差主要来源于检校陀螺经纬仪仪器常数时已知方位角的误差、检校时多次测量陀螺方位角平均值的误差、子午线收敛角误差以及陀螺定向测量陀螺方位角误差等。

根据《陀螺寻北仪通用规范》规定,以式(6-91)来评定陀螺经纬仪一次测定陀螺方位角中误差,它主要与陀螺方位角测量方法、仪器对中误差、测线方向值误差、陀螺仪与经纬仪连接误差、悬带零位误差、灵敏部平衡位置变动误差、外界条件误差等有关。

$$m_T = \pm\sqrt{\frac{\sum_{i=1}^{n} v_i^2}{n-1}} \tag{6-91}$$

式中,$v_i = \alpha_{Ti} - \bar{\alpha}_T$;$n$ 为检校仪器常数时的观测次数。

若忽略检校仪器常数时已知方位角的误差影响,则可得仪器常数平均值 Δ 的中误差为

$$m_\Delta = \frac{m_T}{\sqrt{n}} \pm \sqrt{\frac{\sum_{i=1}^{n} v_i^2}{n(n-1)}} \tag{6-92}$$

式中,$v_i = \alpha_{Ti} - \bar{\alpha}_T$;$n$ 为检校仪器常数时的观测次数。

由于子午线收敛角误差通常比较小,一般可忽略不计,同时顾及定向测量时与仪器常数测定时环境近似,且为同一观测者用同样的仪器和方法测定陀螺方位角,则可认为 $m_{a'T}=m_T$,所以一次定向中误差为

$$m_a^2 = m_{a'T}^2 + m_\Delta^2$$
$$= m_T^2 + \frac{m_T^2}{n}$$
$$= m_T^2 \frac{n+1}{n} \tag{6-93}$$

例如,根据《煤矿测量规程》,在利用陀螺经纬仪进行井下定向时要求测前在地面测定仪器常数 3 次,在井下测定定向边陀螺方位角 2 次,测后在地面再次测定仪器常数 3 次,则根据式(6-93)可得井下定向边方位角中误差。

$$m_a = \pm\sqrt{\frac{m_T^2}{2} + \frac{m_T^2}{6}} = \pm\sqrt{\frac{2}{3}}\, m_T \tag{6-94}$$

6.7　隧道竣工测量

6.7.1　概述

当隧道竣工后,应对隧道进行竣工测量,检测其与设计位置的偏差,它是工程质量的重要评价指标。因此,隧道竣工后,应在直线段每隔 50m、曲线段每隔 20m,以及需要加测断面处进行测量,测绘出以路线中线为准的隧道实际净空,标出拱顶标高(高程)、起拱线宽度及行车道路面水平宽度。

对于隧道内的永久性中线点,应在竣工测量后用混凝土埋设金属标志。直线上的永久性中线点应每隔 200~250m 埋设一个,曲线上应在缓和曲线的起点和终点各埋设一个;曲线中部可根据通视条件适当加埋点。当永久性中线点埋设完成后,则应在隧道边墙上画出标志线。

隧道内的水准点每公里埋设一个,当隧道长度不足一公里时,则应在隧道内至少埋设一个水准点,并应在隧道的边墙上画出标志线。

在隧道竣工后的使用过程中,由于所处的地质条件不同,受到外力的影响也各异,加之隧道各部分的开挖施工顺序有先有后,各种衬砌建筑物的结构强度与自重不同等因素,均可导致隧道建筑结构物产生沉陷与变形。当这种沉陷与变形超出其允许限值时,就会影响隧道建筑物的正常施工和使用,严重时甚至可导致隧道建筑物的破坏。因此,应在隧道施工及运营期间进行沉陷与变形监测,以确保施工安全与运营安全。

6.7.2　隧道施工中变形监测

隧道施工过程中的变形监测,可在对隧道内布设的平面控制点、中线点和高程控制点的复测工作中,随时观测到变形的大小和方向。

由于在隧道的开挖或扩大开挖、支撑和衬砌施工过程中,因地质条件不同,亦可产生较大的沉陷及变形:对两侧岩壁内挤、底部的隆起,甚至产生土石崩塌、衬砌断裂和局部地段被推移现象等。通常可采用观察方法或检验方法,从开挖后表面的变形及支撑受力的情况,大致判断变形的原因。必要时应设置变形监测标志进行观测,从而获得其变形的大小、方向及速度等定量数据资料,以便采取相应的工程措施和防护措施,保证工程的顺利进行。

在隧道衬砌完成后,应在地质不良地段、隧道衬砌结构物可能发生沉陷和位移处设置变形监测点,并进行周期性的观测,以确保隧道的安全运营。隧道变形监测标志可设于隧道的顶

部、侧壁和地板位置。通常情况下每隔 10～15m 在其上下左右同时设置一个标志。若变形程度不大时,亦可每隔 50m 在其上下左右同时设置标志。各测量标志应按里程统一进行编号,同时,还要在变形区 50m 以外的稳定区域设置观测控制点。

6.7.3　变形监测方法

1)高程变形

高程变形监测可采用精密水准测量的方法进行。其监测路线应按符合或闭合路线进行,以便对其观测成果进行检核。

2)水平位移

水平位移可采用准直法、测角法进行。

(1)准直法:将一排监测标志设置在同一条直线(准直方向线)上,根据监测标志偏离该直线垂直距离的大小,即可求出监测点的横向位移;根据监测标志至直线上控制点的水平距离,即可求出监测点的纵向位移。这条准直线(方向线)可采用经纬仪、全站仪或激光准直仪测设,亦可在固定两端点间设置细弦线标志,当某些标志不能严格设在线上时,则可采用小测微尺量出监测点到弦线的垂直距离,从垂直位移的变化即可得到监测点位移的变化量。

(2)测角法:是采用在固定的测点上,观测固定的控制点与监测点之间水平角变化的一种方法。设第一次观测某监测点的水平角为 β_1,第二次观测该监测点的水平角为 β_2,即可按二角差值($\beta_1-\beta_2$)的正负号判断出该监测点水平位移的左右方向。每一次置镜即可观测到一排点的水平角。

总之,变形监测是为了掌握监测点随时间变化而产生的变形规律,以便对其安全性做出评估。因此应定期进行监测,当变形速率较快时,则应缩短监测周期;当变形速率较慢时,应适当延长监测周期。若遇特殊情况(如地震),则应增加监测次数。变形监测的外业观测结束后,应及时进行内业数据处理,必要时绘出变形曲线或沉降曲线,并分析变形规律,以便采取相应的工程措施和防护措施,确保工程施工过程安全或运营安全。

习　　题

1. 简述地下工程测量的类型和特点。
2. 在地下工程测量中,如何保证地面与地下联系测量的精度?
3. 地面与地下联系测量的目的是什么?
4. 简述一井定向与两井定向的优缺点。
5. 什么是贯通误差?简述横向贯通误差、纵向贯通误差和高程贯通误差的区别。
6. 在贯通测量中,其贯通精度与哪些因素有关?如何保证其贯通精度?
7. 竖井高程传递常用的方法有哪些?并说明各自的特点。
8. 施工贯通误差测定的方法有哪些?并说明各自的特点。
9. 简述隧道施工测量的重要内容。

第7章 管线工程测量

7.1 概 述

输油(气)管道及输电线路工程在勘测设计阶段、施工阶段以及运营管理阶段所进行的测量工作称为管线工程测量。

7.1.1 管线工程测量任务及作用

1. 管线工程测量的任务

管线工程测量的主要任务是为其工程的规划设计提供地理信息(包括地形图和断面图)资料,并将设计的线路位置测设于实地,从而为现场施工提供依据。

2. 管线工程测量的作用

管线工程测量的作用主要表现在以下几个方面:

(1)在工程规划阶段要依据地形图确定线路的基本走向,得到线路长度、曲度系数等基本数据,用以编制投资匡算,进行工程造价控制,论证规划设计的可行性。

(2)在工程设计阶段要依据地形图和其他信息进行选择和确定线路路径方案。实地对路径中心进行测定,测量所经地带的地物、地貌,绘制成具有专业特点的管线平、断面图,为工程设计、工程施工及运行维护提供科学依据。

(3)在施工阶段,依据设计图纸对工程进行复核和定位。

(4)在施工完成后,对工程质量进行检测,确保施工质量符合设计要求。

7.1.2 管线测量内容

1. 勘测设计阶段测量

管线工程的勘测设计是分阶段进行的,一般先进行初步设计,再进行施工图设计。在此阶段测量可分为初测和定测,其目的是为各阶段设计提供详细的资料。初测的主要工作是对所选定的路线进行平面和高程控制测量,并测出路线大比例尺的带状地形图。定测的主要工作包括中线测量、纵断面测量和横断面测量。

2. 施工阶段的测量

管线工程施工阶段的测量工作是按设计要求的位置、形状及规格将管线的中线和其构筑物测设于实地,其主工作包括复测中线及细部放样等。

3. 运营管理阶段

管线工程运营管理阶段的测量工作是为管线及其建筑物、构筑物的维修、养护、改建和扩建提供测绘资料,包括施工放样、变形观测和维修养护测量等。

7.2 管线的初测

管线初测是工程初步设计阶段的测量工作,它是根据初步拟定的各种方案,对实地进行较为详细的测量,编制比较方案,为管线初步设计提供依据。

7.2.1 平面控制测量

根据管线工程的特点,平面控制多采用导线形式,通常称其为初测导线。因为初测导线是测绘管线带状地形图和以后定测放样的基础,所以导线的布设必须满足这两项测量工作的基本要求,同时还应便于导线自身的测角和测边。导线边长通常在 $100 \sim 400$m,若导线边长过长,则不能满足常规方法测图要求,过短则影响导线测量精度。初测导线布设的其他要求基本与地形测量中的图根控制导线相似。

根据《工程测量规范》,测量导线水平角,应采用两个测回来测量其左右角。在两个测回之间,应变动度盘位置。其观测值校差,当采用 DJ_2 型仪器观测时,不应大于 $20''$;当采用 DJ_6 型仪器观测时,不应大于 $30''$。

导线边长测量应用光电测距仪进行往返测量各一测回,每个测回应读数两次,各次读数校差应小于或等于 ± 10mm,往返校差应小于或等于 $\sqrt{2}(a + b \cdot D)$mm,其中,a 为测距仪的加常数;b 为乘常数;D 为导线边长,以 km 为单位。

由于初测导线通常都延伸较长,为了控制误差积累,一般要求导线每 30km 应与高级控制点进行联测,其方位角闭合差应小于或等于 $\pm 30''\sqrt{n}$(n 为测站数),导线全长相对闭合差应小于或等于 1/2000。

7.2.2 高程控制测量

高程控制通常采用水准测量的方法来进行,在管线初测阶段所进行的水准测量任务是沿线建立高程控制点,为地形测量和以后的定测、施工测量、竣工测量等服务,同时测定导线点高程。根据工作目的和精度又可将水准测量分为水准点高程测量和中桩高程测量。

1. 水准点高程测量

水准点高程测量通常称为基平,其任务是在沿线附近建立水准基点并测定高程,是管线高程控制的基础。一般每隔 2km 左右设置一个水准点,在工程比较集中的地段应加设水准点,可用等外水准来联测其高程,往返测不符值应小于或等于 $\pm 30\sqrt{L}$ mm(L 为水准路线长度,单位为 km)。当线路较长时应与国家水准点进行联测。

高程系统应采用 1985 高程系统。若在已有高程控制网的地区亦可采用原有高程系统,特殊地区尚可采用独立高程系统。

2. 中桩高程测量

中桩高程测量也称中平,其任务是测定导线点高程。它是以基平测量水准点为水准路线的起讫点,允许闭合差为 $50\sqrt{L}$ mm(L 为水准路线长度,单位为 km)。在地形起伏较大的地段,亦可用全站仪光电测距三角高程来代替水准测量的方法进行。

7.2.3 带状地形图测绘

管线初测中的地形测量是测沿线带状地形图,作为管线设计和方案比较的依据。通常测图比例尺采用 1∶2000,在地形比较简单的地区可采用 1∶5000 的测图比例尺,而在地形复杂的地区,则应采用 1∶1000 的测图比例尺。一般带状图的测量宽度为 $100 \sim 250$m,在需进行方案比较的地段,带状地形图应加宽以包含多个方案,或为每个方案单独测绘一段带状地形图。根据初步设计,选定某一方案后即可进入管线的定测工作。定测的主要任务是准确地把初步设计的管线中心在实地标定出来,并测绘纵横断面。定测资料是施工图设计和工程施工的依据。定测的内容在第 4 章已经讲述,在此不再赘述。

7.3 管线施工测量

管线施工测量的主要任务是根据工程进度要求,放样各种标志,以便施工人员随时掌握中线方向及其高程位置。施工测量的主要内容包括施工前的测量工作和施工期间的测量工作两大部分。

7.3.1　施工前的测量工作

1. 熟悉图纸和现场情况

施工前应熟悉图纸、精度要求及现场情况,现场落实各主点桩、里程桩和水准点的位置,并对其进行检测。注意核对施工图纸,计算并核对有关放样数据,拟定放样方案。

2. 中线桩和施工控制桩恢复

在施工时中桩经常会被挖掉,为了在施工时控制中线位置,应在不受施工干扰、引测方便、易于保存桩位的地方放样出施工控制桩。施工控制桩又分为中线控制桩和位置控制桩。

(1)中线控制桩放样。中线控制桩通常是在中线的延伸线上钉设木桩,并做好标记,如图 7-1 所示。

(2)附属设施控制桩放样。附属设施控制桩通常在垂直于中线方向上钉两个木桩,距槽口

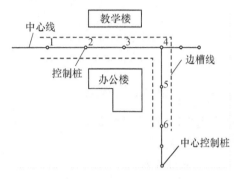

图 7-1　中心控制桩

0.5m 左右,与中线的距离最好是整分米数。若要恢复构筑物时,则可在中线一侧放出一条与其平行的轴线,利用该轴线来恢复中线和构筑物位置。

3. 水准点加密

为了施工中的高程引测方便,应在原有水准点之间每隔 100~150m 增设临时施工水准点,精度应根据工程性质和相关规范而定。

4. 槽口放样

槽口放样的任务是根据设计要求、埋深和土质情况、管径大小等计算出开槽宽度,并在地面上定出槽边线位置,作为开槽边界的依据。

(1)当地面平坦时,如图 7-2 所示,槽口宽度 D 的计算公式为

$$D = d + 2m \cdot h \tag{7-1}$$

(2)如图 7-3 所示,当地面坡度较大,管线深度在 2.5m 以内,中线两侧槽口宽度不相等时,槽口宽度 D 的计算公式为

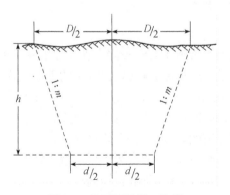

图 7-2　地面平坦槽口放样

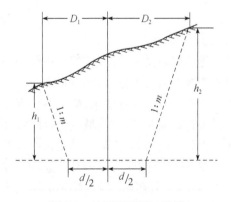

图 7-3　地面倾斜槽口放样

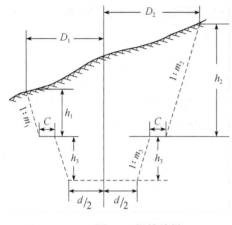

图 7-4　深槽放样

$$D_1 = \frac{d}{2} + m \cdot h_1$$
$$D_2 = \frac{d}{2} + m \cdot h_2 \qquad (7\text{-}2)$$

（3）如图 7-4 所示，当槽深在 2.5m 以上时，槽口宽度 D 的计算公式为

$$D_1 = \frac{d}{2} + m_1 h_1 + m_3 h_3 + c$$
$$D_2 = \frac{d}{2} + m_2 h_2 + m_3 h_3 + c \qquad (7\text{-}3)$$

7.3.2　施工中的测量工作

管道施工过程中的测量工作，主要是控制管道中线和高程，一般采用坡度板法和平行轴腰桩法。

1. 坡度板法

1）埋设坡度板

坡度板应根据工程进度要求及时埋设，其间距一般为 10～15m，若遇检查井、支线等构筑物时应增设坡度板。当槽深在 2.5m 以上时，应待挖至距槽底 2.0m 左右时，再在槽内埋设坡度板。坡度板应埋设牢固，不可露出坡面，并应使顶面近于水平，如图 7-5 所示。

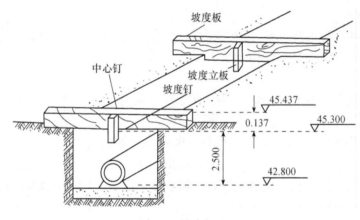

图 7-5　坡度板法

2）坡度顶放样

坡度板埋好后，将经纬仪安置在中线控制桩上将管道中心线投测在坡度板上并钉中线钉，中线钉的连线即为管道中心，挂垂线即可将中线投测到槽底，从而定出管道的平面位置。

为了使管道符合设计要求，应在各坡度板上中线钉的一侧钉一坡度立板，在坡度立板侧面钉一个无头钉或扁头钉，称为坡度钉，使各坡度钉的连线平行管道设计坡度线，并距管底设计高程为一整分米数，称为返数。利用该线来控制管道的坡度、高程和管槽深度。

为此按下式计算出每一个坡度板顶向上或向下的调整量，使下返数为预先确定的一个整数。

调整数＝预先确定的下返数－（板顶高程－管底设计高程）

当调整数为负值时，由坡度板顶向下量；反之，则向上量。

如图 7-5 所示，由水准点用水准仪测得 K0＋000 坡度板中心线处的板顶高程为

45.437m,管底的设计高程为 42.800m,则应从板顶向下量 45.437－42.800＝2.637m。现根据各坡度板的板顶高程和管底高程的情况,选定一个统一的整分米数 2.5m 作为下返数,见表7-1,只要从板顶向下量 0.137m,并用小钉在坡度板上标明其位置,则由该点向下量 2.5m,即管底高程。在坡度钉钉好后,还应对其高程进行检测。采用相同的方法可在管线的其他各坡度板上定出下返数为 2.5m 的高程点,这些点的连线即与管底的坡度线平行。

表 7-1　坡度钉测设手簿

板号	距离	坡度	管底高程	板顶高程	板-管高差	下返数	调整数	坡度钉高程
1	2	3	4	5 * 2/3	6	7	8	9
K0＋000			42.800	45.437	2.637		−0.137	45.300
K0＋010	10		42.770	45.383	2.613		−0.113	45.270
K0＋020	10		42.740	45.364	2.624		−0.124	45.240
K0＋030	10		42.710	45.315	2.605		−0.105	45.210
K0＋040	10	−3%	42.680	45.310	2.630	2.500	−0.130	45.180
K0＋050	10		42.650	45.246	2.596		−0.093	45.150

2. 平行轴腰桩法

在精度要求不高或现场不便采用坡度板法时,则采用平行轴腰桩法来放出施工控制标志。开工前可在管线中线一侧或两侧设置一排或两排平行于管道中线的轴线桩,且桩位应在开挖线以外。各桩间距为 15～20m,在检查井处的轴线桩应与井位相对应。

为了控制管线高程,在槽底的坡上(距槽底约 1m),放样一排与平行轴线桩相对应的桩,即腰桩(又称水平桩),作为开挖深度、修平槽底和打基础垫底的依据,如图 7-6 所示。腰桩上应钉一小钉,并使小钉的连线平行于管道设计的坡度,亦应距管底设计高程为一整分米数,即为下返数。

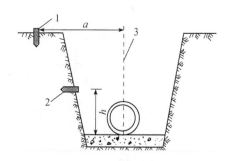

图 7-6　平行轴腰桩法
1. 平行轴线桩;2. 腰桩;3. 管中线;
a. 管中线到平行轴线桩距离;h. 下返数

7.3.3　架空管道施工测量

1. 管道支架基础测量

架空管道基础施工各工序的施工测量方法与桥梁明挖基础相同,不同之处在于架空管道有支架(或立杆)及其相应基础的测量工作。

因为管线上支架的中心桩在基础开挖时将被破坏,所以,在开挖前需要将其位置引测到相应垂直的四个控制桩上,如图 7-7 所示。在引测时,可将经纬仪安置在主点上,在Ⅰ、Ⅱ方向上钉出 a、b 两个控制桩,然后将经纬仪安置在

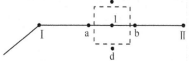

图 7-7　管架基础测量

支架中心点 1 上,并在垂直于管线方向上标定 c、d 两个控制桩。根据控制桩即可恢复支架中心点 1 的位置,确定开挖线,进行基础施工。

2. 支架安装测量

架空管道是安装在钢筋混凝土支架或钢支架上,在其安装时,应配合施工进行柱子垂直校正等测量工作,其测量方法、精度要求均与厂房柱子安装测量相同。在管道安装前,应在支架上放样出中心线和标高。中心线投点和标高测量容许误差均不得超过±3mm。

7.4　顶管施工测量

当管道穿越铁路、公路、河流或建筑物时,由于不能或不允许开槽施工,常采用顶管施工方法。另外,为了克服雨季和严冬对施工的影响,减轻劳动强度,改善劳动条件等,采用顶管方法施工。随着施工机械化程度的不断提高,顶管施工技术应用越来越广泛,在顶管施工时,应先在放顶管的两端挖好工作坑,然后安装导轨(铁轨或方木),并将管材放置在导轨上,用顶镐将管材沿管线方向顶进土中,然后将管内土方挖出即可。顶管施工测量的主要任务是控制好顶管中线方向、高程及坡度。

7.4.1　顶管测量的准备工作

1. 中线桩的测设

中线桩是工作坑放线和放样坡度板中线钉的依据,在放样时应根据中线控制桩和设计图纸的要求,用经纬仪将中线桩分别引测到工作坑的前后,并钉上大铁钉或木桩,以标定顶管的中线位置,如图 7-8 所示。在中线桩放好后,即可根据它定出工作坑的开挖边界,工作坑的底部尺寸一般为 4m×6m。

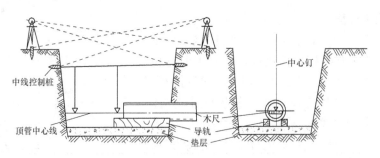

图 7-8　中线桩放样

2. 临时水准点测设

为了使管道按设计高程和坡度顶进,则应在工作坑内设置临时水准点。通常在坑内顶进的起点一侧钉设一个大木桩,并使桩顶一侧的小钉高程与顶管起点管内底设计高程相同,以便控制管道的高程。

3. 导轨的安装

导轨通常是安装在土基础或混凝土基础上,且基础面的高程及纵坡均应符合设计要求(中线处高程应稍低,以利于排水和防止摩擦管壁)。安装好导轨后,根据顶管中线桩及临时水准点检查中心线及高程,在检查无误后,方可将导轨固定。

7.4.2　顶进中的测量工作

1. 中线测量

如图 7-9 所示,通过顶管的两个中线桩拉一条细线,并于细线上挂两个垂球,然后再贴靠两垂球线拉一条水平细线,则该细线即为顶管的中线方向。为了确保中线测量的精度,两垂球之间的距离应尽可能大一些。这时在管内前端放一水平尺,其上有刻划和中心钉,尺寸等于或略小于管径,顶管时用水准器将尺找平。通过拉入管内的小线与水平尺上的中心钉比较,即可知管中心是否有偏差,尺上中心钉偏向哪一侧,则说明管道也偏向哪个方向。

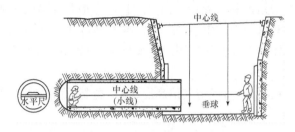

图 7-9　中线测量

为了及时发现顶进时中线是否有偏差,中线测量应每顶进 0.5～1.0m 时测量一次。其偏差值可直接在水平尺上读出,若左右偏差超过 1.5cm,则应对中线进行校正。

这种方法在短距离顶管中是可行的,当距离超过 50m,则应分段施工,并在管线上每隔 100m 设一工作坑,采用对顶施工方法。在顶管施工过程中,可采用激光经纬仪和激光水准仪进行导向,以保证施工质量,如图 7-10 所示。

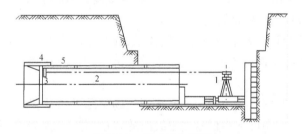

图 7-10　激光导向测量

1. 激光经纬仪;2. 激光束;3. 激光接收靶;4. 刃角;5. 管节

2. 高程测量

如图 7-11 所示,可安置水准仪于工作坑内,后视临时水准点,前视管顶内的待测点,管内应使用一根小于管径的标尺,即可测出待测点高程。然后将管底实测高程与设计高程进行比较,即可知道校正顶管坡度的数值。但为了工作方便,通常是以工作坑内临时水准点为依据,按图纸设计的纵坡采用比高法进行检测。

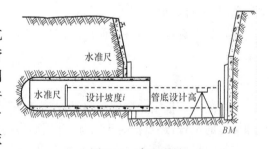

图 7-11　高程测量

例如,管道的设计坡度为 5‰时,则每进 1.0m,高程即上升 5mm,该点水准尺上的读数就相应的减小 5mm。

根据规范要求,顶管施工应满足高程误差不得超过±10mm,中线误差不得超过±30mm,

两个管子错口一般不得超过 10mm,对顶时不得超过 30mm。

测量工作应及时、准确,当第一节管子就位于导轨上后即应进行校测,在符合要求后方可开始顶进。一般当工具管刚进入土层时,应加密测量次数,通常是每顶进 100cm 时测量一次,且每次测量均应以管子的前端位置为准。

7.5　架空输电线路测量

7.5.1　路径选择

架空输电线所经过的地面,称为路径。路径选择应考虑和注意的主要问题有:

(1) 路径应短而直,转弯少而转角小,交叉、跨越不多,在电线最大驰度时不小于限距。

(2) 当线路与公路、铁路或与其他高压线路平行时,期间距至少应间隔一个安全倒杆距离(最大杆塔高度加 3m)。

(3) 当线路与公路、铁路、河流或与其他高压线路、主要通信线交叉跨越时,其交角不应小于 30°。

(4) 线路应尽量绕过重要的经济林区、绿化区、居民区、厂矿区、油库、危险品仓库及飞机场等。

(5) 杆塔附近应无地下坑道、矿井、滑坡、塌方等不良地质条件,转角点附近的地面必须坚实平坦。

(6) 沿线应有可通车辆的道路或通航的河流,便于施工运输和维护、检修。

1. 室内选线

室内选线是利用小比例尺地形图、航空摄影像片或高分辨率卫片,根据线路规划建设的要求和已知起讫点的地理位置选择线路路径走向。

然后,对选定的几个初步方案,经过经济、技术、安全及环保等方面的综合比较,找出一两个较优方案,并在图上标出起讫点、走向及转角位置,计算出各拐点坐标。该图称为线路图。

2. 实地勘察

实地勘察是根据线路图已选出的初步方案到现场踏勘,核实地形的变化情况,从而确定方案的可行性。在踏勘过程中可利用仪器测出线路的转角,并于线路必须通过位置做好标记,作为定线测量的目标。对于大跨越点或拥挤地段的重要位置还应绘制平面图。同时应对施工运输的道路、航道、受线路影响范围内的通信线路和其他跨越物,以及线路所经过地带的地质、水文等情况,进行详细的调查。

在路径影响范围内各方面的技术原则落实后,并经审查部门通过,从而确定路径的最后方案。

7.5.2　定向测量

定向测量是根据已确定的路径方案,采用测量仪器来测定线路中心的起点、直线点、转角点和终点的位置,逐点标定于实地,并用标志物标定方向,如图 7-12 所示。

在转角桩附近应用方向桩 F 标出来线和去线的方向,方向桩一般应钉在距离转角桩 J 5m 左右的路径中线上;分角桩应钉在 J 桩的外分角线 L(大于 180°的分角线)上,通常离 J 桩 5m 左右,分角桩与两边导线合力的方向相反。当杆塔竖立后,应在分角桩方向上打拉线,以保证杆塔稳定。转折点的角度应采用正倒镜观测一测回,并记入定线测量的手簿中。

由于不在转角点附近的路径方向桩(直线桩 Z)位于两个转角桩的中心线上,可作为平断

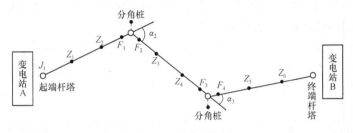

图 7-12　定向测量

面和施工测量的依据。因此,直线桩应选在路径中心线上较高的地方,以便地形测量。相邻直线桩之间的距离一般不应超过 400m。

7.5.3　平面及断面测量

平面及断面测量的目的在于掌握线路通道上地物、地貌的分布情况,利用这些资料确定杆塔的形式和位置,计算导线与地物安全距离;为线路的电气设计和结构设计提供切实的基础技术资料。

1. 平面测量

平面测量就是测出线路中心线两侧各 50m 通道范围内的所有地形、地物的标高及平面分布位置。对于 220kV 及其以下输电线路,应测出线路中心两侧各 20m 以内的地物;对于 220kV 以上输电线路,应用仪器测出线路中心两侧各 30m 以内的地物,其余范围内的地物可采用目测方法。

对于中线两侧各 50m 范围内的河流、建筑物、构建物、经济作物、自然地物,以及电力线、通信线等应进行平面测量,且交叉跨越测量、平面测量及断面测量应同时进行。

2. 纵断面测量

架空输电线路纵断面测量就是测定地物、地貌特征点的里程及高程,可采用经纬仪、全站仪及 GPS 来进行。

1) 纵断面测量

纵断面测量时,对于地形无明显变化或明显不能竖立杆塔的地面点,以及对导线弧垂没有影响的地面点,则不必测量。当线路跨越地面建筑物、通信线、电力线、架空管道、水渠、冲沟、旱地、水田、果园及沼泽地等边界时,则断面点直接关系到导线弧垂与地面的距离,应加密观测断面点,以确保线路的安全。

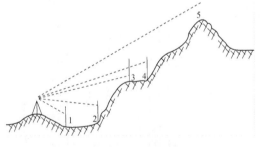

图 7-13　断面点测量
1～5 为地形变化点

如图 7-13 所示,纵断面点的施测方法如下。

(1) 根据已有的控制点及设计数据在实地标定纵断面方向。

(2) 在线路方向标定后,锁定水平制动,立镜员在断面方向上的地形变化点立镜,利用全站仪进行逐点测量。

2) 纵断面图的绘制

为了使排杆定位和相互之间的距离直观明了,在输电线路断面图的绘制中,通常采用方格纸绘制。根据已测出的各断面点里程、标高,在方格纸的纵线上画出标高,横线上画出里程,并将各断面点以光滑曲线连接,即为纵断面图。

为了突出地形变化的特点,纵向比例尺一般大于横向比例尺。在输电线路的断面图绘制中,通常采用纵向 1∶500、横向 1∶5000 的比例尺。对于档距较小且地物及交错较复杂的地区,则断面图的比例尺采用纵向 1∶200、横向 1∶2000。

3)横断面测量

横断面测量的主要目的是了解线路两侧导线与地面的安全距离及杆塔基础的施工面是否满足架空输电线路的技术规定。通常在边导线地面高于中线 0.5m 或线路在大于 1∶4 的斜坡上通过时,除应测出线路中心线断面外,还应测出边导线的纵断面和横断面的点。在进行横断面测量时,应注意边导线位置的准确性,自中心线向两侧测出的距离要根据线路电压等级和斜坡情况而定。

7.5.4　杆塔定位测量

杆塔定位测量就是根据测绘出的线路断面图,设计线路杆塔的型号和确定杆塔的位置,然后再把杆塔的位置放样到已经选定的线路中心线上,并标定杆塔位置的中心桩。

1. 杆塔定位

杆塔定位是输电线路设计中的一个重要环节,应由设计、测量、地质和水文等专业技术人员相互配合,经图上定位和现场定位来完成。设计人员根据断面图和耐张段长度以及平面位置,估算代表性档距,选用相应的弧垂模板,在其断面图上比拟出杆塔的大概位置,检查模板上导线与地面的安全距离、与交跨物的垂直距离是否满足技术规程,从而选定适当的杆塔类型和高度,以便最大限度地利用杆塔强度设置适当的档距,并应考虑施工、运行的便利和安全。一旦在图上把杆塔位置确定后,则应到现场把其位置放样到线路的中心线上,并进行实地验证。若发现杆塔位置不合适时,则应及时进行修正,然后再重新在上述图上进行定位,重新排列杆塔位置,此项工作应反复进行直到满足要求为止。

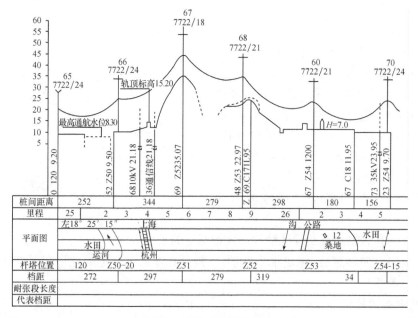

图 7-14　输电线路平断面图

图上定位与现场定位可分阶段进行,亦可在现场按次序同时进行。通常采用后者,将测断面、定位、交桩三项工作统一到一道工序。

2. 定位测量

当杆塔的实地位置确定后,则应对杆塔位置的地面标高、杆塔位之间的距离及杆塔位的施工等进行测量,然后将杆塔位、杆塔高度、杆塔型号、杆塔位的序号档距及弧垂的确定数据标画于断面图上。图 7-14 即为输电线路的平断面图。

7.6　拉 线 放 样

在杆塔组现场施工前,应正确放样出拉线坑的位置,使其符合设计要求,以保证杆塔的稳定和安全。拉线坑的位置与横担轴线之间的水平角以及拉线与地面的夹角有关。拉线的形式有四方形、V 形、X 形和八字形等。

7.6.1　V 形拉线放样

1. V 形拉线长度计算

如图 7-15 所示,h 为拉线的悬挂点至杆轴与地面交点的垂直高度,a 为拉线悬挂点与杆轴线交点至杆中心线的水平距离,H 为拉线坑的深度,D 为杆塔中心至拉线坑中心的水平距离。

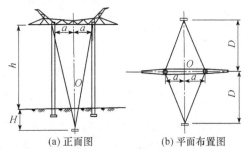

当拉线坑位置处于横担前两侧时,则同侧两根拉线应合盘布置,并应在线路的中心线上,成前后、左右对称于横担轴线和线路中心线。在 h 不变的情况下,当杆位中心 O 点地面与拉线坑中心地面标高一致时,则其两侧的 D 值应相等;当杆位中心 O 点地面与拉线坑中心地面存在高差时,则两侧 D 值不相等,且拉线坑中心位置将随地形的起伏而移动,拉线的长度也将随之变化。

(a) 正面图　　　(b) 平面布置图

图 7-15　V 形拉线正面和平面布置图

如图 7-16 所示,无论地形怎样变化,Φ 角应保持不变,但杆位中心 O 点至 N 点之间的水平距离 D_0 和拉线长度 L 将随地形起伏而变化。从图 7-16 中的几何关系可知:

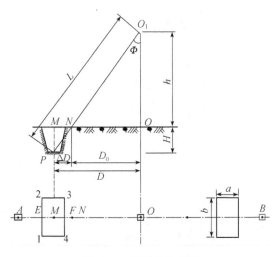

图 7-16　拉线坑位放样

$$\Phi = \arctan \frac{D}{H+h} \tag{7-4}$$

$$\left.\begin{aligned}
D_0 &= h\tan\Phi \\
\Delta D &= H\tan\Phi \\
D &= D_0 + \Delta D = (h+H)\tan\Phi \\
L &= \sqrt{(h+H)^2 + D^2}
\end{aligned}\right\} \tag{7-5}$$

式中,D_0 为杆位中心至 N 点的水平距离;ΔD 为拉线坑中心桩至 N 点的水平距离;L 为拉线全长;h 为 O_1 点与 N 点的高差。

2. V 形拉线坑位放样

如图 7-16 所示,将仪器安置于杆中心桩 O 点上,望远镜瞄准顺线路 A 点辅助桩,并在视线方向上用尺子分别量取 $ON = D_0$、$NM =$

ΔD，即可得到 N、M 两点的位置。然后再在望远镜的视线方向上量取 $ME = MF = a/2$，即得 E、F 两点。最后再以 E、F 为基准，在垂直方向上量取 $b/2$，即可得到 1、2、3、4 四个点。

7.6.2　X 形拉线放样

1. X 形拉线长度计算

如图 7-17 所示，h 为拉线悬挂点至地面的垂直高度，Φ 为拉线与杆轴线垂之间的夹角，a 为拉线悬挂点与杆轴交点至杆中心的水平距离，H 为拉线坑的深度，β 为拉线与横担轴线在水平方向上的夹角，O_1、O_2 为拉线与横担轴线的交点，D 为拉线坑中心与 O_1、O_2 间的水平距离，O 为拉线杆位中心桩位置。

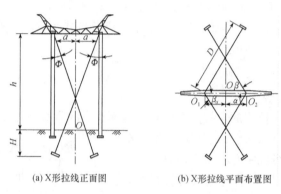

(a) X 形拉线正面图　　　　　(b) X 形拉线平面布置图

图 7-17　X 形拉线正面及平面布置图

位于平坦地形直线杆 X 形拉线的纵剖视图见图 7-18。图中 D_0 是拉线悬挂点 O_1 至拉线与地面交点 N 的水平距离，ΔD 是 N 点到拉线坑中心 M 点的水平距离，D 是 O_1 点到拉线坑中心 M 点的水平距离，M 是拉线坑中心 P 在地面上的位置，L 为一根拉线长度。若 O_1、N、M 三点位于同一水平线上时，则有

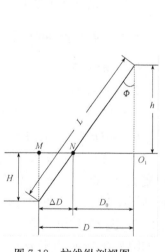

图 7-18　拉线纵剖视图

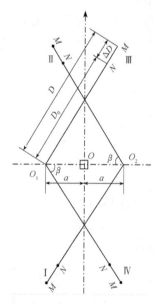

图 7-19　X 形拉线分坑测量

$$\left.\begin{array}{l} D_0 = h\tan\Phi \\ \Delta D = H\tan\Phi \\ D = D_0 + \Delta D = (h+H)\tan\Phi \end{array}\right\} \tag{7-6}$$

2. X 形拉线坑位放样

如图 7-19 所示,假设四个拉线坑中心地面与杆中心桩处地面同高,其拉线基础放样方法如下。

首先于 O 点上安置仪器,在线路垂直的方向上设置横线路方向,量取 $OO_1 = OO_2 = a$,即可确定出 O_1 和 O_2 的位置。然后分别在 O_1 和 O_2 上安置仪器,按 β 或 2β 角,定出 Ⅰ、Ⅱ、Ⅲ、Ⅳ 四条直线。为了避免拉线之间相互摩擦而导致钢绞线受损,通常要使两个角相差 1°,并使拉线坑位的 N 点到 O_1 或 O_2 点的水平距离 D_0 加长或缩短 0.3m 左右。

7.7　导线弧垂观测

所谓导线弧垂是指以杆塔位支持物而悬挂起来的呈弧形的曲线。架空线任一点至两端悬挂点连线的铅垂距离,称为架空线在该点的弧垂。

如图 7-20 所示,在两端悬挂同高时,架空线档距内的最大弧垂将处于档距的中点;当两端悬挂点不同高时,两悬挂点高差为 h,最大弧垂为平行于两悬挂点连线与架空线相切的切点到悬挂点连线之间的铅垂距离,即平行四边形切点弧垂,如图 7-21 所示,该切点位于档距中央。所以,架空线最大弧垂亦称中点弧垂。

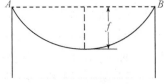

图 7-20　架空线弧垂

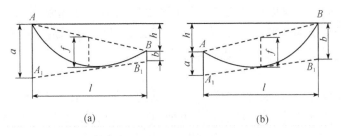

(a)　　　　　　　　　　　　(b)

图 7-21　异长法观测架空线弧垂

为了使架空线在任何气象条件下都能保证对地面及其他跨越物的安全距离,同时架空线对杆塔的作用力也能满足杆塔强度条件,设计时应根据当地气象资料及架空线参数、档距、悬挂点高度等条件,通过计算来确定弧垂值。在施工时,应根据设计资料及现场情况,计算出被观测档的弧垂点 f,并应进行精确的弧垂观测,以保证线路的安全性。

7.7.1　弧垂观测档的选择

施工人员在紧线前应根据线路塔位明细表中耐张段的技术参数、线路平断面定位图及现场情况,选择弧垂观测档。并结合耐张段的代表档距在不同温度下的弧垂值,计算出被观测档的弧垂值。

一条输电线路由若干个耐张段构成,每个耐张段至少有一个或多个档组成,若仅有一个档的耐张段,即称为孤立档;若由多个档组成的耐张段,则称为连续档。弧垂档可按设计所提供的安装弧垂数据观测该档;在连续档中,并不需要对每个档都进行弧垂观测,而是从一个耐张段中选择一个或几个观测档进行观测。

为了使整个耐张段内各档的弧垂达到平衡,应根据连续档的多少来确定被观测档的多少和具体位置。观测档的选择应符合以下要求:

(1) 耐张段在 5 档及其以下时,选择靠近中间的一档作为观测档。

(2) 耐张段在 6~12 档时,靠近耐张段的两端各选取一档作为观测档。

(3) 耐张段在 12 档以上时,在靠近耐张段的两端和中间各选取一档作为观测档。

(4) 弧垂观测的档数可根据现场情况进行增加,但不得减少。

7.7.2　弧垂测量

架空线弧垂观测的方法有异长法、等长法、角度法和平视法等。在实际观测时,为了观测简便,且不受档距、悬挂点高差在测量时所造成的影响,减少观测时现场的大量计算工作,掌握弧垂的实际误差范围,最好选择异长法或等长法进行观测。

若受到客观条件限制,无法采用异长法和等长法观测,则可选用角度法进行观测。当上述三种方法均无法适用时,则可选用平视法观测。

1. 异长法

异长法观测架空线弧垂见图 7-21,A、B 是观测档的不联耐张绝缘之串的架空线悬挂点,架空线的一条切线与其观测档两侧的杆塔交点分别为 A_1、B_1。a、b 分别是 A 至 A_1 点、B 至 B_1 点的垂直距离,f 是观测档所要观测的弧垂计算值。

异长法进行架空线弧垂观测时,是将两块长约 2m,宽为 10~15m 红白相间的弧垂板水平地绑扎在杆塔上,其上缘分别与 A_1、B_1 点垂合。在紧线时,观测人员目视两弧垂板的上边缘,当架空线稳定且与视线相切时,则该切点的垂度即为观测档的待测弧垂 f 值。

异长法观测弧垂方法是以目视或借助于低精度望远镜进行观测,由于观测人员视力的差异及观测时视点与切点间水平、垂直距离的误差等因素,该法仅适应于档距较短、弧垂较小以及地形较平坦,弧垂最低点不低于两侧杆塔根部的连线。

2. 角度法

角度法是利用仪器(全站仪、经纬仪)测定弧垂的一种方法,对于大档距、大弧垂以及架空线悬挂点高差较大的观测档,采用此法较为方便,且可满足精度要求。根据观测档的地形条件和弧垂大小,可选择档端、档侧任一点、档侧中点、档内及档外任一种适当的方法进行观测。其中档端角法使用较多,其他几种方法因计算复杂,故很少采用。

档端角度法如图 7-22 所示,将仪器安置在架空线悬挂点的垂直下方,用测竖直角测定架空线的弧垂。紧线时,调整架空线的张力,使架空线稳定时的弧垂与望远镜的横丝相切,此时观测档的弧垂也将随即确定。

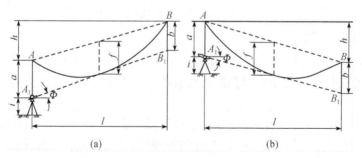

(a)　　　　　　　　　　　　(b)

图 7-22　档端角法观测架空线弧垂

由图 7-22 可见,弧垂的观测角 Φ 为

$$\Phi = \arctan \frac{\pm h + a - b}{L} \tag{7-7}$$

式中,Φ 为观测竖直角。当仪器处于低的一侧时,h 取"+"号;当仪器处于高的一侧时,h 取"−"号。计算出角值,正值为仰角,负值为俯角。a 为仪器横轴中心至架空线悬挂点的垂直距离。b 为仪器横丝在对侧杆塔悬挂点的铅垂线的交点至架空线悬挂点的垂直距离。

习　　题

1. 管线初测的目的和作用是什么?
2. 管线施工测量分哪几个阶段? 简述各阶段的作用。
3. 架空输电线路测量包括哪些内容?
4. 顶管施工测量的准备工作包括哪些内容?
5. 什么叫架空输电线路的定向测量?

第8章 水利工程测量

8.1 概　述

8.1.1 水利工程测量的任务

我们把研究矿山、水利、道路、桥梁及城市建设等各项工程建设在规划设计、施工和工程管理阶段所进行的各种测量工作的学科,称为工程测量学。水利工程测量是专门为水利工程建设服务的测量工作,主要任务如下:

(1)为水利工程规划设计提供必需的地形资料。在水利工程的规划设计阶段,需提供中、小比例尺地形图及其相关信息。在建筑物设计时,要提供大比例尺地形图。

(2)在施工阶段,要将图上设计好的建筑物、构筑物按其位置、大小放样到地面,以便据此进行施工。

(3)在施工过程及工程建成管理中,需要定期对建筑物、构筑物的稳定性及其变化情况进行监测,确保工程安全,即变形观测。

由此可见,测量工作贯穿于工程建设及运营阶段,要求测量工作者掌握必要的测量科学知识和技能,以便顺利地完成工程勘测、规划设计、施工及运营管理阶段的测量任务。

8.1.2 水利工程测量的特点

水利工程测量的程序遵守"由整体到局部"的原则。总体而言,采用的控制测量方法与其他类型工程基本相同,但也有其测量的特点。因为控制点大多均沿水边布设,视野比较开阔,观测时受水的影响较大,所以在观测时间的选择上尤为重要,应尽量避免受水雾的影响。

水利工程一般先由施工控制网放样出建筑物的主轴线,用它来控制建筑物的整体位置。对于中小型工程,主轴线放样若有误差,仅使整个建筑物偏移微小。在主轴线确定之后,根据它来放样建筑物细部,必须保证各部分设计的相对位置。因此,细部放样的精度要求往往高于主轴线放样精度。例如,水闸中心线(即主轴线)的放样误差应控制在 1cm 之内,而闸门相对闸中心线的放样误差不应超过 3mm。但在大型水利枢纽的放样中,各主要轴线间的相对位置精度要求较高,应精确进行放样。

施工放样的精度与建筑物的大小、结构形式、建筑材料等因素有关。如在水利工程施工中,要求钢筋混凝土工程要比土石方工程的放样精度高,而对于金属结构物安装的放样精度要求则更高。因此,在施工放样中,应根据不同的施工对象,选用不同精度的仪器和放样方法,以便在保证放样精度的前提下,尽量节省人力和物力。

在施工放样时,所利用的控制点均应处于同一坐标系,只有这样,才能确保建筑物之间的相对关系满足设计要求。

8.2　水利工程控制网

8.2.1　平面控制网

若在建筑区域内保留有原来的测图控制网,且可以满足施工放样的要求,则可直接将其作为施工控制网,否则应重新布设施工控制网。

1. 平面控制网建立

平面控制网一般分两级布网:一级为基本网,它为控制水利枢纽各建筑物主轴线奠定基础。构成基本网的控制点称为基本控制点。另一级为放样网,它是放样建筑物的辅助线和细部位置的基础。

由于水工建筑物大多位于起伏较大的山岭地区,通常采用三角网作为基本控制网,而放样控制网则是以基本控制网为基础,常用交会法进行加密,亦可采用基本控制点放样出一条基准线,然后用它来布设矩形控制网。随着 GNSS 测量技术的不断发展,越来越多的平面控制网采用 GNSS 网。

2. 平面控制网精度

施工控制网是把设计图上建筑物特征点放样到实地的依据。建筑物放样精度要求根据建筑物竣工时对于设计位置、尺寸的容许偏差(即建筑限差)来确定。建筑物竣工时,实际误差包括施工误差(构件制造误差、施工安装误差)、测量放样误差以及外界条件(如温度)所引起的误差。虽然测量误差仅占其中的一部分,但它是建筑物施工的基础,若位置不准确,则会造成重大损失。

测量误差是放样细部点的位置总误差,包括控制点误差对细部点的影响及施工放样过程中所产生的误差。为了控制测量误差对工程质量的影响,一般要求控制点误差相对于施工放样误差应小到忽略不计。例如,《水利水电工程施工规范》规定水工建筑物轮廓点放样中误差为 20mm,施工控制点的点位中误差应小于 9mm。因此,施工控制网应具有较高的精度。

为了使施工控制网具有较高的精度,应从以下几个方面来实现:

(1) 提高观测精度。为了提高观测精度,必须使用精密的光学经纬仪进行角度测量,并使用相应精度级别的测距仪进行距离测量。当然,也可采用高精度的全站仪或 GNSS 接收机进行外业观测,以获得高精度的外业观测资料。

(2) 建立良好的图形结构。因为测角网有利于控制横向误差,测边网有利于控制纵向误差。所以,在布网时可采用边角网的形式,以实现优化网行结构、控制点位误差的目的。当采用 GNSS 控制网时,则应注意网的连接方式、卫星的几何分布等。

(3) 增加多余观测。根据控制网优化软件对不同观测方案进行优化,在满足精度要求的前提下,确定出最佳的观测方案。

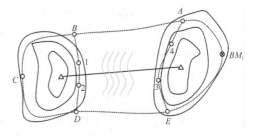

8.2.2　高程控制网

在水利工程测量中,高程控制网通常分为两级,基本水准网应与施工区域附近的国家水准点进行联测,其网形应布设成闭合(或附合)水准

图 8-1　水准网布设

网,水准点位置应选在施工影响区域之外,作为整个施工期间的高程测量依据。加密水准点是由基本水准点引测出的临时性作业水准点,其位置应尽可能地靠近建筑物,一般在安置一次仪器的情况下,即可进行高程放样,以便减少测量误差传播,提高放样效率。如图 8-1 所示,

BM_1、A、B、C、D、E、BM_1 是一个闭合形式的基本水准网,1、2、3、4 即加密水准点。

8.2.3 测量坐标系与施工坐标系转换

设计图纸上的建筑物各部分的平面位置是以建筑物的主轴线(如坝轴线、厂房轴线等)作为定位的依据。若采用主轴线为坐标轴,该轴线的一个端点为原点,或采用互相垂直的两主轴线为坐标轴所建立的坐标系称为建筑坐标系,而一般的设计图纸中均采用了建筑坐标系。但在建立控制网时所采用的坐标系为测量坐标系。因此,在计算放样数据和实地放样时,必须采用统一的坐标系。

具体的坐标转换可参照第 3 章 3.2 节的内容进行。

8.3 渠道及提线测量

在修建渠道和开挖河道时,必须将设计好的路线中心线在地面上标定出来,然后再沿路线方向测出其地面起伏状况,并绘制成带状地形图或纵横断面图,作为设计路线坡度和计算土石方工程量的依据。

8.3.1 选线测量

1. 踏勘选线

渠道选线的任务就是在实地选定渠道最佳路线,标定其中心线的位置。渠道的选择直接关系到工程效益和修建费用的多少,通常应考虑让尽可能多的土地实现自流灌排,而且开挖和填筑的土石方量和所需修建的附属建筑物要少,并要求中小型渠道的布置与土地规划相结合,做到田、渠、林、路协调布置。同时还应考虑渠道沿线有较好的地质条件,少占良田,以便减少修建费用。

在具体选线时,不但要考虑选线要求,而且应结合渠道大小按一定的步骤进行。

1) 实地踏勘

实地踏勘前应先在地形图上初选几条比较渠线,然后依次对其进行踏勘。

踏勘的目的是要了解渠线上某些特殊点(沿线的山崖、跨河点等)的相对位置和高程,大致确定支渠分水口位置和走向,收集沿线有关水文、地质、气象以及建筑材料和施工条件等方面的资料,同时,对线路上的险工、难工及大型建筑物的类型和尺寸等作出估计,最终通过分析、比较,确定出一个最佳方案或几个较优方案,作为初测的依据。

2) 内业选线

内业选线是在实地踏勘的基础上进行,即在适当比例尺地形图上选定渠道中心线的平面位置,标出渠道转折点至附近地物点的距离和方向。

若该地区无实用的地形图,则应根据踏勘确定的线路,测绘出沿线宽 $100\sim200\text{m}$ 的带状地形图,比例尺可根据具体工程要求而定。

3) 外业选线

外业选线是将内业选线的结果利用仪器在实地标定出来,包括渠道的起点、转折点和终点。当然,在外业选线中还应根据现场实际情况,对其路线进行修改、完善。平原地区的渠线一般应为直线,若要转弯,则应在转折处打下木桩。若在丘陵山区选线,则可用全站仪测出有关渠段或转折点间的距离和高差。对于较长的渠线,为避免高程误差积累过大,则应每隔 $2\sim3\text{km}$ 检核一次已知水准点。

在外业选线中,应在渠道的起点、转折点和终点用木桩或水泥桩在地面标定下来,并绘出点志记图,以便今后寻找。

2. 布设水准点

为了满足渠线的探高测量和纵断面测量的需要,在渠道选线的同时,应沿渠线附近每隔 1~3km 在施工范围以外布设水准点,构成附合或闭合水准路线。

为了统一高程系统,水准点应尽可能与国家等级水准点联测,不得已时,方可采用独立的高程系统。水准测量的施测方法和精度要求,应根据渠线长度、渠道规模和设计渠底比降的大小而定,当渠线长度在 10km 以内的小型渠道,一般可按四等水准测量进行施测。对于大型渠道,应按三等或二等水准测量施测。

8.3.2 中线测量

当中线的起点、转折点、终点在实地标定后,应根据选定的中线位置测量转角、测设中桩,定出线路中线。中线测量的主要内容有测设中线交点桩、测定转折角、测设里程桩和加桩。当中线转弯时,且转角大于 6°时,还应测设曲线的主点及曲线细部点的里程桩。

当中线的起点、转折点(交点桩)和终点桩在踏勘时已标定位置时,应测定交点桩坐标,以便今后线路恢复和测绘线路平面图;当交点桩在选线时没有实地埋设,只是在图纸上确定交点桩的位置时,首先应根据图纸上交点桩的定位条件,放样出交点桩位置,然后再测定交点桩坐标。

在山区进行环山渠道的中线测量时,为了确保渠道安全稳定,应使渠道以挖方为主,将山坡外侧渠堤顶的一部分设计在地面以下,如图 8-2 所示,此时应用水准仪探测中心桩的位置。

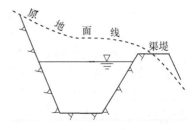

首先根据渠道引水口高程、渠底比降、里程及渠深(渠道设计水深加超高)来计算堤顶的高程,然后用水准测量探测该高程的地面点。例如,渠道引水口的渠底高程为 1886.50m,渠底比降为 1/1000,渠深为 5.0m,则 1+000 的堤顶高程为 $1886.50-1000×1/1000+5.0=1890.50$。如图 8-3 所示,由 BM_1(高程为 1889.800m)测量里程为 1+000 的地面点 P_1 时,其后视读数为 1.580,则 P 点上所立标尺的读数应为 $1889.800+1.580-1890.50=0.880$,但实测读数为

图 8-2 环山渠道断面图

1.280m,说明 P_1 点的位置偏低,应向高处移动,使其读数恰好为 0.880m 时,即可得堤坝位置。然后根据实地地形情况,向里移一段距离(小于或等于渠堤到中心线的距离),钉下 1+000 里程桩。按此法可将渠线不断向前延伸。

图 8-3 环山渠道中心桩探测

在中线测量结束后,对于大型渠道,一般应测出渠道测量路线平面图,在图中标出渠道走向、各弯道圆曲线桩点等,同时将桩号和曲线的主要元素值注记于图上相应的位置。

8.3.3　渠道放样

渠道边坡放样就是要在每个里程桩和加桩上将设计横断面按其尺寸在实地标定下来,为施工放样提供依据。

1. 中桩填挖标定

在施工前先检查中桩有无丢失,位置是否变动。若发现有疑问的中桩,则应根据附近的中桩对其进行检测,以校核其位置。若中桩丢失,则应进行恢复,然后根据纵断面图上所计算的中桩填挖量,分别用红油漆将其标注于中桩上。

图 8-4　挖方断面

2. 边坡放样

为了指导渠道的施工,应在施工前于实地标明开挖线和填土线位置。根据设计横断面与原有地面线的相交情况,渠道的横断面形式有挖方断面、填方断面和填挖方断面三种,如图 8-4、图 8-5 和图 8-6 所示。

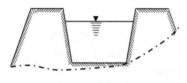

图 8-5　填方断面

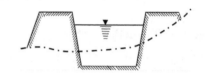

图 8-6　填挖方断面

在挖方断面上需标出开挖线,填方断面上需标出填方的坡脚线,填挖方断面上既有开挖线也有填土线,这些填、挖线应在每个断面处用边坡桩标定。如图 8-7 所示,设计横断面线与原地面线的交点桩 g、e、f 即边坡桩,在实地用木桩标定这些交点桩的工作称为边坡桩放样。

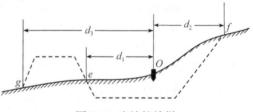

图 8-7　边坡桩放样

标定边坡桩的放样数据,就是从横断面图上量取边坡桩与中心桩的水平距离。为了便于放样和检查,放样前应先从横断面图上获取有关数据,并列于表 8-1。表内的地面高程、渠底高程、中桩的挖深或填高等数据由纵断面图查取;堤高程为渠底高程加设计水深,加超高;左、右内边坡宽、外坡脚宽等数据是以中心桩为起点在横断面图上量取。

表 8-1　渠道断面放样数据　　　　　　　　　　　　(单位:m)

桩号	地面高程	设计高程		中心桩		中心桩至边坡的距离			
		渠底	渠堤	填高	挖深	左外坡脚	右内边坡	左内边坡	右外坡脚
K0+000	188.31	185.81	188.31		2.50	7.50	2.90	4.52	
K0+050	186.50	185.78	188.28		0.72	6.42	2.38	3.23	6.10
K0+100	186.60	185.75	188.25		0.85	6.52	2.70	3.26	5.60
⋮	⋮	⋮	⋮	⋮	⋮	⋮	⋮	⋮	⋮

放样时,先在中心桩上定出横断面方向,然后根据放样数据沿横断面方向将边坡桩标定于地面上。如图 8-7 所示,从中心桩沿左侧横断面方向量取 d_1,可得左侧内边坡桩 e,再量 d_3,即可得左侧外坡脚桩 g,然后从中心桩沿右侧横断面方向量取 d_2,得到右内边坡桩 f,打下桩,即填筑和开挖的标志线。最后将所有断面相应的边坡桩洒上白灰,即可形成开挖线和填筑线。

8.4　水下地形图测绘

在水利及航运工程建设中,除了测绘陆地地形图外,还要测绘河道、海洋及湖泊的水下地形。水下地形有两种表示方法:一种是以航运基准面为基准的等深线表示的航道图,它主要显示河道的暗礁、浅滩、深潭及深槽等水下地形情况。另一种是用于陆地高程相一致的等高线来表示水下地形图。在此主要介绍后一种水下地形图的测绘方法。

8.4.1　水位观测

水位观测的目的是为了得到水下观测点的高程,它是用观测时刻的水深来间接推求,但由于测量水深的基准面是水面,而水面的高度一般是变化的,例如,海平面潮汐变化,江河不同地段水面高不同。因此,必须对实测的水深进行改正,方可推求出成图时所需的统一高程值。

若要进行水位改正,则必须进行水位观测。而水位观测应在统一的基准面上进行。目前我国常采用两种基准面:

(1) 大地水准面,它是根据青岛验潮站多年观测资料计算的平均海平面,称为"1985 年国家高程基准",即绝对基准面。

(2) 测站基准面,它是采用观测地点历年的最低枯水位以下 0.5～1.0m 处的平面作为测站基准面,即相对基准面。

通常的水位观测设备有标尺和自动水位计两种,使用较多的是立在岸边水中的标尺,定时读取水面在水尺上的读数。标尺一般用搪瓷制成,尺面刻划与水准尺相同。为了减小波浪的影响,提高精度,可在标尺周围设置挡浪的设备。由于受到水流、漂浮物撞击及河床土质松软而不易设置标尺时,则应设立矮桩式标尺,这种标尺只露出地面 10～20cm,并在桩顶设置高程测量标志。

标尺零点高程应用水准测量的方法同水准点联测后求得,设为 H_0。在观测标尺读数时,应尽可能靠近,水面读数应至厘米。

在进行水下地形测量时,因为水底测点高程是用水位高程减去水深得到的。所以,水位观测应与水深测量同步,但这一点无法做到。在实际测量中,是采用按规定的时间间隔(一般 10～30min)在标尺上读取水位读数,记录水位及观测时刻,并以水位为纵轴,时间为横轴,做出水位-时间曲线图,如图 8-8 所示。

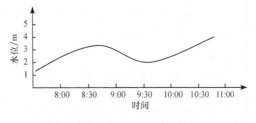

图 8-8　水位-时间曲线图

由于在测点上测量水深时刻不会恰好与标尺上测量水位时刻相同,要精确计算水底测点高程,则应通过内插求取任意时刻的瞬时水位,亦可根据所绘的水位-时间曲线图,用比例尺在图上量取任意时刻的瞬时水位。

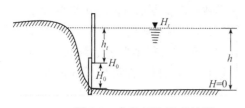

图 8-9　水底高程 H 的计算

如图 8-9 所示,设某时刻 t 的瞬时水位为 H_t,标尺零点高程为 H_0,标尺上读数为 h_t,则水底的高程 H 为

$$H_t = H_0 + h_t \tag{8-1}$$

$$H = H_t - h \tag{8-2}$$

式中,h 为水深。

8.4.2　水深测量

1. 测深杆及测深

测深杆可用竹竿、松木、玻璃钢杆等材料制成,直径约为 5cm,杆长为 4~6m。杆的表面以分米为间隔,涂以红白或黑白漆,并注记数字。杆底装有直径为 10~15cm 的铁板,以防止杆端插入淤泥而影响测深精度。通常适用于水深小于 5m 且流速不大的水域。

测深锤由测深绳和重锤组成,重锤的重量视水的流速而定,一般为 3~4kg,测绳长 10m 左右,以分米为间隔,系有不同的标志,适用于水深 2~10m,流速小于 1m/s 的水域。

2. 回声测深仪

测深仪是一种船载电子测深设备。回声测深仪的基本原理是利用声波在同一介质中匀速传播的特性,测量声波由水面至水底往返传播的时间 Δt,从而推算出水的深度 h,公式为

$$h = \frac{1}{2}\sqrt{(c \times \Delta t)^2 - l^2} \tag{8-3}$$

式中,l 为两个换触器之间的距离,在换触器收、发合一时,$l = 0$。则有

$$h = \frac{1}{2}c \times \Delta t \tag{8-4}$$

式中,水中声速 c 与水介质的体积弹性模量、密度相关,体积弹性模量、密度是随温度、盐度及静水压力而变化的变量;时间 Δt 由仪器读取。一旦确定声速 c、时间 Δt,就能计算出换触器到水底的垂直距离。目前在工程上应用较多的计算 c 值的公式为

$$c = 1\,449.2 + 4.6t - 0.055t^2 + 0.00029t^3 + (1.34 - 0.01t)(s - 35) + 0.168P \tag{8-5}$$

式中,t 为温度;s 为盐度;P 为静水压力。

8.4.3　水下地形点布置

水下地形测量与陆地地形测量大不相同,这是因为水下地形无法看见,不能用选择地形特征点的方法进行测量,而只能用船艇在水面上进行探测,所以必须按一定的形式布设适当数量的地形点,从而达到测绘水下地形图的目的。

1. 断面法

断面法是在河道横向上每隔一定的距离(图上 1~2cm)布设一个断面,船艇可沿断面由河岸一端向对岸行驶,每隔一定距离(图上 0.6~0.8cm)实测一个地形点。断面布设一般应与河道流向垂直,如图 8-10 中的 AB 河段;当河道转弯时,一般应布设成辐射线的形式,如图 8-10 中的 CD 河段,这时的辐射角 α 可按式(8-6)计算。

$$\alpha = 57.3° \times S/m \tag{8-6}$$

式中,S 为辐射线的最大间距;m 为辐射线长度的一半。

对于流速大的险滩或可能存在的礁石、沙洲的河段,其测深断面可布设成与水流方向成 45°夹角,如图 8-10 中的 EF 河段。

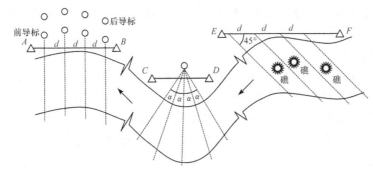

图 8-10　测深断面布设

2. 散点法

若在河面窄、流速大、险滩礁石多且水位变化悬殊的河流中测深时，要想让船艇沿流向垂直的方向行驶极为困难，这时可采用斜航。如图 8-11 所示，船艇可由 1 点斜航到左岸 2 点，并每隔一定距离进行测深，然后由 2 点向左岸点航行，同样每隔一定距离进

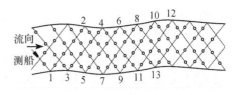

图 8-11　散点法布设

行测深；再沿左岸行驶至 3 点后，又向 4 点斜航测深。如此连续进行测深，即形成散点。

因为水下地形点越密，越能真实地表示水下地形，但测量工作量将增大，所以，测图时应按测图的要求、比例尺的大小及河道水下地形情况考虑布设。一般情况下河道纵向可稍稀，横向宜密，中间可稍稀。在水下地形变化复杂或有水工建筑物区域，点的密度应稍大些。

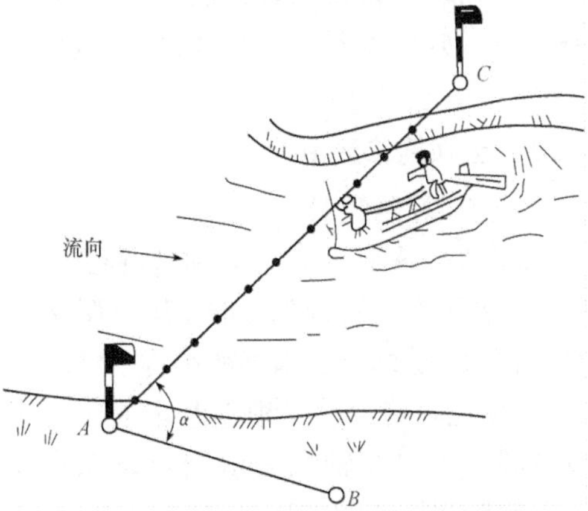

8.4.4　施测方法

1. 断面索法

如图 8-12 所示，过岸上控制点 A 沿某一方向（与河道流向垂直）架设断面索，测定其与控制边 AB 的夹角 α，量出 A 点到水边距离，并测出水边的高程求得水位；然后小船从水边开始沿断面索行驶，按一定距离用测深杆或测深锤逐点测出水深，这样即可在图纸上根据控制边 AB 和断面索的夹角以及测深点的间距标定各点的位置及高程。

图 8-12　断面索测深定位

2. 全站仪测深定位法

全站仪测深定位法是当测船在某位置测深时，利用全站仪测出其平面位置。如图 8-13 所示，施测时，可将全站仪安置于控制点 A 点上，以 B 点定向，测船可沿断面导标所指方向航行，并在船上竖一棱镜。待船到点 1，当船上发出测量口令或信号时，立即瞄准棱镜，测出其平面位置，同时在船上测出水深。测船继续沿断面航行，同法测量点 2，3，…，在测完一个断面后，可另换一断面继续施测。

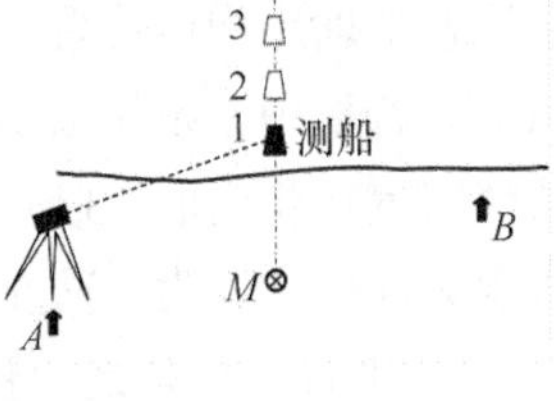

每天施测完毕后，应将当天的测点坐标、测深及水位观测记　图 8-13　全站仪测深定位

录进行汇总,根据观测水位与水深逐点计算出测点的高程,并将测点展绘到图上,即可勾绘出水下部分等高线。

3. GNSS 测深法

GNSS 在水下地形图测绘中主要是用来定位和导航。若采用伪距差分,一般情况下精度可达 1～5m,考虑到船体姿态等因素的影响,定位精度在 2～6m 范围内可满足 1∶10000 水下地形测量要求;若采用相位差分方式,定位精度优于 1m,可用于 1∶2000 水下地形图测绘;若采用 GNSSRTK 技术或 CORS 系统,定位精度可达 1～2cm,可用于 1∶1000 或更大比例尺的水下地形图测绘。

目前,大范围的水下地形图测绘均采用 GNSS 作业方式进行,船载 GNSSRTK 测量系统(或 CORS 系统)+测深仪+测图软件的组合,形成水下地形测量系统,从而实现水下地形测绘的自动化。

利用 GNSS 进行作业时,可利用导航软件对测深船进行定位,指导其在指定的测量断面上航行,这时导航软件和测深系统每隔一段时间自动记录观测数据,并进行水位改正和相关数据处理,最终通过测图软件得到相应比例尺的水下地形图。

8.5 大坝施工测量

大坝是水利枢纽的重要组成部分,在水力发电、灌溉、防洪等方面发挥着重要的作用,按坝型可分为土坝、堆石坝、重力坝、拱坝和支墩坝等。大坝的修建一般应进行下列测量工作:布设平面和高程基准网,以控制整个工程的施工放样;确定坝轴线和布设定线控制网;清基开挖和坝体细部放样等。对于不同类型的坝体,施工放样精度不同,内容各异。然而,施工放样基本方法大体相同。

8.5.1 土坝施工测量

1. 土坝控制测量

土坝是一种最为普遍的坝型,根据土料在坝体的分布及其结构的不同,其类型又有多种。图 8-14 是黏土心墙坝的结构示意图。

土坝控制测量就是根据基本控制网来确定坝轴线,再以坝轴线为依据布设坝身控制网,以便控制坝体的细部放样。

1)坝轴线确定

中小型土坝的轴线一般是由设计人员和

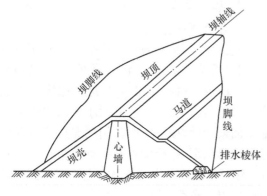

图 8-14 黏土心墙坝结构示意图

勘测人员根据现场的地形、地质和建筑材料等条件,经过方案比较,在现场直接确定。对于大型土坝以及与混凝土坝衔接的土质副坝,一般应经过现场踏勘、图上规划等多次调查研究和方案比较来确定坝体位置,并在坝址地形图上结合枢纽的整体布置,将坝轴线 M_1、M_2 标于地形图上。若采用全站仪极坐标法放样,可先将测站点坐标和放样点坐标上传至全站仪,然后将全站仪安置在相应的控制点上,后视另一个控制点,调用放样程序即可在实地放样出 M_1、M_2,并作永久性标志。为了防止施工时端点被破坏,还应将坝轴线的端点延长到两面山坡上。

2)平行于坝轴线的控制线放样

平行于坝轴线的控制线可布设在坝顶上下游坡面变化,以及下游马道中线处,亦可按一定间距布设,以便控制坝体的填筑和进行土石方计算。

放样控制线时,可在坝轴线的端点 M_1 和 M_2 安置全站仪,照准后视点,各作一条垂直于坝轴线的横向基准线,如图 8-15 所示,并在两端对称测出各平行控制线距坝轴线的距离,在实地用方向桩标定,即得各平行线的位置。

3) 垂直于坝轴线的控制线放样

首先从坝轴线一端(如图 8-15 中的 M_1)放样出轴线上的设计坝顶与地面的交点,作为起始桩,其桩号为 0+000。并继续沿坝轴方向按选定间距(图 8-15 中为 30m)顺序放样出 0+030、0+060、…里程桩,直至另一段坝顶与地面的交点。

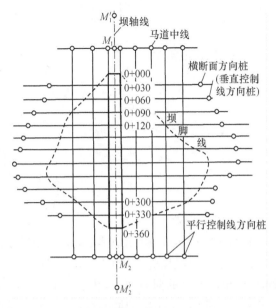

图 8-15　土坝坝身控制线示意图

然后将仪器安置在各里程桩上,以 M_1 或 M_2 定向,旋转照准部90°即可定出垂直于坝轴线的一系列平行线,并在上下游施工范围以外用方向桩标定于实地,即横断面方向桩。它可作为测量横断面和放样的依据。

4) 高程控制网的建立

土坝施工放样的高程控制是由若干个永久性水准点组成基本网和临时水准点。基本网布设在施工范围以外,并应与国家水准点联测,组成闭合或附合水准路线(图 8-16),采用三等或四等水准测量方法施测。

临时水准点是直接用于坝体的高程放样,布置在施工范围内不同高度的地方,尽可能安置一、二次仪器就能放样高程。临时水准点应根据施工进行及时设置,并应附合到永久水准点上。

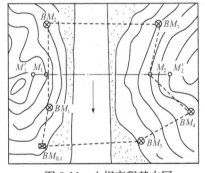

图 8-16　土坝高程基本网

2. 坝体施工测量

1) 清基开挖线放样

为了使坝体与岩基很好的结合,在坝体填筑前,必须对基础进行清理。为此,应放样出清基开挖线,即坝体与原地面的交线。

清基开挖线的放样精度要求不高,可采用图解法求得放样数据,在现场放样。为此,应先沿坝轴线测量各里程桩的高程,绘出纵断面图,求出各里程桩的坝土高度,然后在各里程桩处进行横断面测量,绘出横断面图,最后根据里程桩的高程、填土高度及坝面坡度,于横断面图上套绘大坝的设计横断面,如图 8-17 所示。R_1、R_2 为坝壳的上下游清基开挖点,n_1、n_2 为心墙上下游清基开挖点,各点至坝轴线距离 d_1、d_2、d_3、d_4 可从图上量取,以此数据即可在实地放样出具体位置。然而清基还应有一定的深度,开挖时又要有一定的坡度,因此在放样 d_1、d_2 时应适当加宽。

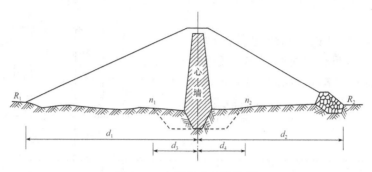

图 8-17 土坝清基放样数据

2）坡脚线放样

在清基完成后应放样出坡脚线，以便填筑坝体，坡脚线是坝底与清基后地面的交线。

因为清基时里程桩受到了破坏，所以应先恢复轴线上的所有里程桩，然后再进行纵横断面测量，绘出清基后的横断面图，套绘土坝设计断面，亦可获得类似图8-17的坝体与清基后地面的交点 R_1 和 R_2（上下游的坡脚点），d_1 和 d_2 即为该断面上、下游坡脚点的放样数据。然后在实地将这些点放样出来，并分别将上下游坡脚点连接起来，即可得到上下游坡脚线，如图 8-17 中虚线所示。

3）边坡放样

在坝体坡脚放样完成后，即可填土筑坝。为了标明上料填土的界线，每当坝体升高 1m 左右，应用木桩（上料桩）将边坡位置标定出来，这种工作即为边坡放样。

在边坡放样前，应先确定上料桩至坝轴线的水平距离。因为坝轴距随着坝体的升高而减小，所以预先应根据坝体的设计数据推算出坡面上不同高程的坝轴距。为了保证压实和修理后的坝体坡面满足设计要求，一般应加宽填筑 $1\sim 2$m，而上料桩亦应标定在加宽后的边坡线上，如图 8-18 中的虚线所示。因此，各上料桩的坝轴距比按设计所算数值大 $1\sim 2$m，并将其编成放样数据表，供放样使用。

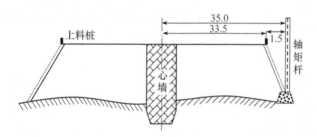

图 8-18 土坝边坡放样示意图（单位：m）

在放样时，一般在填土区外埋设轴距杆（图 8-18），轴距杆距坝轴线距离应便于量距和放样，在图 8-18 中为 35.0m。为了放样上料桩，则应用水准仪测出坡面边沿高程，然后根据该高程在放样数据表中查取坝轴距，若为 33.5m，则从坝轴杆向坝轴线方向量取 $35.0-33.5=1.5$(m)，即上料桩位置。当坝体升高，不便量距时，则可将坝轴杆向里移动。

4）坡面修整

当坝体填筑至一定高度且坡面压实后，还应进行坡面的修正，使其符合设计要求。如图8-19 所示，若安置经纬仪于坡顶（若测站点的实测高程与设计高程相等），依据坝坡比（如 1：

2.5)计算出边坡倾角 α（21°48′），然后使仪器向下倾斜得到平行于设计边坡线的视线,并沿斜坡竖立标尺,读取中丝读数 v,用仪器高 i 减 v 即可得到修坡值。

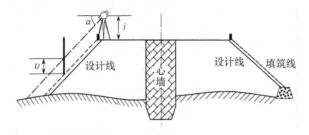

图 8-19　坡面修整放样

若设站点实测高程 $H_{测}$ 与设计高程 $H_{设}$ 不相等时,则可按下式计算修坡度值 Δh,即

$$\Delta h = (i - v) + (H_{测} - H_{设}) \tag{8-7}$$

为了方便坡面修整,则应根据坡面长度适当沿斜坡观测若干个测点,并求得修坡值,以此作为修坡的依据。

8.5.2　混凝土坝施工测量

1. 混凝土坝控制测量

因为混凝土坝按其结构和建筑材料均相对土坝复杂,放样精度要比土坝高,所以,平面控制网的精度及点位密度应根据工程规模及建筑物对放样点的精度要求来确定。若大型混凝土坝的基本网兼作变形观测的监测网,则要求更高,通常应按一、二等三角测量要求施测,亦可采用相应精度的 GNSS 控制网。

为了减少仪器安置误差,控制点上一般还应建造混凝土观测墩,并在墩顶埋设强制对中设备,以便消除安置仪器或觇标所引起的对中误差。观测墩的形状及尺寸如图 8-20 所示。

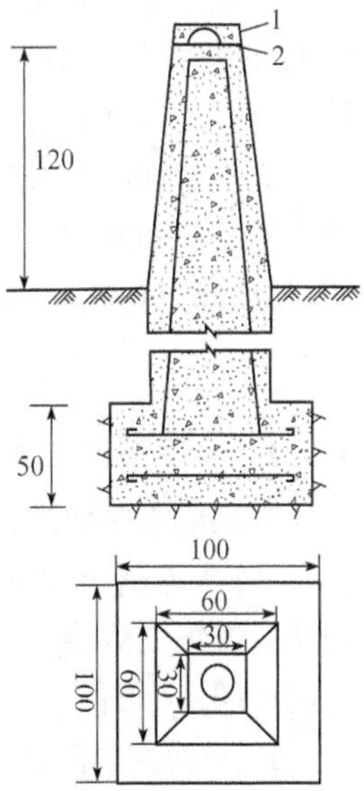

混凝土坝采用分层施工,每一层还应分段分块进行浇筑,坝体细部常采用方向线交会法及全站仪极坐标进行放样。坝体放样控制网一般采用矩形网和三角网两种,前者以坝轴线为基准,按施工分段分块尺寸建立矩形网,后者是由基本网加密建立三角网作为定线网。

高程控制网的等级一般分为二、三、四等,其首级控制网等级应根据工程规模、范围大小及放样精度要求来确定。首级控制网应布设成环形,加密控制网则应布设成附合路线或节点网,且最末级高程控制点相对首级高程控制点的高程中误差不应大于 ±10mm。

2. 清基放样

清基开挖线是确定清除大坝基础上基岩表层松散物的范围,其位置根据大坝两侧的坡脚线、开挖深度和坡度确定。标定开挖线方法与土坝一样,一般是采用图解法,先沿坝轴线进行纵横断面测量,绘出纵横断面图,并由各横断面图上定出各坡脚点,进而获得坡脚线和开挖线。

图 8-20　强制观测墩
（单位:cm）

在清基开挖过程中,应严格控制开挖深度,在每次爆破清理余渣后,及时在基坑内选择较低的岩面并测定高程(精确至厘米),用红漆标明,以便施工人员掌握开挖深度。

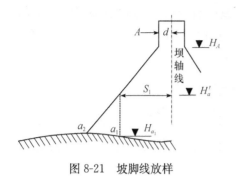

图 8-21　坡脚线放样

3. 坝体立模放样

1) 坡脚线放样

当基础清理完毕后,即可开始坝体的立模浇筑。但在立模前应先找出上下游坝基础底面与岩基的接触点,即分跨线上下游坡脚点。

如图 8-21 所示,欲放样上游坡脚点 a,可先从设计图上查得坡顶 A 的高程 H_A,坡顶距坝轴线的距离为 d,若设计的上游坡度为 $1:m$,为了在基础面上标定 a 点,则可先估计基础面的高程为 H_a',则坡脚点至坝轴线的距离可按下式计算。

$$S_1 = d + (H_A - H_a')m \tag{8-8}$$

当求得 S_1 后,则可由坝轴线沿该断面量取 S_1 得 a_1 点,再用水准仪测出 a_1 点高程 H_{a1},若 H_{a1} 与原估计的 H_a' 相等,则 a_1 点即为坡脚点 a。否则,可根据 a_1 点高程再求距离 S_2。

$$S_2 = d + (H_A - H_{a1})m \tag{8-9}$$

然后再从坝轴线沿该断面量取 S_2 得 a_2 点,并实测 a_2 点高程,按上述方法不断进行,逐步趋近,直至量取的距离与计算所得距离之差小于 1cm 为止。同法亦可放出其余坡脚点,连接各相邻坡脚点,即可得坡面的坡脚线,据此即可按 $1:m$ 的坡度竖立坡面模板。

2) 立模放样

在坝体分块立模时,应将分块线投影到基础面上或浇筑好的坝块面上,模板应架立在分块线上,即立模线。但立模后立模线将被覆盖,为此,还应在立模线内侧弹出其平行线,即放样线,以便用来立模和检查校正模板位置。放样线与立模线之间的距离一般为 0.2~0.5m。

立模放样的方法分为方向线交会法、角度交会法及全站仪法。采用全站仪法放样时,只需要将控制点和放样点数据上传至全站仪,调用放样程序即可顺序进行放样,这种方法快捷、方便、精度高,目前被广泛采用。

8.6　水库测量

8.6.1　水库测量的基本任务

为兴修水库而进行的测量称为水库测量。在水库设计阶段,要确定水库蓄水后的淹没范围,计算水库的汇水面积和水库的库容,应实测水库淹没界线,设计库岸加固和防护工程等。为此应搜集或测绘 1:50000~1:100000 的各种比例尺地形图,局部区域还应测绘 1:5000 比例尺的地形图。

1. 平面控制测量

在水库的规划设计阶段,若要布设平面控制网,则可采用 GNSS 静态测量的方法进行布设,亦可采用常规方法分二级进行布网,即首级控制网和图根控制网。当测区需要进行 1:1000 或更大比例尺的测图时,其控制点的点位中误差应小于 ±5cm。

若测区内或附近有国家控制点时,应与其进行联测,如果没有国家控制点,则可采用独立坐标系。当采用独立坐标系时,其起算数据可从国家地形图上获取,也可采用 GNSS 静态单点定位的方法获取;或者假定平面控制网中某一点的坐标,用罗盘仪测定某一边的磁方位角,但同一工程不同设计阶段的测量工作应采用同一坐标系统。

2. 高程控制测量

高程控制测量通常分为三级，即基本高程控制、加密高程控制和测站点高程。基本高程控制为四等以上水准测量，或采用 GNSS 高程拟合法。高程起算数据应从国家水准点上引测，当引测路线的长度大于 80km 时，应采用三等水准，小于 80km 时，可采用四等水准，但引测时应进行往返观测。

目前我国采用的是"1985 国家高程基准"。国家新的一等水准和高程起算面就是采用该基准。"1985 国家高程基准"较"1956 年黄海高程系"小 0.0289m，在联测时应特别注意所采用的高程系统。

3. 地形测量

在进行水库地形测量时，地物、地貌的测绘应满足以下要求。

1）详细测绘水系及相关建构筑物

对河流、湖泊等水域，除测绘陆上地形图外，还应测绘水下地形图。对于大坝、水闸、堤防和水工隧洞等构筑物，除测绘其平面位置外，还应测注坝、堤的顶部高程；对于隧洞和渠道，应测出其底部高程；对于过水建构筑物如桥、闸、坝等，当孔口面积大于 $1m^2$ 时，需注明孔口尺寸。根据规划要求，为了泄洪或施工导流，对于干涸河床及能利用的小溪、冲沟等，均应详细进行测绘。

2）详细测绘居民地、工矿企业

在水库蓄水前必须进行库底清理，如果漏测居民地的水井，就不能在库底清理时把井填塞，在水库蓄水后，可能发生严重的漏水现象，将直接影响工程的质量和效益。如果漏测有价值的文物古迹，在库底清理时，可能漏掉这些文物，对文化遗产造成损失。对于工矿企业，应认真测绘，以确保根据平面位置及高程确定拆迁项目的准确性。

3）正确表现地貌特征

在描绘各种地貌元素时，不仅应用等高线反映地面起伏，而且应尽量表现地貌发育的阶段特征，如冲沟横断面是 V 形还是 U 形。不仅要表现鞍部长度及宽度，而且还应测定鞍部最低点的高程，以便规划设计时考虑工程布局。对于喀斯特地貌，特别应详细测绘，以防止溶洞漏水或塌陷。

8.6.2　水库淹没界线测量

1. 水库淹没调查测量

水库淹没调查测量是在可行性研究阶段或初步设计阶段进行，在个别情况下，规划阶段也应在某种特殊地区进行淹没调查测量，并埋设各类界桩。具有较高经济价值或对淹没面积有争议的地区，应测量大比例尺的"土地详查"地形图，且应在图上绘出地类界和以村、镇为单位的行政界限。

1）在外业测量之前，应做好以下准备工作

（1）详细了解测量范围、对象、使用仪器和工作起讫时间，确定测量淹没线的种类、条数及每条淹没线测设的高程、范围和水库末端的位置。

（2）确定水库中平水段与回水段的分界线，并将各段界线的高程逐段注绘在水库地形图上。

（3）将测区原有基本高程控制点展绘在水库地形图上，如库区无基本高程控制点，则应拟定基本高程控制的路线位置、等级和埋石点的位置。

（4）拟定移测或新测的基本高程控制点和图根级临时水准点，并应逐一标绘在水库地形图上，以便安排测设淹没界桩的路线。

2）水库淹没调查测量应符合下列规定

（1）水库淹没调查和淹没线测量的高程系统应和设计所用水库地形图及纵横断面图的高程系统一致。

（2）重要调查对象的高程和对水库正常蓄水位的选定起决定作用的测点，其高程测量误差不得大于±0.1m。

（3）平地或坡度较小地区的调查对象，高程应用水准仪施测，最弱点的高程中误差不得大于±0.3m；作为水准测量的起讫点，必须是基本高程控制点。

（4）山地的调查对象可用全站仪测量，最弱点高程中误差不得大于±0.5m，且应用基本高程控制点进行检核。

2. 水库淹没界线测量

在水库设计时，若大坝溢洪道起点高程已定，则被溢洪道起点高程所围成的面积将全部被淹没。水库的回水线是从大坝向上游逐渐升高的曲线，其末端与天然河流水面比降一致。在准备的测绘资料中，应将回水曲线及淹没线的高程分段注记于库区地形图上。

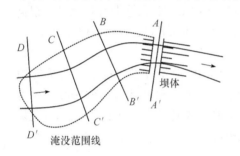

图 8-22　水库淹没线

根据分段高程，在库区内选择几条典型的横断面，各段可依其上游横断面高程作为本段的测设高程。如图 8-22 所示，从坝轴线至回水线末端将库区分成 AB、BC、CD 三段，各段的起点与终点、各段间距离及各段高程可作为测设时的基本数据。

1）界桩布设

界桩应结合库区沿岸的经济价值和地形坡度的具体情况布设，凡是在居民地比较集中、工矿企业、文物古迹、军事设施地区，或耕地、大面积的森林等经济价值较高以及地形比较平缓地区，必须每隔 2~3km 布设永久性界桩，且于永久性界桩之间每隔 20~200m 布设加密桩。

在大片沼泽地、水洼地、地面坡度超过 20°或永久性冻土区、荒凉或半荒凉等地区，可根据库区地形图目估标定界桩，并将其绘制于库区地形图上，作为今后库区管理的基本资料。

2）高程控制测量

各种界桩高程应与水库设计地形图及计算回水曲线所依据的河道纵横断面图的高程系统相同。界桩测量就是按水库淹没界线的高程范围，根据布设的高程控制点，在实地测设出已知高程的界桩。高程控制路线的要求如下：

（1）基本高程控制测量应根据淹没界线的施测范围和水准路线的容许长度来确定其等级，一般是在二等水准点的基础上布设三、四等水准路线。

（2）加密高程控制点是在四等以上水准点上布设等外附合水准路线，其线路长度不得大于 30km。

（3）在山区水库测设Ⅲ类界桩和分期利用的土地及清库等界线时，可在等外水准点上采用全站仪导线高程，其附合路线长度应小于 5km，路线高程闭合差应小于 $0.45\sqrt{L}$，L 的单位为 km。

（4）凡处于淹没区以内的国家水准点，均应移测至居民线高程以上。为了便于测设界桩，可每隔 1~2km 利用稳固岩石或地物作为临时标志，并用等外水准测定其高程。

3）界桩放样

界桩高程相对于基本高程控制点的高程中误差不得大于表 8-2 中的规定。

表 8-2　各类界桩高程中误差

界桩类别	内容说明	界桩高程中误差/m
I 类	居民地、工矿企业、名胜古迹、重要建筑物及界线附近地面倾斜角小于 2°的大片耕地	±0.1
II 类	界线附近地面倾斜角为 2°~6°的耕地和其他有较大经济价值的地区,如大片森林、竹林、油茶林、牧场及木材加工厂等	±0.2
III 类	界线附近的地面倾斜角大于 6°的耕地和其他具有一定经济价值的地区,如一般价值的森林及竹林等	±0.3

界桩放样可采用水准仪间视法或支站法进行,亦可采用全站仪进行放样。其程序为:根据界桩类别选择布设高程路线;测定界桩位置;埋设界桩;测定界桩高程。

8.6.3　水库的库容计算

水库的蓄水量称为库容量(库容),以 m³ 为库容的基本计算单位,在实际应用中是以亿 m³ 为单位。库容可根据地形横断面图或地形图来量算,但地形横断面图的量算精度较低,一般适用于小型水库或大中型水库的概算。利用地形图来量算库容,其精度较高,通常适用于大中型水库。

图 8-23　汇水面积范围线

水库的汇水面积可直接在地形图上进行量算,而库容则是根据截柱体的体积来计算。水库是在江河上筑坝所形成的,因此水库往往是一个狭长的盆地,其边缘因支流、沟叉形成不规则的形状,但大致为一个椭圆截面体。

如图 8-23 所示,首先判断大坝 MN 处四周的地形起伏形态,分析降雨的流向及范围,并于图上标出降雨流向范围线。所谓汇水面积就是由分水线所围成的范围,因此,勾绘分水线是确定汇水面积的关键。勾绘分水线应特别注意以下两点:

(1) 分水线应通过山顶和鞍部,并与山脊相连。

(2) 分水线应同等高线正交。

根据以上两点,从大坝 MN 的一端开始,沿着山脊线(分水线)并经鞍部和山顶,用垂直于等高线的曲线连接到大坝的另一端,形成一个封闭的曲线,该曲线所围成的面积即为汇水面积(即图 8-23 中虚线所包围的部分)。

如图 8-24 所示,当大坝的溢洪道高程确定后,即可确定水库的淹没面积,即图中的阴影部分,淹没面积以下的蓄水量(体积)即为水库的库容。

库容计算通常采用等高线法。首先求出图 8-24 中阴影部分各条等高线所围成的面积,然后计算各相邻两等高线之间的体积,最后将其汇总即为库容。

图 8-24　水库淹没面积

设 S_1 为淹没线高程的等高线所围成的面积,S_2,…,

S_n,S_{n+1}为淹没线以下各等高线所围成的面积,其中 S_{n+1} 为最低一根等高线所围成的面积,h 为等高距,h'为最低一根等高线与库底的高差,则相邻等高线之间的体积及最低一根等高线与库底之间的体积分别为

$$
\left.\begin{aligned}
V_1 &= \frac{1}{2}(S_1 + S_2) \cdot h \\
V_2 &= \frac{1}{2}(S_2 + S_3) \cdot h \\
&\vdots \\
V_n &= \frac{1}{2}(S_n + S_{n+1}) \cdot h
\end{aligned}\right\}
$$

$$V'_n = \frac{1}{3}S_{n+1} \cdot h' \text{(库底体积)}$$

因此,水库的容积为

$$
\begin{aligned}
V &= V_1 + V_2 + \cdots + V_n + V'_n \\
&= \left(\frac{S_1}{2} + S_2 + \cdots + \frac{S_{n+1}}{2}\right) \cdot h + \frac{1}{3}S_{n+1} \cdot h
\end{aligned}
\tag{8-10}
$$

当溢洪道高程不等于地形图上某一等高线高程时,就应根据溢洪道高程用内插法求出水库淹没线,然后即可计算库容。

8.7 水闸施工测量

水闸是由闸室段和上、下游的连接段三部分组成。闸室是水闸的主体,包括地板、闸墩、闸门、工作桥和交通桥等部分。上、下游连接段包括防冲槽、消力池、翼墙、护坦(海漫)、护坡等防洪设施。如图 8-25 所示,水闸通常是以较厚的钢筋混凝土地板作为整体基础,闸墩和翼墙与地板连接浇筑成整体以增强水闸的强度。在施工放样时,应首先放出基础开挖线,在基础浇筑时,为了在底板上预留闸墩和翼墙的连接钢筋,还应放出闸墩和翼墙的位置。

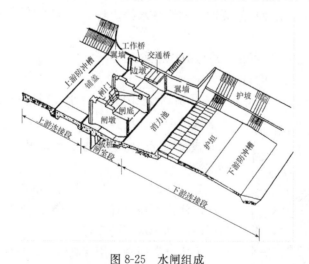

图 8-25 水闸组成

8.7.1 主轴线放样

水闸主轴线由闸室中心线 AB(横轴)和河道中心线 CD(纵轴)两条相互垂直的直线组成,

如图 8-26 所示。在主轴线放出后,应在其交点检测是否相互垂直,一般情况下,当误差超过 $10''$ 时,则应以闸室中心线为准,重新放样出一条与其垂直的纵向主轴线。在主轴线定位后,应将其延长至施工影响区之外,每端各埋设两个固定标示以表示其方向。具体放样步骤如下。

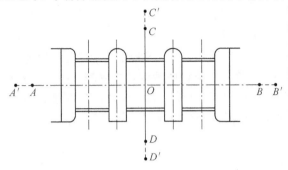

图 8-26　水闸轴线放样

(1) 在水闸设计图中获取横轴线端点 A、B 的坐标,并将其换算成测图坐标,计算出放样所需数据,再根据控制点将 A、B 两点放样到实地。

(2) 精确测量出 AB 的长度,并标定中点 O 的位置。

(3) 在 O 点安置仪器,采取正倒镜的方法放样出 AB 的垂线 CD。

(4) 将 AB 向两端延长至施工影响区外(A'、B'),并埋设固定标志,作为检查端点位置及回复端点的依据。在有条件的情况下,将轴线 CD 也延长至施工影响区之外(C'、D'),并埋设固定标志。

8.7.2　基础开挖线放样

水闸基础开挖线是由水闸底板、翼墙、护坡等与地面的交线决定的,在此可采用土坝施工方样的方法来确定开挖线的位置。具体的放样步骤如下:

(1) 从水闸设计图上获取底板各拐点至闸室中心线的平距,并在实地沿纵向轴线标定出这些点的位置,测定其高程和测绘相应的河床横断面图。

(2) 根据设计的底板高程、宽度、翼墙及护坡的坡度在河床横断面图上套绘出相应的水闸断面,如图 8-27 所示。然后量取两断面交线点至纵轴的距离,即可在实地标定出这些交点位置,并将其连成开挖线。

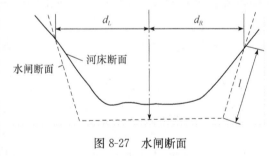

图 8-27　水闸断面

(3) 在实地放样时,于纵轴相应的位置安置仪器,以 C(或 D)点为后视,向左或向右旋转 $90°$ 方向,并量取相应的距离即可得断面线交点位置。

为了控制开挖高程,可将斜高注记于开挖桩上。当开挖接近底板高程时,通常应预留 0.3m 左右的保护层,待其底板浇筑时再挖去,以免间隙时间过长,使清理后的地基受雨水冲刷而变化。在最终开挖保护层时,应用水准测定底面高程,其测量误差不得大于 10mm。

8.7.3　水闸底板放样

水闸底板是闸室和上、下游翼墙的基础,闸孔较多的大中型水闸底板是分块进行浇筑的。底板放样的任务为:

（1）标定立模线和控制装模高度。放出每块底板立模的位置，以便立模浇筑。在底板浇筑完成后，还应在地板上定出主轴线、各闸孔中心线和门槽控制线，并应弹墨标明。

（2）标定闸墩、翼墙位置及其立模线。以闸室轴线为基准，标出闸墩和翼墙的立模线，以便模板安装。

水闸底板放样的具体方法如下：

（1）在主轴线交点 O 上安装仪器，照准 A（或 B）点后分别向左右旋转 $90°$ 以确定方向（CD 方向），沿该方向向上、下游分别测设底板设计长度的一半，得 G、H 两点。

（2）在 G、H 点上分别安置仪器，测设与 CD 轴线相互垂直的两条方向线，并分别与边墩中线交于 E、F、I、K 四点，即底板的四个角点，如图 8-28 所示。

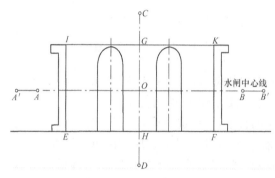

图 8-28　水闸底板放样

水闸底板高程应根据临时水准点，用水准仪测设出闸底板的设计高程，并将其标注于闸墩上。

8.7.4　闸墩放样

根据计算出的放样数据，以轴线 AB 和 CD 为依据，在现场定出闸孔中线、闸墩中线、闸墩基础开挖线、闸底板的边线等。当水闸基础的混凝土垫层打好后，在垫层上精确地放样出主要轴线和闸墩中线，再根据闸墩中线测设出闸墩平面位置的轮廓线。

为使水流通畅，通常闸墩上游设计成椭圆曲线。因此，闸墩平面位置轮廓线的放样分为直线和曲线两部分。

直线部分的放样是根据平面图上的设计尺寸，采用直角坐标法放样即可。

曲线部分放样如图 8-29 所示，一般采用极坐标法进行放样。

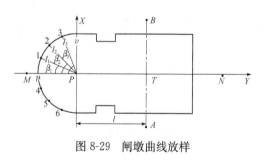

图 8-29　闸墩曲线放样

1. 计算放样数据

根据椭圆对称中心点 P 的坐标及被放样点坐标计算出放样数据 β_i 和 l_i，并计算出曲线上相隔一定距离点（如图 8-29 中 1、2、3 点）的直角坐标，具体计算如下：

（1）设 P 为闸墩椭圆曲线的几何中心，以 P 为原点建立直角坐标系，则可从设计图量取 P_μ 和 P_v 的距离。若取 $a=P_\mu$，$b=P_v$，则椭圆方程为

$$\frac{x^2}{b^2}+\frac{y^2}{a^2}=1 \qquad (8-11)$$

（2）假定 1、2、3 点的纵坐标 x_1、x_2、x_3 确定,代入式（8-11）计算出对应的横坐标 y_1、y_2、y_3。

（3）用坐标反算法计算出 α_{p_1}、α_{p_2}、α_{p_3} 及 l_1、l_2 和 l_3,则有

$$\beta_i=\alpha_{p_i}-270° \quad (i=1,2,3) \qquad (8-12)$$

2. 放样方法

根据 T 点和测设距离 l 定出 P 点,然后在 P 点上安置仪器,以 PM 方向为后视,用极坐标法放样 1、2、3 点。同法亦可放样出 4、5、6 点。

8.7.5　下游溢流面放样

为了使水流畅通以保护闸底板的安全,在闸室的下游一般应有一段溢流面,通常立面形状为抛物线,如图 8-30 所示。

其放样方法如下:

（1）建立局部坐标系。以闸室下游水平方向线为 x 轴,闸室底板下游的变坡点为溢流面的原点,过原点铅垂线的方向为 Y 轴,即溢流面的起始线。

（2）沿 X 轴方向每隔 1~2m 选择一点,则抛物线上各相应点的高程为

$$H_i=H_0-y \quad (i=1,2,\cdots) \qquad (8-13)$$

式中,$y=0.007x^2$ 为假定的溢流面设计曲线;H_i 为放样点的设计高程;H_0 为下流溢流面的起始高程（闸底板高程）;y_i 为距 O 点水平距离为 x_i 的 y 值。

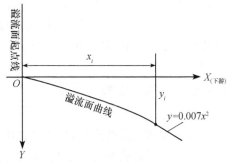

图 8-30　溢流面放样

（3）在闸室下游两侧设置垂直的样板架,根据选定的距离在其样板架上标定一垂线,并用水准仪在各垂线上放样出相应点的位置（即高程）。

（4）连接各高程标志点,可得设计抛物面与样板架的交线,即设计溢流面的抛物线。

习　题

1. 水库大坝有哪些类型? 各自的施工特点是什么?
2. 简述混凝土拱坝与土坝的放样特点。
3. 水闸主轴线包括哪几条? 其放样的内容有哪些?
4. 高程控制网建立应注意哪些问题?
5. 水闸地板放样的特点是什么?
6. 简述水闸闸墩的放样过程。

第9章 变形监测

资源、环境和灾害是当今制约全球经济协调发展和人类生存条件的重要因素,也是地球科学所面临的中心问题。变形监测在保护和改善环境资源、预测和避免灾害发生(如滑坡、地震和火山爆发等)的研究领域中,正发挥着前所未有的重要作用。

9.1 概　述

人们对自然界现象的观察,总是对有变化、无规律感兴趣,而对于有变化、规律性很强的部分反应则比较平淡。如何从平静中找出变化,从变化中找出规律,由规律预测未来,这是人们认识事物、认识世界的常规辩证思维过程。变化越多、反应越快,系统就越复杂,这就导致了非线性系统的产生。人的思维实际是非线性的,而不是线性的,不是对表面现象的简单反应,而是透过现象看本质,从杂乱无章中找出其内在规律,然后遵循规律办事,这就是变形分析的真正内涵。

9.1.1　变形监测的概念及内容

1. 变形监测概念

变形监测是对被监视的对象或物体(简称变形体)进行测量以确定其空间位置随时间的变化特征。变形监测为变形分析和预报提供基础数据。变形监测又称变形测量或变形观测。变形体一般包括工程建筑物、技术设备以及其他自然或人工对象。

现以建筑工程为例来说明变形监测的具体含义。我们知道,建筑物在建造过程或建成后,由于地面是软质或弹性物质,建筑物是一个整体,其密度比地面物质的密度大得多,这就必然导致建筑物在建造过程或建成后下沉。如果该建筑物作为一个整体均匀的沉降,则其不会发生倾斜;反之,若该建筑物产生不均匀沉降(差异沉降),则该建筑物必然产生倾斜。变形测量就是监测建筑物是否产生不均匀沉降,沉降量值有多大,探讨倾斜现象的发生是施工本身的原因,还是由于产生不均匀沉降而造成的,从而评价施工单位对建筑物施工的质量优劣。

2. 变形监测的内容

变形监测的内容是根据变形体的性质与地基情况来定。要求有明确的针对性,既要有重点,又要作全面考虑,以便能正确地反映出变形体的变化情况,达到监视变形体的安全、了解其变形规律的目的。

1) 工业与民用建筑物

主要包括基础的沉陷观测与建筑物本身的变形观测。就其基础而言,主要观测内容是建筑物的均匀沉陷与不均匀沉陷。对于建筑物本身来说,主要是观测倾斜与裂缝。对于高层和高耸建筑物,还应对其动态变形(主要包括振动的幅值、频率和扭转)进行观测。工业设施、科学试验设施与军事设施中的各种工艺设备、导轨等主要观测内容是水平位移和垂直位移。

2) 水工建筑物

对于土坝,其观测项目主要为水平位移、垂直位移、渗透以及裂缝观测;对于混凝土坝,以混凝土重力坝为例,由于水压力、外界温度变化、坝体自重等因素的作用,其主要观测项目为垂直位移、水平位移以及伸缩缝的观测,这些内容通常称为外部变形观测。此外,为了了解混凝土坝结构内部的情况,还应对混凝土应力、钢筋应力、温度等进行观测,这些内容通常称为内部观测。虽然内部观测一般不由测量人员进行,但在进行变形监测数据处理时,特别是对变形原因作物理解释时,则必须将内、外部观测的资料结合起来进行分析。

3）地面沉降

建立在江河下游冲积层上的城市,由于地下水的大量开采,而影响地下土层结构,将使地面发生沉降现象。对于地下采矿地区,由于大量的采掘,也会使地表发生沉降现象。在这种沉降现象严重的城市地区,暴雨后将发生大面积的积水,影响仓库的使用与居民的生活,有时甚至造成地下管线的破坏,危及建筑物的安全。因此,必须定期进行观测,掌握其沉降与回升的规律,以便采取防护措施。

变形体的变形可分为两类:变形体自身的形变和变形体的刚体位移。自身形变包括:伸缩、错位、弯曲和扭转四种变形;而刚体位移则包含整体位移、整体移动、整体升降和整体倾斜四种变形。

3. 变形监测的目的和意义

1）变形监测的目的

(1) 监测各种自然、人工建筑物的稳定性及其变形状态。

(2) 解释变形的机理。

(3) 验证有关工程设计的理论和地壳运动的假说。

(4) 建立正确的预报模型。

2）变形监测的意义

通过对工程建筑物的沉陷、倾斜以及形变的监测,为改善建筑物理参数、地基强度参数提供依据,防止工程破坏事故,提高抗灾能力;对于机械技术设备,则保证设备安全、可靠、高效地运行,为改善产品质量和新产品的设计提供技术数据;对于滑坡,通过监测其随时间的变化过程,可进一步研究引起滑坡的成因,预报大的滑坡灾害;通过采矿区的变形监测,以便采用控制开挖量和加固等措施,避免危险性变形的发生。在地壳构造运动监测方面,主要是大地测量学的任务,但对于近期地壳垂直和水平运动以及断裂带的应力积聚等地球动力学现象、大型特种精密工程如核电厂、离子加速器以及铁路工程也具有重要的意义。

9.1.2 变形分析的内涵

传统的变形分析主要包括参考点的稳定性分析、观测值的平差处理和质量评定以及变形模型参数估计等内容。

监测点的变形信息是相对于参考点或固定基准的,如果基准本身不稳定或不统一,则获得的变形值就不能反映真正意义上的变形,因此,变形的基准问题是变形监测数据处理必须考虑的问题。过去对参考点的稳定性分析研究主要局限于周期性的监测网,其方法有很多,例如,Chrzanowski 论述了这样的五种方法:以方差分析进行整体检验为基础的 Hannover 法,即通常所采用的"平均间隙法";以 B 检验法为基础的 Delft 法,即单点位移分量法;以方差分析和点位移向量为基础的 Karlsruhe 法,考虑大地基准的 Munich 法;以位移的不变函数分析为基础的 Fredericton 法;后来又发展了稳健-S 变换法,也称为逐次定权迭代法。

观测值的平差处理和质量评定非常重要,观测值的质量好坏直接关系到变形值的精度和可靠性。在这方面,主要涉及观测值质量、平差基准、粗差处理、变形的可区分性等几项内容。在固定基准的经典平差基础上,发展了重心基准的自由网平差和拟稳基准的拟稳平差。在Baarda 提出数据探测法后,粗差探测与变形的可区分性研究成果已极为丰富,这已体现在李德仁、黄幼才、陶本藻等的著作中。

对于变形模型参数估计,陈永奇概括了两种基本的分析方法,即直接法和位移法。直接法是直接用原始的重复观测值之差计算应变分量或它们的变化率;位移法是用各测点坐标的平差值之差(位移值)计算应变分量。同时,他还提出了变形分析通用法,研制了相应的软件DEFNAN。

1978年FIG工程测量专业委员会设立了由国际测绘界五所权威大学组成的特别委员会"变形观测分析专门委员会",极大地推动了变形分析方法的研究,并取得了显著成果。正如Chrzanowski所评价的,变形几何分析的主要问题已经得到解决。

实际上,20世纪70年代末至90年代初,对几何变形分析研究的较为完善的是用常规地面测量技术进行周期性监测的静态模型,但它考虑的仅仅是变形体在不同观测时刻的空间状态,并没有很好地建立各个状态间的联系,更谈不上变形监测自动化系统的变形分析研究。事实上,变形体在不同状态之间是具有时间关联性的。为此,后来许多学者转向了对时序观测数据的动态模型研究,如变形的时间序列分析方法建模;基于数字信号处理的数字滤波技术分离时效分量;变形的卡尔曼滤波模型;用有限脉冲反应(finite impulse response,FIR)滤波器抑制GNSS多路径效应等。

动态变形分析既可以在时间域进行,也可以在频率域进行。频谱分析方法是将时域内的数据序列通过傅里叶级数转换到频域内进行分析,它有利于确定时间序列的准确周期并判别隐蔽性和复杂性的周期数据。有些学者应用频谱分析法研究了时序观测资料的干扰因素,以便获得真正的变形信息,并取得了一定效果。频谱分析法用于确定动态变形特征(频率和幅值)是一种常用的方法,尤其在建筑物结构振动监测方面被广为采用。但是,频谱分析法的苛刻条件是数据序列的等时间间隔要求,这为一些工程变形监测分析的实用性增加了难度,因为对于非等间隔时间序列进行插补和平滑处理必然会带入人为因素的影响。

多年来,对变形数据分析方法研究是极为活跃的,除了传统的多元回归分析法以及上述的时间序列分析法、频谱分析法和滤波技术之外,灰色系统理论、神经网络等非线性时间序列预测方法也得到了一定程度的应用。比如,应用灰色理论建模预测深基坑事故隐患;应用人工神经网络建模进行短期的变形预测。

在变形分析中,为了弥补单一方法的缺陷,研究多种方法的结合得到了一定程度的发展。例如,将模糊数学原理与灰色理论相结合,应用聚类分析法进行多测点建模预测;将模糊数学与人工神经网络相结合,应用模糊人工神经网络方法建模进行边坡和大坝的变形预报;在回归分析法中,为处理数据序列的粗差问题,提出了应用抗差估计理论对多元回归分析模型进行改进的抗差多元回归模型;另有研究认为,人工神经网络与专家系统相结合,是解决大坝安全监控专家系统开发中"瓶颈"问题的一个好方法。在变形分析中,出于实用、简便上的考虑,常用的是单测点模型,同时,为顾及监测点的整体空间分布特性,多测点变形监控模型也得到了发展。

9.1.3　变形解释

对由测量获得的变形数据进行解释,需要诸多学科专业知识,因此,在变形监测的整个过程中,测量人员与建筑设计人员、工程地质人员以及其他有关专业人员的合作是非常重要的。对变形的解释与变形体的性质和监测目的有关,需要解答以下的问题:

(1) 是变形体及其环境的状态安全监测还是交通安全监测或是运行安全监测。

(2) 需在不同荷载情况下,对变形体的变形模型做检验验证。

（3）依据岩土力学性质建立物理力学模型。

（4）工程整治的效果怎样。

（5）对地球物理或物理假设进行验证。

（6）对工程建筑物进行监测和检验。

（7）采取加固措施。

在安全证明方面，需要快速地得到结果，如通过获取倾斜位置及倾斜量，来说明采取加固措施后的效果。一般要选取一些监测点，将测量得到的变形值与事先给出的限值进行比较，用统计检验的方法检验变形是否显著。如果出现不安全现象如超出设计预估的趋势性变形，则需要作详细的变形分析。

如果变形分析的目的是为了检验所建立的变形模型，则要将按模型预测的变形量与测量获得的量进行比较，若结果相差很大，一般要对模型做修改；改变模型参数或对模型进行扩展。这种修改要在证实有附加的影响因子情况下进行。对于物理学模型也是类似的，若偏差较大，则是因为材料的物理力学参数选取近似性较大。对于地球物理或物理假说，更难给出一个先验值，因此，测量所获得的变形量是各种建模的基础。然而，若能找到确定性的数学公式，它既能进行有意义的解释，又能支持某种假说或能导出新的认识，这无疑是最好的解答。

9.1.4　变形监测中应注意的问题

进行建筑物变形观测是项非常复杂和技术要求极高的工作。在实施建筑工程变形观测，特别是对高层、超高层建筑物的变形观测时，应注意以下几点：

（1）实地踏勘，做好技术设计。这是变形观测的第一步，是编写变形观测技术设计书的重要依据。因此要认真听取施工单位、建筑工程质监管理部门及用户的意见，实地查看建筑工程场地，做到心中有数。

（2）编写变形观测技术设计书，确定施测精度指标。它是将国家有关规范、用户要求及建筑工程的实际情况相结合的产物，在编写过程中规定了变形观测的技术精度指标、变形观测方法、观测次数及周期等。因此变形观测技术设计书编写的好与差，将直接关系到后面变形观测工作的进行。

（3）选用仪器、设备应满足变形观测精度要求。一般较常用的仪器设备有经纬仪、水准仪、测距仪或全站仪等。以上用于变形观测的仪器设备，均应送交经技术监督部门考核认定授权的仪器检定单位进行计量标定。

（4）变形观测的实施。要注意测量技术、采用仪器、野外数据收集、内业数据处理及精度统计等。

（5）提交资料。变形观测的全部成果资料，一般在全部工作结束后提交。但每次观测的成果，应提交建筑监理单位或建筑质量监督部门，特别是在实测过程中，如发现建筑物的变形数据异常，应及时提交变形警报资料，以引起有关部门的重视。

9.2　变形监测的方法

9.2.1　常规监测方法

常规监测方法指用常规或现代大地测量仪器进行方向、角度、边长和高差等测量的总称。其所采用的仪器主要包括光学经纬仪、光学水准仪、电磁波测距仪、电子经纬仪、电子水准仪，以及电子全站仪等。下面简单介绍几种常规测量仪器。

1. 测距仪

测距仪的广泛应用改变了监测网的布网方式,传统的三角网已逐步被三边网所代替。目前,在国际市场上,测距仪的品种有近百种,而且新的型号不断出现,用于变形观测,高精度的测距仪有瑞士生产的 Mekometer ME3000/ME5000,测程分别为 2.5km、5km,精度为$(0.2\sim0.3)mm+(0.2\sim1.0)\times10^{-6}\times D$。英国 Com-Rad 电子仪器公司的 Geomensor CR204/234,测程为 10km,精度为 $0.1mm+(0.1\sim1.0)\times10^{-6}\times D$。此外,Terrameter 公司的双色激光测距仪 LDM2,利用红光和蓝光所测距离的差值来计算大气折光的影响,并进行改正,从而减少测距的比例误差。

2. 全站仪

电子全站仪集成了电子经纬仪和电磁波测距仪的功能,通过合作目标(棱镜),能同时测角、测距,在程序支持下还能直接测定目标点在某一坐标系下的坐标。按测角、测距精度以及测程,电子全站仪分为许多系列和型号,测角精度从 $0.5''$ 到 $6''$ 乃至更大,测距标称精度用固定误差 a 和比例误差 b 表示。目前电子全站仪的测距精度为:a 为 $1\sim5mm$,b 为每千米 $1\sim5mm$,最大测程从数百米至数千米。电子全站仪都由微机或微处理器控制,厂家提供了功能不同的软件。电脑型全站仪有与 MS-DOS 兼容的操作系统,有足够的内存和外存空间,有高速的 CPU,有高分辨率的大显示屏和精心设计的操作面板,有标准的输入输出接口,用户可以进行二次开发。国内针对电子全站仪开发的各种应用软件很多,其中武汉大学在索佳 Powerset2000 系列的全站仪上开发的全中文地面测量工程一体自动化数据处理系统,在全站仪上同时实现了控制测量数据采集、检核与网平差、工程施工放样、道路测设以及碎部测量等功能。

3. 测量机器人

测量机器人(Georobot,或称测地机器人)是自动寻标电子全站仪的俗称。它在电子全站仪基础上增加了两个步进马达和自动跟踪寻找的传感装置(如 CCD 阵列传感器),且配置了智能化的多功能软件包,此外,还有无线电通信装置。借助它们,测量机器人实现了地面测量的作业自动化,即代替人进行照准、读数。测量方式分主动式和被动式两种:主动式是指从镜站发射信号用以遥控指挥仪器进行照准、读数,测量数据通过无线电信号在镜站显示(图 9-1),可用于大比例尺测图和施工放样,其测程在数百米以内,称为单人测量系统;被动式模式在镜站发射信号,需要在测站上先进行一次初始测量,机器人具有自学功能,其后的重复测量完全由仪器自动完成,这种模式主要用于具有许多目标点的变形监测(如滑坡监测)以及大型工程的施工放样测量。测量机器人都具有自动跟踪运动目标的功能,利用这一功能可以进行水下地形测量中的平面位置测量(需与测深仪相配合)。除在地面测量和隧道测量方面应用外,还广泛应用于三维工业测量,如 Leica 的经纬仪自动测量系统(ATMS)、照准和坐标自动计算系统(SPACE)和单站三维测量系统(SMART310)等。

4. 电子水准仪

第一台电子水准仪(或称数字水准仪)于 1990 年问世。对于水准测量来说,实现数字化要比测距和测角困难得多,因为标尺的读数过程需要用图像处理原理来解决,对于经过一段空气成像在望远镜像平面处 CCD 阵列上的编码标尺,要通过整体比较运算才能得到数字化的视距和中丝读数。现以 Zeiss DiNi 10/20 为例,简要说明电子水准仪的结构、原理和特点(图 9-2)。与光学水准仪相比,电子水准仪的结构有许多相同之处,区别之处有:仪器内装置了 CCD 阵列传感器、根据 CCD 读取视距和视线高读数的微处理机、显示和操作面板、蓄电池、串行接口和

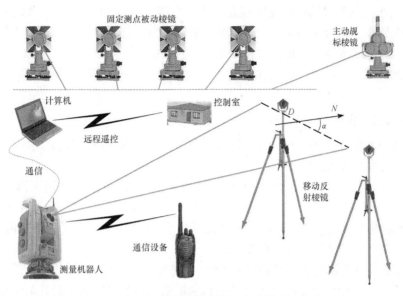

图 9-1 测量机器人系统作业模式

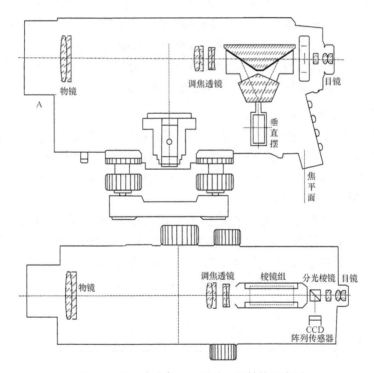

图 9-2 电子水准仪 DiNi10/20 的结构示意图

数据记录存储器。水准标尺带编码分划,标尺的分划间隔为 2cm。DiNi 用对称于视线的 30cm 标尺截距(含 15 个间隔)来确定标尺读数(视线高)。在原理上小于 30cm 的标尺截距也能进行测量,但不能小于 6cm。截距为 10cm 对应的最短视距约为 1.5cm。每个 2cm 的间隔可得到一个单次读数,当视场的标尺截距为 30cm 时,取 15 个单次测量的均值作为记录值。DiNi10 和 DiNi20 用钢瓦条形码标尺测量,每千米往返高差中数的标准偏差分别为 0.3mm 和

0.7mm。电子水准仪标尺读数精度明显高于光学水准仪,环境条件如空气颤动对成果的影响也比光学水准仪小。在视距小于 20m 时,测距中误差为±(20~30)mm,超过 20m 时,与光学视距测量相当。电子水准仪的最大视距一般不超过 100m。

电子水准仪不但取代了目视读数法,还实现了数据的自动记录、检核、传输,有利于数据处理的自动化。

9.2.2　近景摄影测量法

这种方法与其他方法相比有其显著特点,可在某些监测任务中应用。

(1)不需要接触被监测的变形体。

(2)外业工作量小,观测时间短,可获取快速变形过程,可同时确定变形体上任意点的变形。

(3)摄影影像的信息量大,利用率高,利用种类多,可以对变形前后的信息做各种后处理,通过底片可观测到变形体任一时刻的状态。

(4)摄影的仪器费用较高,数据处理对软硬件的要求也比较高。

摄影测量方法的精度主要取决于像点坐标的测量精度和摄影测量的几何强度。前者与摄影机和测量仪的质量、摄影材料质量有关,后者与摄影站和变形体之间的关系以及变形体上控制点的数量和分布有关。在数据处理中采用严密的光束法平差,将外方位元素、控制点的坐标以及摄影测量中的系统误差如底片形变、镜头畸变作为观测值或估计参数一起进行平差,亦可以进一步提高变形体上被测目标点的精度。目前摄影测量的硬件和软件的发展很快,像片坐标精度可达 2~4μm,目标点精度可达摄影距离的十万分之一。特别是数字摄影测量和实时摄影测量为该技术在变形监测中的应用开拓了更好的前景。

9.2.3　特殊的大地测量方法

作为对常规大地测量方法的补充或部分的代替,这些特殊测量方法特别适合于变形监测。这些方法的特点是:或者操作特别方便简单,或者精度特别高,许多时候是精确地获取一个被测量的变化,而被测量本身的精度不要求很高。下面就选择几种典型方法予以说明。

1. 短距离和距离变化测量方法

对于小于 50m 的距离,由于电磁波测距仪的固定误差所限不宜采用,根据实际条件可采用机械法。如 GERICK 研制的金属丝测长仪,是将很细的金属丝在固定拉力下绕在铟瓦测鼓上,其优点是受温度影响小,在上述测程下可达到 1mm 的精度。

两点间在 i 和 $i+1$ 周期之间的距离变化 Δl 可表示为(图 9-3)

$$\Delta l = L_{i+1} - L_i = l_{i+1} - l_i \tag{9-1}$$

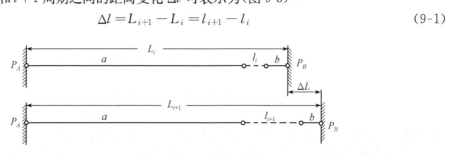

图 9-3　伸缩测微仪原理

如果传递元素(铟瓦线、石英棒等)的长度 a、b 保持不变,则只需测微小量 l_i 和 l_{i+1} 即可,这样不仅花费小,而且精度很高。瑞士苏黎世高等工业学校道路研究所研制的伸缩测微铟瓦线尺由伸缩测量和拉力测量两部分组成,其测微分辨率为 $0.01\mathrm{mm}$,Δl 的精度可达 $0.02\mathrm{mm}$。应当注意的是,上述仪器对风的影响都很敏感。

对于建筑预留缝和岩石裂缝这种更小距离的测量,一般通过预埋内部测微计和外部测微计进行。测微计通常由金属丝或铟瓦丝与测表构成,其精度可优于 $0.01\mathrm{mm}$。

2. 偏离水平基准线的微距离测量——准直法

水平基准线通常平行于被监测物体(如大坝、机器设备)的轴线。偏离水平基准线的垂直距离称偏距(或垂距),测量偏距的过程称准直测量。基准线可用光学法、光电法和机械法产生。

光学法是用一般的光学经纬仪或电子经纬仪的视准线构成基准线,也常用测微准直望远镜的视准线构成基准线。若在望远镜目镜端加一个激光发生器,则基准线是一条可见的激光束。

光电法可采用测小角法、活动觇牌法和测微准直望远镜法测量偏距。激光器点光源中心、光电探测器中心和波带板中心三点在一条直线上,根据光电探测器上的读数可计算出波带板中心偏离基准线的偏距。

机械法是在已知基准点上吊挂钢丝或尼龙丝(亦称引张线)构成基准线,用测尺游标、投影仪或传感器测量中间的目标点相对于基准线的偏距。机械法准直原理也可用于直伸三角形测高,对于拱形或环形粒子加速器,常布设如图 9-4 所示的环形直伸三角形网。每个直伸三角形长边上的高可视为偏距,精密地测量各偏距值,可大大提高导线点的精度。

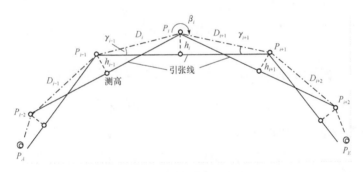

图 9-4 环形直伸三角形网

3. 偏离垂直基准线的微距离测量——铅直法

以过基准点的铅垂线为垂直基准线,与水平基准线一样,可以用光学法、光电法或机械法产生。例如,两台经纬仪过同一基准点的两个垂直平面的交线即为铅垂线。用精密光学垂准仪可产生过底部基准点(底向垂准仪)或顶部基准点(顶向垂准仪)的铅垂线。与此相对应的机械法仪器是倒锤和正锤。光学法仪器中加上激光目镜,则可产生可见铅垂线。光学法中铅垂线的误差可通过仪器严格置平、盘左盘右观测或 4 个位置投点等方法予以削弱。机械法主要是克服风和摆动的影响。沿铅垂基准线的目标点相对于铅垂线的水平距离(亦称偏距)可通过垂线坐标仪、测尺或传感器得到。

准直法和铅直法中的基准点或工作基点必须与变形监测网联测。

4. 液体静力水准测量法

该方法基于贝努利方程,即对于连通管中处于静止状态的液体压力满足 $P + \rho g h =$ 常数。按该原理制成液体静力水准仪或系统可以测量两点或多点之间的高差,其中一个观测头可安置在基准点上,其他观测头安置在目标点上,进行多期观测,可得各目标点的垂直位移。这种方法特别适合建筑物内部(如大坝)的沉降观测,尤其是用常规的光学水准仪观测较困难且高差又不太大的情况。目前,液体静力水准测量系统采用自动读数装置,可实现持续观测,监测点可达上百个。同时也发展了移动式系统,且观测的高差可达数米,因此也用于桥梁的变形观测。

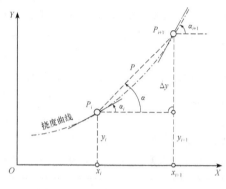

图 9-5 用测斜仪测量挠度曲线

如图 9-5 所示。

5. 挠度曲线测量法——倾斜测量

挠度曲线为相对于水平线或铅垂线(称基准线)的弯曲线,曲线上某点到基准线的距离称为挠度。大坝在水压作用下产生弯曲,塔柱、梁的弯曲以及钻孔的倾斜等,都可以通过倾斜测量方法获得挠度曲线及其随时间的变化。两点之间的倾斜也可用测量高差或水平位移,通过两点间距离进行计算间接获得。用测斜仪(或称倾斜仪、测倾仪)可直接测出倾角,根据两点上所测倾角 α_i,α_{i+1} 和两点间的距离 D,可按式(9-2)计算挠度曲线的倾角 α 和坐标差,

$$\left.\begin{array}{l} \alpha = \dfrac{1}{2}(\alpha_i + \alpha_{i+1}) \\ \Delta y = y_{i+1} - y_i = D\sin\alpha \end{array}\right\} \tag{9-2}$$

挠度曲线的各测点构成"导线",在端点与周围的监测点连测,通过周期观测,可获取挠度曲线的变化。

测斜仪包括摆式测斜仪、伺服加速度计式测斜仪以及电子水准器等。

9.3 变形分析的新技术

9.3.1 MapGIS 在变形监测中的应用

MapGIS 是中国地质大学(武汉)推出的一个完善的地理信息系统软件。该系统利用计算机图形、图像地理技术及地学空间信息处理方法,通过输入、存储、检索、分析和显示与地理位置有关的各种特征信息,可将不同来源、不同类型的数据和相关的属性信息进行有机的集合和综合分析与查询,同时能对图形数据与各种专业数据进行一体化管理和空间分析查询。该软件以 Windows 为平台,具有扫描仪输入和数字化仪等主要输入手段,可接受 FoxPro 2.5b 数据库的数据,具有直观实用的属性动态定义编辑功能和多媒体数据、多重数据结构的属性管理功能;具有较强的地图拼接、管理显示、漫游和灵活方便的跨图幅检索能力,可管理千幅地图;具有功能齐全、性能优良的空间分析功能以及拓扑、空间查询和三维实体叠加分析能力。

1. 地面沉降数据的录入及数据库的形成

1)影响地面沉降的主要因素

(1)地质结构。

(2)承压含水层与弱透水层的岩性、厚度、埋藏条件及其分布规律。

(3)地下水的补给、径流、排泄条件。

(4)地下水的开采量及其分布情况。

(5)土层的物理力学性质(特别是压缩性)。

（6）土层的渗透性。

2）地面沉降研究所需的资料

根据影响地面沉降的主要因素，搜集进行地面沉降研究所需的资料。各种资料比较繁杂，来源广泛，信息量十分庞大，既有数据信息，又有图形信息，可归类如下：

（1）地质勘探资料主要包括地质钻孔点的位置、地层资料及土工试验资料，为地面沉降预测防治研究提供地层分布、岩性特征、土体物理力学性质等方面的基础地质资料。

（2）地下水抽水试验资料主要包括抽水试验点的位置、试验层位及相应的水文地质参数等方面的资料，为地面沉降预测防治提供地层土体的水文地质条件特征参数。

（3）地下水位长期观测资料主要包括观测点位置、观测层位、观测深度及水位变化资料，为地面沉降预测防治提供水位随时间的变化特征。

（4）地下水开采统计资料主要包括地下水开采点的位置、各月开采量等参数，为地面沉降预测防治研究过程中地下水优化管理提供基础数据。

（5）大地水准测量资料主要包括大地水准测量点的位置、测量高程等数据，为地面沉降预测防治提供历史资料。

（6）地面沉降分层标观测资料主要包括分层标的位置、分层标的剖面结构、分层标的沉降量、长观孔水位、孔隙水压力测量等，为研究地面沉降的形成机理提供基础数据。

数据库的设计根据资料的分类整理，划分为三个分库：水文地质分库八个子库；工程地质分库十一个子库；水准测量分库三个子库。每一类数据库代表了一类相同属性的数据，其中动态水位、统测水位、开采量、沉降量等资料分别按年建立分库。数据库的建立、资料录入应用了Fox-Pro2.5b for Windows 软件，根据上述资料，利用 MapGIS 软件，编制了如下一些地面沉降专业图件：

（1）地面沉降高程监测点位置图。

（2）地下水监测井位置图。

（3）累计地面沉降量等值线图。

（4）地面高差等值线图。

（5）地下水等水压线图。

（6）地下水开采强度图。

2. 使用 MapGIS 软件编图的一般步骤

使用 MapGIS 软件编图是非常方便的，如编制一幅地下水等水压线图，可以通过以下步骤实现。

1）输入地理地图

输入地理地图的方法有两种，一是数字化仪输入，二是扫描仪输入，扫描仪输入的图形还要再进行矢量化。在计算机中，所有的图形都可以分解为点、线、面三种基本图元。点、图符、字符串等对应空间一个点位置的图形归作点图元；河流、铁路等线状图元归于线图元；湖泊、行政区归为面图元。点、线、面之间有严格的拓扑结构，线由点组成，面由线组成或弧段组成。点、线、面图元在 MapGIS 中分成不同文件存放，所以一幅地图的内容往往存放在若干个点、线、面文件之中。

2）图层信息的分层管理

MapGIS 提供了对图层信息进行分层存放、分层管理和分层操作功能，允许用户自定义、修改图层名，随时打开或关闭个别图层或所有图层，自动检索图形的各个层及每个层上所存放的图形信息。由于可以分层存放,从而可以利用图层做灵活的组合编图。在本系统中每一分层数据存储在一个指定的图形文件中,即每个图层一个数据文件。分层及图层名称(文件名)的编制原则是:

1	2	3	4	5	6	7	8	9	10

第1位:图层分类编码(G 地理底图;D 基础地质要素图;S 监测分布图;Z 综合成果图;C 装饰描述图)。

第2、3位:专业图形分类 G(21 河流;22 湖泊;23 行政区;41 公路铁路;62 植被分区)、D(10 含水层分布图;12 富水性;14 水文地质参数分区图)、S(10 水位监测点;12 水质监测点;20 开采量;30 沉降量)。

第4、5位:省级行政区代码(采用国家标准行政区代码:11 北京,13 天津,…)。

第6、7、8位:省内工作区标识码(图名的汉语拼音首字母拼写)。

第9、10位:图形类别(WT 点、WL 线、WP 面)。

3) 绘制等值线

绘制的方法有两种:对于手工绘制的等值线图可以通过数字化仪或扫描仪输入;另一种方法是利用 MapGIS 的数字高程模型子系统绘制等值线图,可以从地面沉降数据库中获得基本数据即水位监测点的坐标及地下水水位。生成的图形按点、线、区文件存储。把这些点、线、区文件叠加在地理地图上,经过适当的编辑,即可成图。

4) 控制点的添加

控制点即水位观测点,一种办法是使用数字化仪或扫描仪输入,另一种办法是将数据库内的观测点的 X、Y 坐标值以及水位值提取出来,形成 MapGIS 所要求的明码格式文件,即 *.WAT文件,然后通过 MapGIS 的数据转换模块转换成点文件,再添加在地图上。

5) 空间查询功能

在观测点的基本情况库中,每一个点都有一个确定的 ID 值,可以将上述形成的点文件与数据库通过 ID 值进行关联,改变观测点的属性内容,从而进行空间查询和属性查询。空间查询是根据图形的空间位置查找对应的专业属性;属性查询则根据专业属性字段构成的数学表达式或逻辑表达式,查找对应的空间实体。这样,一方面可以对图形数据进行分析检索,另一方面可以对属性数据进行查询、检索、分析,并可实现图形与属性的双向检索。

6) 图形的输出

MapGIS 的输出格式可以分成三大类:

(1) Windows 格式,MapGIS 通过利用 Windows 的 GDI 接口,进行地图的显示,生成 MetaFile 格式文件以及其他所有 Windows 支持的图形格式文件。同时,利用 Windows 的图形驱动程序,在各种打印机、绘图仪上进行输出。

(2) 矢量格式的输出可以生成各种矢量格式的图形文件,如 MapGIS 的标准格式 PMD 文件,Auto-CAD 的 DXF 文件和 Postcript 文件等。该系统具有两种 Postcript 格式文件的输出功能,一种是北大方正使用的 Postcript 格式的 PS 文件,另一种是国际通用的 Adobe 公司的 AIEPS 文件。当地图质量精度要求较高,需要用激光照排制版时,应选用 Postcript 格式输出。

(3) 光栅格式输出可以对图形进行分色光栅化,形成供打印机及彩色喷墨绘图仪输出用的光栅文件格式。对于质量精度要求不是很高而又不需要制版印刷的地图,这种方式输出能够取得较好的输出效果。

3. MapGIS 软件空间分析功能

1）利用空间分析子系统,检索地下水位降落漏斗的分布面积

可绘制地下水位的单属性累计直方图、单属性累计频率直方图等,并可进行单属性分类统计。通过绘制多年的地下水等水压线图,可以分析同一含水组别含水层地下水位下降漏斗的空间分布状况以及在时间上的演化规律。

利用高程数字模型的高程剖面分析功能,可以从不同角度设置剖面线,观察地下水流场在垂向上的变化规律。

2）地面沉降累计沉降量等值线图

利用空间分析子系统可检索地面沉降漏斗区域的分布范围、面积,如可检索累计地面沉降量大于 2m 的范围、面积等。

绘制累计地面沉降量的单属性直方图、单属性累计频率直方图等,并可进行单属性分类统计。

利用数字高程模型系统的蓄积量表面积计算功能,可以计算由于地面沉降原因造成的高程损失所需回填的土方量。

通过每一年的地面高差等值线图,可以分析地面沉降漏斗的空间分布状况以及演化规律。利用数字高程模型中的高程剖面分析功能,可以从不同角度设置剖面线,观察累计沉降值或地面高差值在垂向上的变化规律。

3）立体图利用

数字高程模型中的网格立体图绘制功能,可以绘制地下水等水压面图,以及高差值立体图等,也可以绘制顶部为等值线图、底部为立体图的综合图。对非专业人员来说,观察地下水位降落漏斗或地面沉降漏斗更直观。

4）地下水开采强度图

把工作区域剖分成间隔为 1km 的网格,计算每个网格内的开采量。根据开采强度的大小,划分不同级别,进行开采强度分区,这就是地下水开采强度图。通过该图可以了解地下水开采量在空间上的分布规律。地下水开采量每年形成一个数据库,这样地下水开采强度可以按年按组分别作图。通过不同年份的地下水开采强度图进行对比,可以反映出地下水开采强度随时间的变化规律。将同一时间的地下水开采强度图与地下水等水压线图叠加,可以研究形成地下水位降落漏斗及地面沉降漏斗的原因。通过该图可检索任一年任一开采孔的开采量,以及图示矩形区任意区域内的开采量。

以上这些图形都是作为点、线、区三种类型的图件存储的。这些图形不限于单独分析,可以进行区对区叠加分析、线对区叠加分析、点对区叠加分析、区对点叠加分析和点对线叠加分析等,还可以进行缓冲区分析。利用这些图形进行综合分析,可以发现地下水位随时间的变化规律、地面沉降与各种因素的关系,更准确地找出产生地面沉降的原因、地面沉降发展变化趋势和规律,进行地面沉降预测,为地面沉降的综合治理提供科学依据。

9.3.2 遥感卫星雷达干涉测量在城市地面沉降中的应用

1. 固定式全自动持续监测系统及实现

1）系统组成

该方式是基于一台测量机器人的有合作目标(照准棱镜)的变形监测系统,可实现全天候的无人值守监测,实质为自动极坐标测量系统。其结构与组成方式如图 9-6 所示。

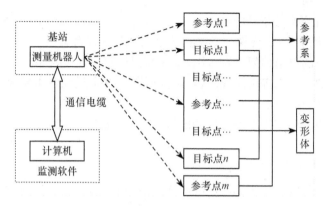

图 9-6　测量机器人变形监测系统组成

（1）基站。基站为极坐标系统的原点，用来架设测量机器人，应牢固稳定，且通视条件良好。

（2）参考点。参考点（三维坐标已知）应位于变形区域之外的稳固不动处，点上采用强制对中装置放置棱镜，一般应有 678 个，要求覆盖整个变形区域。参考系除提供方位外，还为数据处理提供距离及高差差分基准。

（3）目标点。均匀地布设于变形体上能体现区域变形的部位。

（4）控制中心。由计算机和监测软件构成，通过通信电缆控制测量机器人做全自动变形监测，可直接放置在基站上，若要进行长期的无人值守监测，应建专用机房。

2）软件功能模块及软件实现

该软件主要包括工程管理、系统初始化、学习测量、自动测量、数据处理、数据查询与成果输出、工具、帮助等功能模块。

（1）工程管理。将变形监测项目作为一项工程来管理，对应一个数据库文件，保存所有该变形监测项目的所有数据，如初始设置信息、原始观测值和计算分析成果等。

（2）系统初始化。计算机与测量机器人的串口通信参数设置；测量机器人初始化，如自动目标识别、目标锁定、补偿器开关状态，搜寻范围、测距模式设置，距离、角度、温度、气压的单位设置；测前测量机器人的检校，如 2C 互差、指标差和自动目标识别照准差等。

（3）学习测量。通过初始训练获取目标点概略空间位置信息。

（4）自动测量。按设计的观测方案及观测限差控制测量机器人自动做周期观测。观测方案包括总观测期数、两期观测间隔时间、每期测回数、是否盘右观测等。自动观测中，软件能自动处理一些异常情况，如超限时，自动判断并指挥测量机器人按要求重测；若目标被挡，软件会控制测量机器人做三次重测尝试，不成功则暂时放弃，待其余目标观测完毕再试，若仍不成功则等待一段时间（一般 1/10 期间隔）后补测，还不成功则会最终放弃并记录相应说明信息。自动报警用声音或屏幕提示等方式在测量过程中实现。

（5）数据处理。包括对原始观测值做特殊的距离差分和高差差分处理、目标点坐标的计算和变形分析。

（6）数据查询与成果输出：查询并用报表的形式输出选定时期和目标点的观测、计算和分析成果。

（7）工具。提供自由设站观测与计算工具，用来检查基站的稳定性或基站不稳的情况下得到基站的精确坐标。

（8）帮助。提供软件操作使用的在线帮助。软件以 Microsoft Visual Basic 语言为编程环境，采用数据库技术来实现各种数据的存储与管理。采用多文档界面，各种类型的子窗口（包括数据表格窗口、图形窗口、表格按钮组合窗口等）都集成在一个大小可调的父窗口中，界面简洁、直观、好用。

计算机与 Leisa 测量机器人之间的通信采用 Leisa 公司提供的专用串行通信接口——GeoCOM。GeoCOM 按点对点的方式进行通信，基于 SUN 微系统的远程过程调用（RPC）协议，有两种接口方式：一种为低级的 ASCII 接口方式，由请求和应答构成；另一种为高级的函数接口方式，就是在 C/C++或 VB 中直接使用普通的函数调用。所有的请求、应答和解码都封装在 GeoCOM 的函数中。GeoCOM 包含操作 Leisa 系列全站仪的全部函数及命令，而对测量机器人的函数与命令则集中在 GeoCOM 的一个子集 AUT（Automatization）中。为提高最终成果的精度，充分利用变形监测中的不动基点，对原始观测值进行距离和高差差分改正。

2. 移动式半自动变形监测系统组成与实现

固定式全自动变形监测系统可实现全天候的无人值守监测，并有高效、全自动、准确、实时性强等特点。但也有其缺点：第一，没有多余观测量，测量的精度随着距离的增长而显著地降低，且不易检查发现粗差；第二，系统所需的测量机器人、棱镜、计算机等设备因长期固定而需要采取特殊的措施保护起来；第三，这种方式需要有雄厚的资金做保证，测量机器人等昂贵的仪器设备只能在一个变形监测项目中专用。

移动式半自动变形监测系统的作业与传统的观测方法一样，先在各观测墩上安置整平仪器，输入测站点号，进行必要的测站设置，后视之后测量机器人会按照预置在机内的观测点顺序、测回数、全自动地寻找目标、精确照准目标、记录观测数据，计算各种限差，做超限重测或等待人工干预等。完成一个测点的工作之后，人工将仪器搬到下一个施测的点上，重复上述工作，直至所有外业工作完成。这种移动式网观测模式可大大减轻观测者的劳动强度，所获得的成果精度更好。

机载半自动外业观测软件是在 Leisa 公司提供的机载应用程序专用开发语言——GeoBasic 上进行，GeoBasic 能通过简单地调用仪器的内部库函数来使用仪器已有的内置功能及菜单。用户可以很快地开发出所需要的应用程序，并可上载到仪器内部存储器中，与仪器的系统软件融为一体。

GeoBasic 主要由四个部分组成：①GeoBasic 编译器；②GeoBasic 解释程序；③TPS1000 仿真器（可在 PC 机 Windows 平台上模拟出仪器面板和一个调试窗口，用户可在仿真环境上直接开发）；④用户文档（包括例子程序和详细的函数调用说明）。

GeoBasic 提供了大量的功能及系统调用函数。GeoBasic 函数分为标准函数与系统函数两大部分，标准函数主要是标准 Basic 提供的函数；系统函数主要是与仪器系统相关的一些函数。机载半自动外业观测软件主要包括作业管理、限差设置、测站设置、初始观测、后视定向、水平角自动测量、测回差检查、距离自动测量、观测数据自动记录、文件操作功能等功能模块。其作业过程为：由仪器 PCMCIA 卡中的数据文件，建立起实际控制网点的概略位置信息，仪器在某个网点上安置好后，首先进行测站设置，主要包括测站限差、角度及距离测回数、测站名设置、天气状况、观测时间等，再后视定向，之后仪器将按机载软件预先在此点上设定的观测点集、顺序以及测回数依次按规范要求对观测目标进行边、角测量，将观测结果记录到全站仪 PCMCIA 存储卡的文件中，并及时与相关规范的限差自动进行比对，若超差则报警，弹出对话框等待人工干预。当最终取得合格外业观测数据文件后,该数据文件可直接输入到自动化数据处理软件中。

自动化数据处理软件开发:自动化数据处理软件以 Microsoft Visual Basic 语言为编程环境,并采用数据库技术来存储与管理各种数据。该软件可将存储在 PCMCIA 卡中的各个测站的数据导入到一个统一的工程中进行管理;包括对各站数据的整理、检查、测站平差;将合格角度、距离数据按规范规定的格式以标准外业手簿的形式自动输出;在整个工程外业观测完成后,可直接在软件中进行网平差计算,也可以外部文件的形式输出"科傻"系统或清华"山维"接受平差数据文件,以便在"科傻"或清华"山维"软件中平差。该软件除具有上述自动化数据处理功能外,还移植了机载软件的所有功能,软件通过计算机与测量机器人在线通信的方式完成机载软件的所有自动观测、限差检查、自动记录等功能。自动化数据处理软件的主要功能菜单如图 9-7 所示。

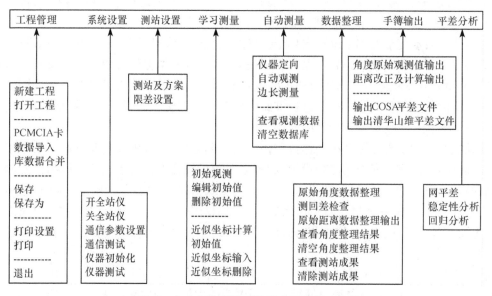

图 9-7　自动化数据处理软件主要菜单功能图

9.4　高等级公路变形监测

高等级公路对地基的要求极高,不但应确保路基填筑过程及路堤永久荷载作用下地基的稳定性,而且应减少或消除运营中的沉降,从而避免桥、涵与路基的连接处出现较大的沉降差和沿路基纵、横向的不均匀沉降,以防止运行中出现路面不平整、开裂损坏及桥头跳车等现象。

9.4.1　路基沉降观测

路基沉降观测是软土地基高等级公路建设的重要环节,应及时、真实、正确地提供分期沉降观测资料。

1. 沉降观测基准点布设

沉降观测控制网是在施工控制网的基础上建立的,并应按二等水准测量的技术规定进行施测。高程基准点间距一般应在 200m 以内,以便对沿线路基的沉降观测点进行观测。在软土地基施工区,水准点应设于土质坚硬的地点或已稳定的老建筑物上,且距离路基坡脚不宜小于 50m,并应按二等水准点的标志埋设混凝土标石。当所有水准点埋设完成并稳定后,应对其进行联测,且每半年对其检核一次,其精度应符合国家二等水准测量规定。

为了减小因转点过多而对观测成果的影响,应在沉降观测的断面附近布设工作基点,工作基点一般埋设混凝土标石。当路基施工到一定高度时,应将工作基点转移到有灌注桩基础的桥面上,并距桥头伸缩缝 2m 左右,作为路基完工后的沉降观测工作基点。这样不但观测方便,而且点位稳定,便于长期保存。

在观测时应使用精度不低于 DS_1 的自动安平水准仪或电子水准仪,水准尺也应采用与之配套的钢钢水准尺,水准仪及水准尺各项技术指标应符合《国家一、二等水准测量规范》的有关规定。并且应定期对水准仪和水准尺进行鉴定。

2. 路基观测板的埋设

沉降观测标志由沉降板、底座、测杆和保护测杆的钢管组成,随着填土的增高,测杆及保护管亦应加长,每节长度不超过 50cm 或 100cm,应保证接高后的测杆顶面高出保护管上口。在沉降观测标志安装前应先将地面整平,并应保持底板的水平及测杆的垂直度。

沉降板的构造如图 9-8 所示,其底座是一块 50cm×50cm 的钢板,测杆是直径为 20mm 的圆钢,钢管护套内径为 40mm。

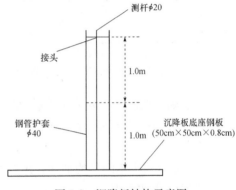

图 9-8　沉降板结构示意图

对于测杆及护管的长度不但应便于施工,而且应便于观测。在施工时,每填筑一层路基增加一节连接杆和套管,防止因连接杆和套管露出路基过高而导致在路基碾压时被破坏。沉降板及位移边桩应根据设计要求布设在有软土的地方,其数量及具体位置应按设计要求布设。布设通常应考虑以下几点:

(1) 有地基处理的段落内都应布设沉降观测点,且应在路堤高度较大处增加观测点。

(2) 河塘路段的前后和中间应布设沉降观测断面,而且应在每个通道内至少设置一个沉降观测点。

(3) 对于路中的沉降板应埋设在中线偏右 1.1~1.2m 处,其位置应严格控制,以免与防撞护栏或路缘石位置冲突。

(4) 对于无中间分隔带的单车道通常设置于两侧路肩上,超高路段设置于超高侧的路肩上。对于中间有分隔带的双车道应布置在路中线处。

(5) 桥头(桥台侧)、箱头(通道或箱涵侧)、管涵侧以及沿河渠布置的左右观测点,埋设时应顺应桥台、通道、涵洞以及河渠的伸展方向埋设,如图 9-9 所示。桥梁过渡段和一般路段的左右点应按桩号埋设,即在左右点垂直于路线方向。

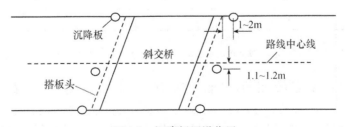

图 9-9　沉降板埋设位置

3. 软土地基沉降观测

1) 沉降观测精度

根据《建筑变形测量规范》,沉降观测应按国家二等水准测量或二级建筑变形测量精度要求进行。为了削弱或消除观测中的系统误差,每次观测应在相同的条件下进行,做到后视固定、测站位置固定、仪器固定、观测员固定及转点固定。水准测量的主要技术要求见表 9-1。

表 9-1　水准测量的主要技术指标

等级	每千米高差全中误差/mm	路线长度/mm	水准仪的型号	水准尺	观测次数		往返较差、附合或环线闭合差/mm	
					与已知点联测	附合或环线	平地	山地
二等	±2		DS$_1$	铟瓦	往返各一次	往返各一次	±4$\sqrt{L}$	
三等	±6	≤50	DS$_1$	铟瓦	往返各一次	往一次	±12$\sqrt{L}$	±4$\sqrt{n}$
			DS$_3$	双面		往返各一次		
四等	±10	≤16	DS$_3$	双面	往返各一次	往一次	±20$\sqrt{L}$	±6$\sqrt{n}$
五等	±15		DS$_3$	单面	往返各一次	往一次	±30$\sqrt{L}$	

注:1. 结点之间或结点与高级点之间,其线路和长度不应大于表中规定的 0.7 倍;
　　2. L 为往返测段附合或环线的水准路线长度,单位为 km;n 为测站数。

为了确保沉降观测成果的质量,水准测量中所使用的仪器和水准尺,应符合以下规定:

(1) 水准仪视准轴与管水准轴的夹角,对于 DS$_1$ 型不应大于 15″,对于 DS$_3$ 型不应大于 20″。

(2) 水准尺上米间隔的平均长度与名义长度之差,对于铟瓦水准尺,不应大于 0.15mm,对于双面水准尺,不应大于 0.5mm。

(3) 二等水准测量应采用补偿式自动安平水准仪,其补偿误差不应大于 0.2″。

2) 沉降观测方法

软地基的沉降观测应采用二等水准观测,其观测的主要技术要求见表 9-2。

表 9-2　软地基水准观测的主要技术要求

等级	水准仪的型号	视线长度/m	前后视距差/m	前后视累积差/m	视线离地面最低高度/m	基本分划、辅助分划或黑面、红面读数较差/mm	基本分划、辅助分划或黑面红面所测高差较差/mm
二等	DS$_1$	50	1		0.5	0.5	0.7
三等	DS$_1$	100	3	6	0.3	1.0	1.5
	DS$_3$	75				2.0	3.0
四等	DS$_3$	100	5	10	0.2	3.0	5.0
五等	DS$_3$	100	大致相等				

注:1. 二等水准视线长度小于 20m 时,其视线高度不应低于 0.3m;
　　2. 三、四等水准采用变动仪器高度观测单面水准尺时,所测两次高差较差,应与黑面、红面所测高差较差一致。

为了达到路基沉降观测的目的,掌握沉降的部位,建立沉降量与时间的关系,沉降观测应注意以下问题:

(1) 为了观测到路基各部位的总沉降量,应从路基填筑开始就进行沉降观测。

(2) 因为沉降观测标志的埋设与施工同步进行,所以施工单位的填筑要与标志的埋设做好协调,做到互不干扰。路堤的填筑应与标志埋设密切配合,以免错过最佳埋设时间。观测设施的埋设及沉降观测应按沉降观测方案的要求进行,不得影响路基填筑的均匀性。

(3) 在沉降板埋设基本不影响施工的条件下,路基的施工应做到碾压均匀,使沉降观测资料具有良好的代表性。

(4) 为了分析施工期间沉降和竣工后沉降,施工期沉降与总沉降的关系以及验证推算竣工后沉降方法的准确性,对部分试验段应进行运营期间的长期沉降观测,以验证推算方法并获得最终沉降量。

3) 沉降观测频率

路基沉降观测频率:在施工期间,每填筑一层观测一次;在填筑间歇期间,对于重点路段(如临界高度以及高路堤段)每 3 天观测一次;当填筑间歇时间较长时,每 3 天观测一次,连续观测三次,然后每隔一周观测一次;当路堤填筑完毕进入预压期后,每 1 个月观测一次,直至预压期结束,将多余填料卸除为止。

路基基层观测频率:地基层和基层分两次碾压,一般每碾压半层或一层观测一次。若一个层次二次碾压时间相隔很短时,则可合并成一次观测。

4. 路基沉降评估方法

1) 沉降观测资料整理

在沉降资料整理中应采用统一的"路基沉降观测记录表",做好观测数据的记录与整理,并绘制每个观测点的荷载-时间-沉降曲线图。对沉降观测资料应及时分析,尤其是在预压期和放置期,应对路基沉降的发生趋势进行分析,以便在必要时采取补救措施。

2) 路基沉降评估方法

路基沉降预测应采用曲线回归法,常用的方法有双曲线法、指数曲线法、沉降速率法及灰色预测法等。路基沉降预测曲线回归法应满足以下要求:

(1) 应根据路基填筑完成或堆载预压后 3 个月以上的实测数据作回归分析,确定沉降变形的趋势,曲线回归的相关系数不低于 0.92。

(2) 沉降预测的可靠性应经过验证,间隔 3 个月以上的两次预测最终沉降量的差值不得大于 8mm。

(3) 路基填筑完成或堆载预压后,最终的沉降预测时间应满足下列条件:

$$\frac{S(t)}{S(t \to \infty)} \geqslant 0.75 \tag{9-3}$$

式中,$S(t)$ 为预测时的沉降观测值;$S(t \to \infty)$ 为预测的最终沉降值。

(4) 设计沉降计算的总沉降量与通过实测资料预算的总沉降量之差,原则上不宜大于 10mm。

(5) 路基填筑完成或经预压荷载后应有不少于 6 个月的观测和调整期,持续沉降观测应不少于 6 个月,并根据观测资料绘制沉降曲线,按实测沉降数据分析并推算总沉降量、工后沉降值,初步确定路面施工时间。观测数据不足以评估或工后沉降评估不能满足设计要求时,应继续观测或采取必要的加固或控制沉降的措施。

(6) 在 3 个月后进行第一次预测,根据 3 个月的监测数据,绘制时间-沉降量曲线,并预测 6 个月的沉降量及剩余沉降量,从而决定路面施工时间。当推算的工后沉降量满足评估标准时,方可进行路面施工;当沉降分析结果表明不能在计划的工期内施工时,则应研究确定是延长路基沉降时间,还是采取调整预压土高度,调整预压时间、增加地基加固等工程措施。

5. 路基施工控制标准

在软土地基的路基施工中,其沉降控制标准如下。

1) 填筑期

当采用排水固结法处理地基时,应控制填筑的速率,使其与地基固结速率相适应,尽量减少附加沉降量。一般路堤,原地面每昼夜沉降速率应小于 10mm 或孔隙水压力系数 $\beta \leqslant 0.6$;对于桥头路堤,原地面每昼夜沉降速率应小于 5mm。

2) 预压期

当桥头和一般路堤到达路床顶面后,进行当量预压土方的加载,并在原地面连续两个月的实测沉降速率应分别小于 3mm/月、5mm/月,低路堤除外。

3) 超载预压期

当路堤填筑到达路床顶面后,进行当量预压土方的加载后,连续两个月的实测沉降速率应小于 7mm/月。

4) 路面施工期

填筑沥青混凝土下面层的条件是,当路堤施工至基层顶面后,连续两个月的实测沉降速率应小于 3mm/月。

5) 初期养护处理标准

为使车辆在桥头高速公路行驶过程的平稳、舒适,在桥头有搭板设置的情况下,桥头沉降引起的纵坡必须小于 $\Delta i = 0.4\% \sim 0.6\%$,其沉降差应小于 2~3cm。

9.4.2　路基边坡位移观测

1. 控制网精度要求

1) 控制网形式

路基边坡位移观测的控制网是在施工控制网基础上进行加密布设,一般采用附合单导线形式,结合具体条件亦可布设成测边网或测角网。控制点应布设在路基边坡位移观测断面的延长线上,并应使其与最外侧边桩的距离不小于 30m,且位于路基边坡位移影响范围以外的坚固地面上。布网时还应考虑控制网的图形强度,基准点、工作基点、联系点、检核点应相互联测,形成统一的导线网。

2) 位移观测控制网的精度要求

平面控制网的精度应符合以下要求:

(1) 测角网、测边网或边角网的最弱边边长中误差,不应大于所选等级的观测点坐标中误差。

(2) 工作基点相对于临近基准点的点位中误差,不应大于相应等级的观测点点位中误差,点位中误差为坐标中误差的 $\sqrt{2}$ 倍。

(3) 导线网或单一导线的最弱点点位中误差,不应大于所选等级的观测点点位中误差。

(4) 在基准线法的偏角值测定中,其误差不应大于所选等级的观测点点位中误差。

(5) 为了测定区段变形独立布设的测站点、基准端点等,可不考虑点位中误差。

2. 路基边桩位移观测

在路基边桩的位移观测中,通常采用视准线法、前方交会法、测边交会法和极坐标法。在此仅介绍视准线法和极坐标法。

1) 视准线法

视准线法包括小角度法和活动觇板法。

小角度法是将基准线按平行于待测点的边线布置,角度观测的精度和测回数应按要求的偏差值观测中误差估算确定,距离可按 1/2000 的精度测量。其具体做法是将仪器架设在控制点上并定好基准线方向,然后观测各位移边桩的观测点标志相对于基准线的偏角 α_i,则其偏移量 e_i 为

$$e_i = \frac{\alpha_i}{\rho} S_i \tag{9-4}$$

式中,ρ 为弧度,换算到秒,其值为 $206265''$;S_i 为测站点到位移观测点的距离,单位为 mm。

在各个观测周期内,两次偏移量之差即为位移边桩的水平位移。

活动觇板法是将仪器安置在基线一端,用另一端的固定觇板进行定向,待活动觇板的照准标正好位于方向线上时读数。每个观测点应按规定的测回数进行往返测,其在一个周期内的读数差即为水平位移值。

2) 极坐标法

全站仪极坐标法是将仪器安置在控制点上,后视另一控制点,直接测量观测点的坐标,通过一个周期内的两次坐标差即可求得边桩位移观测点的水平位移量。

9.4.3　软土地基变形监测数据处理

1. 观测数据整理及报告编写

所有观测数据应及时记录、计算、检核及汇总,并整理分析,各种曲线应当天绘制,以便从图上直观地看出各点变化趋势,为全面了解分析土体情况做出正确判断。若发现问题,应及时复查或进行复测。应定期提供的资料有:① 所有沉降观测点的月沉降量。② 水平位移及变化速率。③ 荷载-时间-沉降过程曲线。④ 路基横向沉降图。⑤ 路基竣工后的沉降量估值。

沉降观测报告有月沉降报告、阶段沉降报告及总结报告三种,在每个月底应编写月沉降观测报告,提交业主;当路基施工至 96(路基压实度达到 96％的部位)区的 1～2 层时,编写第一阶段沉降观测报告,并根据沉降观测成果对预压土的高度进行优化;在预压土卸载之前,应根据预压期的沉降观测成果编写第二阶段的沉降观测报告,提出各段落卸载的具体时间;当路面施工完成后应编写总结报告,对全线的沉降稳定状况进行分析,并进行成果鉴定。

2. 观测数据处理

1) 一般规定

在观测成果计算、分析时,应按最小二乘法和统计检验原理对控制网和观测点进行平差计算,对观测点的变形进行几何分析与必要的物理解释。各类测量点观测成果的计算与分析应符合以下要求:

(1) 观测值中不得有超限成果,且应将系统误差减弱到最小程度。

(2) 合理处理随机误差,正确区分测量误差与变形信息。

(3) 按网点的不同要求,合理估计观测成果精度,正确评价成果质量。

2) 变形测量成果整理

在观测成果计算和分析中数字取位见表 9-3。

表 9-3　观测成果计算和分析中的数字取位要求

等级	类别	角度/(″)	边长/mm	坐标/mm	高程/mm	沉降值/mm	位移值/mm
一、二级	控制点	0.01	0.1	0.1	0.01	0.01	0.1
	观测点	0.01	0.1	0.1	0.01	0.01	0.01
三级	控制点	0.1	0.1	0.1	0.1	0.1	0.1
	观测点	0.1	0.1	0.1	0.1	0.1	0.1

变形测量成果的整理,应符合以下要求:

(1) 原始观测记录应填写齐全,字迹清楚,不得涂改、擦改或转抄。凡划改数字或超限划去成果,均应注明原因和重测结果所在页码。

(2) 平差计算成果、图表和各检验、分析资料,应完整、清晰、无误。

(3) 使用的图式、符号,应统一规格,描绘工整,注记清楚。

在每一工程变形观测结束后,应提交以下资料:① 实测方案和技术设计书。② 控制点及观测点平面位置图。③ 标石、标志规格及埋设图。④ 仪器检验及校正资料。⑤ 各种观测记录手簿。⑥ 平差计算、成果质量评定资料及测量成果表。⑦ 变形过程及变形分布图表。⑧ 变形分析成果资料。⑨ 技术总结报告。

9.5　大坝变形监测

当大坝投入运行后,将受到坝体自重、水压力、水的渗透、侵蚀、冲刷、温度变化、坝体内部应力及地震等因素的影响,将产生水平和垂直位移,即大坝变形。一般情况下,其变形是缓慢而持续的,在一定范围内具有规律性。当超出一定限度时,必将影响大坝的安全运行,造成事故。为此,应对大坝进行定期的、系统的观测,以确保安全运行。

9.5.1　视准线法观测水平位移

1. 观测原理

如图 9-10 所示,将工作基点 A、B 设置于坝体两端的山坡上,并沿坝面 AB 方向埋设 a、b、c、d 等位移标点,然后将仪器安置于基点 A 上,照准另一基点 B,构成视准线,以此作为观测坝体水平位移的基准线。将第一次测定的各位移标点至视线的垂直距离 l_{a0}、l_{b0}、l_{c0}、l_{d0} 作为起始数据,每隔一段时间后,再按上述方法重新测出偏移值 l_{a1}、l_{b1}、l_{c1}、l_{d1},前后两次测得的各点偏离值之差,即为第一次到第二次观测的时间段内各点的水平位移值,从而了解坝体水平位移情况。

通常规定,水平位移值向下游为正,向上游为负,向左岸为正,向右岸为负。

2. 观测点布置

如图 9-10 所示,通常在迎水面最高水位以上的坝坡上布设一排位移标点,在坝顶靠下游坝肩上布设一排,再在下游坡面上根据坝高布

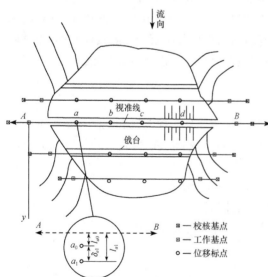

图 9-10　视准线法观测原理及点位设置

设一至三排。每排上各测点间距为 $50\sim100m$,在薄弱部位,如最大坝高处、地质条件较差等地段应增设位移标点。为了掌握大坝横断面的变化情况,应使各排测点都在相应的横断面上。各排测点应与坝轴线平行,在各排延长线两端的山坡上埋设工作基点,并在工作基点外再埋设校核基点,用以校核工作基点是否稳定。

对于混凝土坝,通常在坝顶上每一坝块上布设 $1\sim2$ 个位移标点。

3. 观测方法

如图 9-10 所示,安置仪器于工作基点 A,安置固定觇标于 B,在位移标点 a 上安置活动觇标,用经纬仪照准 B 点,并将仪器水平方向固定作为固定视线,然后以固定视线为准指挥 a 点的觇牌移动,使其中线恰好落在望远镜的竖丝上时为止,读取觇牌上读数。转动觇牌移动螺旋使其重新照准,再次读数。若两次读数差小于 2mm,取其平均值作为半测回成果。倒转望远镜,按上述方法完成下半测回测量,并取上下两个半测回成果的平均值作为一测回的成果。一般而言,当用 DJ$_1$ 型经纬仪对混凝土坝进行观测,距离在 300m 以内时,应测两个测回,其测回差不得大于 1.5mm,否则应重测。

为了保证观测精度,通常是在工作基点 A 上测定靠近 A 点的位移标点,然后再将经纬仪安置于 B 点,测定靠近 B 点的位移标点。

9.5.2 波带板激光衍射法观测大坝变形

波带板激光衍射法可分为大气激光观测和真空激光观测两种,前者一般只能测定大坝水平位移,后者不但能测定大坝水平位移,亦可测定垂直位移,而且其观测精度和稳定性均高于前者。

1. 大气激光观测

1) 仪器设备

如图 9-11 所示,波带板激光准直系统主要由激光器点光源、波带板和接收靶组成。

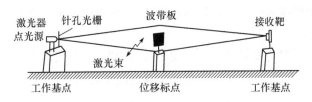

图 9-11 波带板激光衍射法原理

(1) 激光器点光源。它是由氦氖气激光管发出的激光束通过针孔光栅,从而形成点光源并照射于波带板上,其针孔光栅的中心即为固定工作基点的中心。

(2) 波带板。波带板有圆形和方形两种形式,其作用是将激光器发出的一束单色相干光汇聚成一个亮点(圆形波带板)或十字亮线(方形波带板),其作用相当于一个光学透镜。

(3) 接收靶。它可采用普通活动觇牌按目视法接收,也可采用光电接收靶进行自动跟踪接收。

2) 工作原理

如图 9-12 所示,采用波带板激光准直法观测水平位移,是将激光器和接收靶分别安置于两端的工作基点上,波带板安置在位移标点上,并使点光源、波带板中心及接收靶中心基本位于同一高度。当激光器

图 9-12 接收靶上的激光图像

发出的光束照准波带板后,将在接收靶上形成一个亮点或"＋"字亮线(图 9-12),根据三点准直法,在接收靶上测定亮点或"＋"字亮线的中心位置,即可获得位移标点的位置,从而求出其偏移量。由于激光具有方向性强、亮度高、单色性及相干性好等特点,其观测精度高于视准线法的观测精度。

3) 观测方法

如图 9-13 所示,安置于基点 A 上的激光器发出激光,照准位移标点 C 点的波带板,则在另一基点 B 的接收靶上呈现亮点或"＋"字亮线。当采用目视法接收时,则可利用接收靶的微动螺旋,使接收靶中心与亮点或亮线中心重合,然后按接收靶的游标读数,并重新转动接收靶的微动螺旋,再次重合度数。如此重复读取2～4次读数,取其平均值作为观测值。当采用光电接收靶接收时,则可由微机控制,自动跟踪,并显示和打印观测数据。

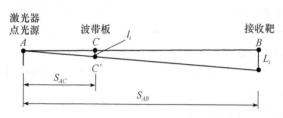

图 9-13 波带板激光准直法

若位移标点 C 因产生位移而变至 C'(图 9-13),则根据在接收靶测得的偏离值 L_i,按相似三角形关系可求得 C 点的偏移值 l_i:

$$l_i = \frac{S_{AC}}{S_{AB}} \cdot L_i \tag{9-5}$$

式中,S_{AC} 和 S_{AB} 分别为 A 至 C 和 A 至 B 点的距离,可在实地量取。在一定的时间间隔内(如一个月),前后两次测得偏离值之差,即为该时间间隔各点的水平位移值。

2. 真空激光观测

大气激光观测不可避免要受到大气抖动和折射的影响,若遇雨天等恶劣气候,更是无法观测。为了提高观测精度,改善观测条件,可采用真空波带板激光法测定大坝变形。

1) 仪器设备

真空激光观测与大气激光观测的原理相同,其区别主要是真空激光观测把各位移点和波带板用无缝钢管密闭起来,以便于在真空条件下观测,其仪器设备结构如图 9-14 所示。

(1) 激光器、针孔光栅和接收靶。分别安置于大坝的两端,位于真空管外,其底座与基岩相连或与倒垂线连接。

(2) 位移测点和波带板。它们是密封在无缝钢管内,位移标点的底座与大坝坝体相连,以便真实反映坝体的变形情况。

(3) 平晶。它是用光学玻璃研磨而成,用来密封真空管道的进出口,并使激光束进出真空管道不产生折射。

(4) 波纹管。为避免因坝体变形而导致无缝钢管连接处开裂而漏气,在每个测点的左右两侧安装了连接的波纹管,通常用不锈钢薄片制成,可自由伸缩。

(5) 真空泵。它与无缝钢管连接,用来抽出无缝钢管中的空气,使其形成真空。

(6) 波带板翻转装置。当观测某测点时,可令其波带板竖起,不测时令其倒下。

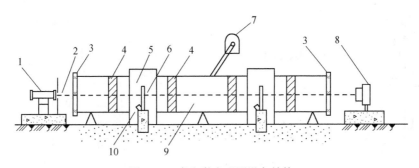

图 9-14　真空激光观测设备结构

1. 激光发射器；2. 针孔光栅；3. 平晶；4. 波纹管；5. 测点箱；6. 波带板；

7. 真空泵；8. 光电接收靶；9. 真空管；10. 波带板翻转装置

2）观测方法

（1）抽真空。观测前先将无缝钢管内的空气抽出，使其达到一定的真空度（15Pa 以下），然后关闭真空泵，待真空度基本稳定后开始观测。

（2）打开激光发射器。打开激光发射器，观察激光束中心是否从针孔光栅中心通过，否则应校正激光管的位置，使其达到要求为止，一般应在激光管预热半小时后开始观测。

（3）启动波带板翻转装置进行观测。在施测 1 号点时，按动波带板翻转装置，使 1 号点波带板竖起，其余各波带板倒下，当接收靶收到 1 号点观测值后，再使 2 号波带板竖起，其余各波带板倒下，依次测至 n 号测点，即为半测回。然后再从 n 号点反测至 1 号点，即为一测回。两个半测回测得偏离值之差不得大于 0.3mm，若在容许范围内，取往返测平均值作为观测值，通常只需观测一个测回即可。

9.5.3　挠度观测

对于混凝土坝，通常还应进行坝体的挠度观测，它是在坝体内设置铅垂线作为标准线，然后于坝体内不同高度测量坝体相对铅垂线的位移情况，从而获得坝体的挠度。

1. 正垂线观测坝体挠度

如图 9-15 所示，正垂线是在坝内的观测井或宽缝等上部悬挂带有重锤的不锈钢丝，从而形成一条铅垂线。

由于垂线是挂在坝体上，它将随着坝体的位移而移动，若悬挂点在坝顶，在坝基上设置观测点，即可测得相对于坝基的水平位移；如果在坝体不同高度埋设夹线装置，在某一点将垂线夹紧，即可在坝基处测得该点相对于坝基的水平位移。依次可测出坝体不同高度点相对于坝基的水平位移，从而求得坝体的挠度。

2. 倒垂线观测坝体挠度

倒垂线的结构与正垂线相反，它是将钢丝一端固定在坝基深处，上端牵以浮托装置，使钢线成一固定的倒垂线，如图 9-16 所示。锚固点是倒垂线的支点，应埋在不受坝体荷载影响的基岩深处，其深度通常应为坝高的 1/3 以上，钻孔应铅直，钢丝连接在锚块上。

倒垂线可认为是一条位置固定不变的铅垂线，因此可在坝体不同高度处设置观测点，并测定各观测点到铅垂线距离的变化，从而得出各观测点的位移量。在图 9-16 中，C 点变形前与铅垂线的偏离值为 l_c，变形后测得其偏离值为 l_c'，则其位移量 $\delta_c = l_c - l_c'$。在测出坝体不同高度上各点的位移量后，即可求出坝体的挠度。

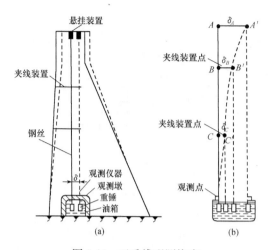

图 9-15　正垂线观测挠度

———— 变形前大坝轮廓线及正垂线位置

-------- 变形后大坝轮廓线及正垂线位置

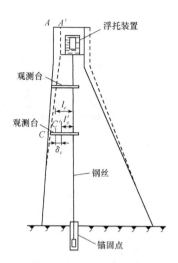

图 9-16　倒垂线观测挠度

———— 变形前大坝轮廓线

-------- 变形后大坝轮廓线

　　坝体挠度测量主要是测定坝体在不同高度垂直于坝轴线方向的位移情况,并求出大坝顺水流方向的挠度。在实际测量中,对于混凝土重力坝,除了测定垂直于坝轴线方向的位移外,无须测定平行于坝轴线方向的位移。对于拱坝,除了测定径向位移外,还须测定切向位移。因此,在实际测量中通常采用光学坐标仪逐点人工测定 x、y 两个方向的值以求得其位移值。

9.5.4　垂直位移观测

　　垂直位移观测的目的是测定大坝在铅垂方向的变化情况,通常采用精密水准测量的方法进行观测。对于混凝土坝,亦可在廊道内布设静力水准进行观测。

　　1. 精密水准观测

　　1) 点位布设

　　在垂直位移测量中,其测点通常分为水准基点、工作基点和垂直位移标点三种。

　　(1) 水准基点。水准基点是用于垂直位移观测的基准点,其位置应设在大坝下游地基坚实稳固,不受大坝变形影响,且便于引测的地方。为了检核基准点稳定性,对于普通基岩标的设置不应少于三个。若有条件应钻孔深入基岩,并埋设钢管和铝管形成双金属标,力求基点稳定可靠。

　　(2) 工作基点。因为水准基点通常距坝体较远,不便于施测,所以通常在大坝两岸距坝体较近且地基稳固的地方各埋设一个以上的工作基点作为施测位移标点的依据。

　　(3) 垂直位移标点。在土石大坝观测中,为了将大坝的水平位移和垂直位移结合起来分析,通常可在水平位移标点上,埋设一个半圆形的不锈钢或铜质标志作为垂直位移标点。对于混凝土坝,通常是在坝顶各廊道内,每个坝段设置一个或两个位移标点。

　　2) 观测方法及精度

　　在进行垂直位移观测时,应先对工作基点进行校测,然后再以工作基点为基准,测定各垂直位移标点的高程。将首次测得的位移标点高程与本次测得的高程相比较,其差值即为两次观测时间间隔内位移标点的垂直位移值。按规定垂直位移向下为正,向上为负。

　　(1) 工作基点校测。工作基点的校测是由水准基点出发,测定各工作基点的高程,以校核工作基点是否有变动。水准基点与工作基点应构成水准环线,在施测时,对于土石坝按二等水准测量的要求进行施测,其环线闭合差不得超过 $\pm 2\mathrm{mm}\sqrt{F}$(F 为环线长);对于混凝土坝应按一等水准测量的要求进行施测,其环线闭合差不得超过 $\pm 1\mathrm{mm}\sqrt{F}$。

(2)垂直位移标点的观测。垂直位移标点的观测是由工作基点出发,经过各位移标点,再附合到另一工作基点上,从而测定各位移标点的高程(也可往返施测或构成闭合环)。对于土石坝可按三等水准测量的要求施测,对于混凝土坝应按一等或二等水准测量的要求进行施测。

2. 静力水准观测

虽然精密水准测量目前仍是大坝垂直位移观测的主要方法,但它难以实现观测的自动化,劳动强度大。因此,对于混凝土坝可在其廊道内采用静力水准法来测定其垂直位移,以便实现观测自动化。

1)仪器设备

如图 9-17 所示,在静力水准管测量中,采用的仪器设备主要由钵体、浮子、连通管、传感器、仪器底板、保护箱以及目测和遥测装置等组成。

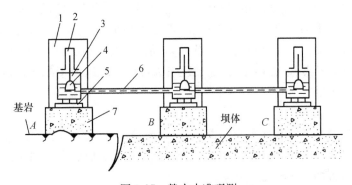

图 9-17 静力水准观测

1. 保护箱;2. 传感器;3. 钵体;4. 浮子;5. 仪器底板;6. 连通管;7. 混凝土测墩

(1)钵体。通常是用不锈钢制成,用来装载经过防腐处理的蒸馏水。

(2)浮子。用玻璃特制,将其浮于钵体内的蒸馏水中,在其上连一铁棒,并插入传感器中。

(3)连通管。连通管一般为开泰管或透明的塑料管,管内充满蒸馏水,不得留有气泡,并与各测点的钵体相连接。

(4)传感器。它是安装于钵体之上,浮子上的铁棒插入其中,用以测量水位的变化,从而算出测点的位移量。

(5)仪器底板。它是由不锈钢或大理石制成,并埋设于混凝土测墩上,用以支撑钵体。

(6)保护箱。它是用塑料板或铝板制成,用来保护测点的仪器设备。

(7)目测和遥测装置。通常是在浮子上安装一刻线标志,用于人工目测。用电缆将各传感器的电信号传至观测室构成遥测装置。

2)工作原理

如图 9-17 所示,若测点 A 置于稳固的基岩上,其垂直位移不变。而测点 B 和测点 C 置于坝体上,当大坝发生下降或上升时,按照液体从高往低处流并保持平衡的原理,A、B、C 三点的水位将发生变化,浮子连同其上的铁棒在铅垂方向也发生变化,只要测出各点水位的变化值,即可算出 B、C 点的绝对垂直位移值。若测点 A 不是置于基岩之上,而是置于坝体之上,则测得的是各点的相对垂直位移。在实际测量中,也可于坝基的上下游各设置一个静力水准观测点,即可测出坝基在上下游方向的倾斜状况。

3）观测方法

（1）人工观测方法。在每个混凝土测墩上埋设有安装显微镜的底座,在观测时,可将显微镜安置在底座上,照准浮子上的刻划线,读取读数,并将其与首次观测读数相比较,即可求出水位的变化量,从而算出其位移值,该法需要逐点施测。

（2）遥测。由于测点传感器的电信号已传送至观测室,只要在观测室内打开读数仪,即可获得瞬时各测点的测值,若与计算机相连接,编制相关软件,则可自动算出各点的垂直位移或打印有关报表和绘制垂直位移过程线。

静力水准的目测与遥测可相互校核。因为静力水准不受天气条件的影响,可实现遥测和连续观测,瞬时获得观测值,所以它是大坝安全监测的主要方法之一。

9.5.5 利用 GPS 技术进行大坝变形观测

水库或水电站的大坝,因为水负荷的重压,可能引起水坝的变形。所以,为了安全方面的原因,应对大坝的变形进行连续而精密地监测。这对于水利水电部门是一项重要的任务。

GPS 精密定位技术与经典测量方法相比,不仅可以满足大坝变形监测工作的精度要求（0.199～1.099mm）,而且便于实现监测工作的自动化。通常情况下,大坝外观变形监测 GPS 自动化系统包括数据采集、数据传输、数据处理三大部分。现以位于湖北省长阳县境内隔河岩水库大坝监测为例介绍。

1. 数据采集

GPS 数据采集分基准点和监测点两部分,由七台 Ashtech GPS 双频接收机组成。为提高大坝监测的精度和可靠性,大坝监测基准点宜选两个,并分别位于大坝两岸。点位地质条件要好,点位要稳定且能满足 GPS 观测条件。

监测点应能反映大坝形变,并能满足 GPS 观测条件。根据以上原则,隔河岩大坝外观变形 GPS 监测系统基准点为两个（GPS1 和 GPS2）、监测点为五个（GPS3～GPS7）。

2. 数据传输

根据现场条件,GPS 数据传输采用有线（坝面监测点和观测数据）和无线（基准点观测数据）相结合的方法,网络结构如图 9-18 所示。

3. GPS 数据处理、分析和管理

整个系统的七台 GPS 接收机一年 365 天需连续观测,并实时将观测资料传输至控制中心,进行处理、分析、储存。系统反应时间小于 10min（即从每台 GPS 接收机传输数据开始,到处理、分析、变形显示为止,所需总的时间小于 10min）,为此,必须建立一个局域网,有一个完善的软件管理、监测系统。

本系统的硬件环境及配置如图 9-19 所示。

整个系统全自动,应用广播星历 1～2h GPS 观测资料解算的监测点位水平精度优于 1.5mm（相对于基准点,以下同）,垂直精度优于 1.5mm。

目前在水库或水电站的大坝监测中,整个系统构成可采用图 9-20 所示的数据采集、传输、处理、分析和管理结构。

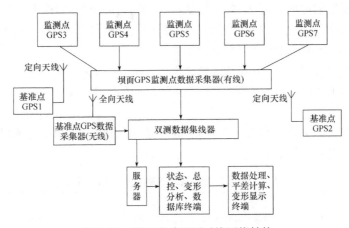

图 9-18 GPS 自动监测系统网络结构

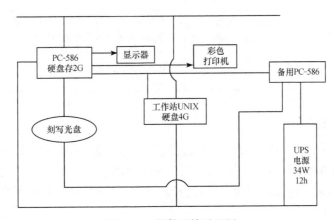

图 9-19 硬件环境及配置

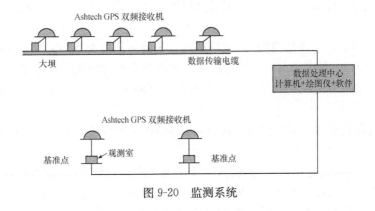

图 9-20 监测系统

9.6 高层建筑物变形观测

9.6.1 高层建筑物变形观测概述

为了保证建筑物在施工、使用中的安全,同时也为建筑物的设计、施工、管理及科学研究提供可靠资料,在建筑物的施工和运营期间,需要对其稳定性进行监测,我们把这种监测称为建筑物的变形观测。

建筑物发生变形的原因有很多,如地质条件、地震、荷载及外力作用的变化等是主要因素,在建筑物的设计及施工中应予以充分考虑。如设计不合理、材料选择不当、施工方法不当或施工质量低劣,也会使变形超出允许值而造成损失。

当建筑物发生变形时,必将引起其内部应力的变化,当应力变化到极限值时,建筑物随即遭到破坏。所以对有些建筑物,在测定形变的同时,还应辅以应力测定。在此仅介绍变形观测。

建筑物变形观测的主要内容有沉降观测、倾斜观测、裂缝观测和位移观测等。建筑物变形观测的等级及其精度要求见表 9-4。

表 9-4　建筑物变形观测的等级及其精度要求

等　级	沉降观测 观测点测站高差 中误差/mm	位移观测 观测点坐标中 误差/mm	适用范围
特级	≤0.05	≤±0.3	特别高精度要求的特种精密工程和重要科研项目变形观测
一级	≤0.15	≤±1.0	高精度要求的大型建筑物和科研项目变形观测
二级	≤0.50	≤±3.0	中等精度要求的建筑物和科研项目变形观测;重要建筑物主体倾斜观测、场地滑坡观测
三级	≤0.50	≤±10.0	低精度要求的建筑物变形观测,一般建筑物主体倾斜观测、场地滑坡观测

9.6.2　垂直位移观测

建筑物因受地下水位升降、荷载作用及地震等因素的影响,会使其产生位移。但一般而言,在没有外力作用的情况下,通常是下沉,对它的观测称为沉降观测。在建筑物施工开挖基槽以后,深部的地层由于荷载减轻而上升,这种现象称为回弹,对它的观测称为回弹观测。

1. 水准基点布设

垂直位移观测的依据是水准基点,即在其高程不变的前提下,定期测出沉降点相对于水准基点的高差,并求得其高程。将不同周期的高程加以比较,即可得出沉降点高程变化的大小及规律。

因为对基点的要求主要是稳固,所以基点均应选在变形影响区域以外,地质条件稳定,且附近没有震源的地方,并构成水准网进行联测。水准基点布设应满足以下要求:

(1)要有足够的稳定性。水准基点必须设置于沉降影响范围以外,冰冻地区水准基点应埋设在冰冻线以下 0.5m。

(2)应具备检核条件。为了保证水准基点高程的正确性,水准基点最少应布设三个,以便相互检核。

(3)应满足一定的观测精度。水准基点和观测点之间的距离应适中,相距太远会影响观测精度,通常在 100m 以内,水准基点应布设在受震动影响以外的安全地点。

(4)水准基点应与观测点在同一板块。水准基点和沉降观测点应处于同一板块,不得跨地裂缝布设。

由水准基点组成的水准网称为垂直位移监测网,其形式应布设成闭合环、结点或附合水准路线等形式。

2. 沉降观测点的布设

需进行沉降观测的建筑物,应埋设沉降观测点,其点位的布设应满足以下要求。

1）沉降观测点位置

沉降观测点通常应设于外墙勒脚处，观测点埋设在墙内的部分应大于露出墙外部分的5～7倍，或与墙体钢筋相连，以确保观测点的稳定性。沉降观测点一般应布设在能全面反映建筑物沉降情况的部位，如建筑物的四角、沉降缝两侧、荷载有变化的部位、大型设备基础、柱子基础和地质条件的变化处。对于电视塔、烟囱、水塔、油罐、炼油塔、高炉等高耸建筑，则应设在沿周边与基础轴线相交的对称位置上，其点数不少于 4 个。

2）沉降观测点的数量

一般情况下，沉降观测点应均匀布置，它们之间的间距通常为 10～20m。

3）沉降观测点的形式

（1）预制墙式观测点是由混凝土预制而成，其大小可做成普通黏土砖规格的1～3倍，中间嵌有角钢，并将角钢棱角向上，外露 50mm。在砌砖墙勒角处时，将预制块砌入墙内，角钢的露出端与墙面形成 50°～60°的夹角。

（2）利用直径为 20mm 的钢筋，弯成 90°角，一端成燕尾形埋入墙或柱内，并同墙体或柱体的主筋相固定。

（3）用长约 120mm 的角钢，在其一端焊一铆钉头，另一端埋入墙内或柱内，并用水泥砂浆填实。

3. 沉降观测

1）观测周期

沉降观测周期应根据工程的性质、施工进度、地质情况和基础荷载的变化情况而定。

（1）当埋设的沉降观测点稳固后，在建筑物主体开始施工之前，应进行第一次观测。

（2）在建筑物主体施工过程中，一般每加盖 1～2 层观测一次（如基础浇灌、回填土、柱子安装、房架砖墙每砌筑一层楼、设备安装等）。若中途停工时间较长，应在停工时和复工时进行观测。停工期间每隔 2～3 个月观测一次。

（3）当发生较大沉降或裂缝时，应立即缩短观测周期，如遇地震、基础附近地面荷重突然增加或大量积水时，均应观测。

（4）建筑物主体封顶后，除有特殊要求外，可在第一年观测 3～4 次，第二年观测 2～3 次，第三年后每年观测 1 次，直到稳定为止。若地基的地质条件不佳时，应适当增加观测次数。

（5）建筑沉降是否进入稳定阶段，应根据沉降量与时间关系曲线判定。当最后 100 天的沉降速率小于 0.01～0.04mm/d 时可认为进入稳定阶段。具体取值可根据各地区地基土的压缩性能确定。

2）沉降观测要求

沉降观测是一项较长期的系统观测工作，为了确保观测成果的质量，应使用固定仪器由固定人员从固定的水准基点进行观测，在观测中还应按规定的日期、方法及路线进行观测。

4. 沉降观测成果整理

1）整理原始记录

在每次观测结束后，应检查记录的数据和计算是否正确，精度是否合格，然后再进行闭合差调整，推算出各沉降观测点的高程，并将其填入沉降观测表中（表 9-5）。

表9-5　沉降观测结果表

观测日期	各观测点的沉降情况						...	施工进展情况	荷载情况/(10kN/m²)
	1			2			...		
	高程/m	本次下沉/mm	累积下沉/mm	高程/m	本次下沉/mm	累积下沉/mm	...		
1985.01.10	50.454	0	0	50.473	0	0	...	一层平口	
1985.02.23	50.448	−6	−6	50.467	−6	−6	...	三层平口	40
1985.03.16	50.443	−5	−11	50.462	−5	−11	...	五层平口	60
1985.04.14	50.440	−3	−14	50.459	−3	−14	...	七层平口	70
1985.05.14	50.438	−2	−16	50.456	−3	−17	...	九层平口	80
1985.06.04	50.434	−4	−20	50.452	−4	−21	...	主体完	110
1985.08.30	50.429	−5	−25	50.447	−5	−26	...	竣工	
1985.11.06	50.425	−4	−29	50.445	−2	−28	...	使用	
1986.02.28	50.423	−2	−31	50.444	−1	−29	...		
1986.05.06	50.422	−1	−32	50.443	−1	−30	...		
1986.08.05	50.421	−1	−33	50.443	0	−30	...		
1986.12.25	50.421	0	−33	50.443	0	−30	...		

注:水准点的高程 BM_1:49.538mm;BM_2:50.123mm;BM_3:47.776mm。

2）计算沉降量

（1）各沉降点本次沉降量计算。

　　　　沉降观测点本次沉降量＝本次观测所得高程－上次观测所得高程

（2）累积沉降量计算。

　　　　累积沉降量＝本次沉降量＋上次累积沉降量

将计算出的沉降观测点的本次沉降量、累积沉降量、观测日期及荷载等记入沉降观测表（表9-5）中。

3）沉降曲线绘制

如图9-21所示,沉降曲线分为两部分,即时间与沉降量关系曲线和时间与荷载关系曲线。

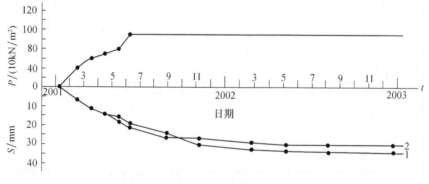

图 9-21　沉降曲线

（1）时间与沉降量关系曲线。以沉降量 S 为纵轴,以时间 t 为横轴,再以每次累积沉降量为纵坐标,仪器对应的日期为横坐标,在图中标出沉降观测点的位置。然后用曲线将各点连接起来,并于曲线末端注明沉降观测点号码,即为时间与沉降量关系曲线,如图 9-21 所示。

(2) 时间与荷载关系曲线。先以荷载为纵轴,时间为横轴,再根据每次观测时间和相应的荷载标出各点,并将各点连接起来,即可绘出时间与荷载关系曲线,如图 9-21 所示。

4) 基础或构件倾斜度 α

基础或构件倾斜度计算可按公式(9-6)进行计算。

$$\alpha = (S_A - S_B)/L \tag{9-6}$$

式中,S_A、S_B 为基础或构件倾斜方向上 A、B 两点的沉降量,单位为 mm;L 为 A、B 两点间的距离,单位为 mm。

5) 基础相对弯曲度 f_c

基础相对弯曲度 f_c 可按公式(9-7)进行计算。

$$f_c = [2S_0 - (S_1 - S_2)]/L \tag{9-7}$$

式中,S_0 为基础中点的沉降量,单位为 mm;S_1、S_2 为基础两个端点的沉降量,单位为 mm;L 为基础两个端点间的距离,单位为 mm。其中弯曲量向上凸起为正,反之为负。

9.6.3　高层建筑物倾斜观测

利用测量仪器来测定建筑物的基础和主体结构倾斜变化的工作,称为倾斜观测。

1) 一般建筑物主体的倾斜观测

建筑物主体的倾斜观测,是测定建筑物顶部观测点相对于底部对应观测点的偏移量,然后可根据建筑物的高度,计算出建筑物主体的倾斜度,即

$$i = \frac{\Delta D}{H} = \tan\alpha \tag{9-8}$$

式中,i 为建筑物主体的倾斜度;ΔD 为建筑物顶部观测点相对于底部对应观测点的偏移量,单位为 m;H 为建筑物高度,单位为 m;α 为倾斜角度。

由式(9-8)可知,倾斜量主要取决于建筑物的偏移量 ΔD。偏移量通常采用经纬仪投影法来测定,其方法如下:

(1) 如图 9-22 所示,将经纬仪安置于固定的测站上,该测站距建筑物距离一般为建筑物高度的 1.5 倍以上。用仪器照准建筑物 X 墙体上部的测点 M,采用盘左、盘右分中投点法,定出墙体下部的观测点 N。同法在 Y 墙体上定出观测点 P 和下观测点 Q。M、N 和 P、Q 即为待观测点。

(2) 相隔一段时间后,在原固定测站上、安置经纬仪,分别照准上观测点 M 和 P,用盘左、盘右分中投点法,得到 N' 和 Q',若 N 与 N'、Q 与 Q' 不重合,则说明建筑物发生了倾斜,如图 9-22 所示。

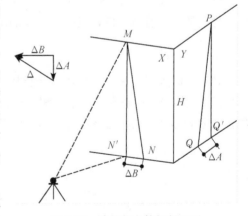

图 9-22　建筑物主体倾斜观测

(3) 用钢尺分别量出 X、Y 墙体上的偏移量 ΔA、ΔB,然后通过矢量相加的方法,计算出该建筑物的总偏移量 ΔD,即

$$\Delta D = \sqrt{(\Delta A)^2 + (\Delta B)^2} \tag{9-9}$$

根据总偏移量和建筑物的高度,利用式(9-8)即可算出其倾斜度。

2)圆形建筑物主体倾斜观测

对于圆形建筑物的倾斜观测,可采用在相互垂直的两个方向上测定其顶部中心相对底部中心的偏移量,其具体方法如下:

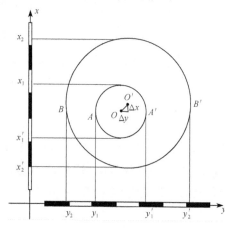

图 9-23　圆形建筑物的倾斜观测

(1)如图 9-23 所示,在烟囱底部放一根标尺,并在标尺中垂线方向上安置经纬仪,仪器距烟囱距离为其高度的 1.5 倍。

(2)用望远镜将烟囱顶部边缘的两点 A、A' 及底部边缘的两点 B、B' 分别投影到标尺上,取得读数 y_1、y_1' 及 y_2、y_2',如图 9-23 所示。烟囱顶部中心 O 相对底部中心 O' 在 y 方向上的偏移量 Δy 为

$$\Delta y = \frac{y_1 + y_1'}{2} - \frac{y_2 + y_2'}{2}$$

(3)同法亦可测出 x 方向上顶部中心 O 的偏移量 Δx 为

$$\Delta x = \frac{x_1 + x_1'}{2} - \frac{x_2 + x_2'}{2}$$

(4)利用矢量相加的方法,计算出顶部中心 O 相对底部中心 O' 的总偏移量 ΔD 为

$$\Delta D = \sqrt{(\Delta x)^2 + (\Delta y)^2} \tag{9-10}$$

根据总偏移量 ΔD 和对应建筑物高度 H,采用式(9-8)即可计算出其倾斜度 i。另外亦可采用激光铅垂仪或悬吊锤球的方法,直接测定建筑物的倾斜量。

3)建筑物基础倾斜观测

建筑物基础倾斜观测通常采用精密水准测量的方法,如图 9-24 所示,应定期测出基础两端点的沉降量差值 Δh,再根据两端点间的距离 L,即可计算出基础倾斜度。

$$i = \frac{\Delta h}{L} \tag{9-11}$$

对于整体刚度较好的建筑物,其倾斜观测亦可采用基础沉降量差值推算主体偏移量。如图 9-25 所示,利用精密水准测量来测定建筑物基础两端点的沉降量差值 Δh,再根据建筑物的宽度 L 和高度 H,推算出该建筑物的主体偏移量 ΔD 为

$$\Delta D = \frac{\Delta h}{L} \times H \tag{9-12}$$

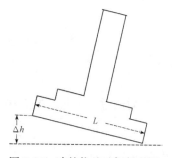

图 9-24　建筑物基础倾斜观测

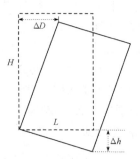

图 9-25　整体刚度较好的建筑物倾斜观测

9.7 变形监测资料检核

9.7.1 变形监测资料检核的意义

1. 检核意义

在变形监测中,由于受到观测条件的影响,任何变形监测资料均可能存在误差,只不过误差的大小和性质有所不同。在测量中,通常将观测值误差分为三大类,第一为粗差(亦称错误),它是由于观测中的错误而引起的,如 GPS 观测值的整周跳变和水准测量时的读错、记错等;第二为系统误差,它是在相同的观测条件下作一系列观测,而观测误差的大小、符号表现出了系统性,如钢尺的尺长改正误差,测距仪的固定误差等;第三是偶然误差,它是在相同的条件下作一系列观测,而观测误差的大小和符号表现出偶然性,如照准误差、读数误差等。

在变形监测中,观测值中的错误是不允许存在的,系统误差应通过一定的模型改正和观测程序来消除或减弱。如果监测资料中存在系统误差或错误,必将对变形分析和解释造成影响,甚至会得出错误的结论。同时,由于变形量本身较小,临近于测量误差的边缘,为了区分变形与误差,获取变形特征,必须消除较大误差(超限误差),以减小观测误差对变形分析结果的影响。

2. 检核方法

变形监测资料检核方法较多,一般将其分为外业和内业检核。在外业观测中均有自身的检核方法,如水准测量中限差规定的两次读数差和水准线路闭合差等,具体限差可参考相关规范要求。进一步检核是在内业进行,具体内容包括:

(1) 检核各项原始记录,检查各次变形值计算是否正确。采用不同方法和不同人员重复计算以消除监测资料中可能存在的错误。

(2) 原始资料的统计分析。对监测资料超限误差进行整体检验和局部检验。

(3) 原始监测值的逻辑分析。根据监测点的内在物理意义来分析原始监测值的可靠性。该方法主要用于工程建筑物变形的原始监测值,通常进行一致性分析和相关性分析。①一致性分析。它是从时间的关联性来分析连续积累的资料,从变化趋势上推测它是否具有一致性。既要分析任一测点本次原始实测值与前一次(或前几次)原始实测值的变化关系,又要分析该效应量(本次实测值)与某相应量之间的关系和以前情况是否一致。一致性分析的主要手段是绘制时间-效应量的过程线图和原因-效应量的相关图。②相关性分析。它是从空间的关联性出发来检查一些有内在物理联系的效应量之间的相关性,是将某点本次效应量的原始实测值与临近部位(条件基本一致)各测点的本次同类效应量或有关效应量的相应原始实测值进行比较,看其是否符合它们之间应有的力学关系。

在逻辑分析中,如果新测值无论展绘于过程线图或相关图上,展绘点与趋势线延长段之间的偏距都超过了以往的实测值展绘点与趋势线偏距的平均值,如图 9-26 所示。这可能是该次监测值存在着较大的误差,或者是险情的萌芽状态,必须引起警惕。在对新测次的实测值进行检查(读数、记录和监测系统的工作状态)后,若无测量错误,则应接纳其实测值,并放入监测资料库,但应引起警惕。

9.7.2 用一元线性回归法进行资料检核

一元回归法是处理两个变量之间的关系,即变量 x 和 y 间若存在一定的关系,则可通过

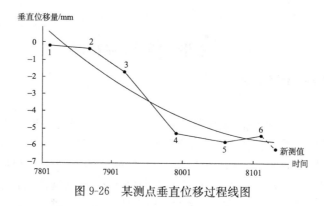

图 9-26　某测点垂直位移过程线图

试验、分析所得数据，找出两者之间的关系经验公式。如果两个变量之间的关系是线性的，则就是一元线性回归分析所研究的对象。

通常情况下，回归分析是处理一个非随机变量和一个随机变量问题，而相关分析则是处理两个随机变量的问题。在大坝变形监测中，主要是利用各个坝段所测变形值进行相互检验，因为两个观测值均是随机变量，所以属于相关分析的范畴。虽然回归分析与相关分析在概念上不同，但处理变量之间关系的基本方法相同，因此，在以下的讨论中不再将其作严格区分。

一元线性回归的数学模型为

$$y_a = \beta_0 + \beta x_a + \varepsilon_a \qquad (a = 1, 2, \cdots, N) \tag{9-13}$$

式中，$\varepsilon_1, \varepsilon_2, \cdots, \varepsilon_N$ 是随机误差，一般假设它们相互独立，且服从同一正态分布 $N(0, \sigma)$。

为了估计式(9-13)中的参数 β_0 和 β，用最小二乘法求得它们的估值分别为 b_0 和 b，则可得一元线性回归方程

$$\hat{y} = b_0 + bx \tag{9-14}$$

式中，b_0 和 b 为回归方程的回归系数。

回归值 $\hat{y}_a$ 与实际观测值 y_a 之差为

$$v_a = y_a - \hat{y}_a \tag{9-15}$$

式(9-15)表示出了 y_a 与回归直线 $\hat{y} = b_0 + bx$ 的偏离程度。我们用式(9-16)所计算的值作为用回归直线求因变量估值的中误差

$$s = \sqrt{\frac{[vv]}{N - 2}} \tag{9-16}$$

求回归直线的前提是变量 y 与 x 必须存在线性相关，否则所配置直线就无实际意义，线性相关系数 ρ 可用式(9-17)计算

$$\rho = \frac{\sigma_{xy}}{\sigma_x \sigma_y} \tag{9-17}$$

其估值为

$$\hat{\rho} = \frac{s_{xy}}{s_x s_y} = \frac{\displaystyle\sum_{a=1}^{N} (x_a - \bar{x})(y_a - \bar{y})}{\sqrt{\displaystyle\sum_{a=1}^{N} (x_a - \bar{x})^2} \sqrt{\displaystyle\sum_{a=1}^{N} (y_a - \bar{y})^2}} \tag{9-18}$$

式中,$\bar{x}$ 为自变量 x 的平均值;$\bar{y}$ 为因变量 y 的平均值。当 ρ 越接近±1 时,表明随机变量 x 与 y 线性相关越密切。表 9-6 为相关系数检验的临界值表。当按式(9-18)计算的估值 $\hat{\rho}$ 大于表中的相应值时,即可认为随机变量之间线性相关密切,此时配置回归直线才有价值。

表 9-6　相关系数检验法的临界值

自由度	置信水平		自由度	置信水平	
	5%	1%		5%	1%
1	0.997	1.000	24	0.388	0.496
2	0.950	0.990	25	0.381	0.487
3	0.878	0.959	26	0.374	0.478
4	0.811	0.917	27	0.367	0.470
5	0.754	0.874	28	0.361	0.463
6	0.707	0.834	29	0.355	0.456
7	0.666	0.798	30	0.349	0.449
8	0.632	0.765	35	0.325	0.418
9	0.602	0.735	40	0.304	0.396
10	0.576	0.708	45	0.288	0.372
11	0.553	0.684	50	0.273	0.354
12	0.532	0.661	60	0.250	0.325
13	0.514	0.641	70	0.232	0.302
14	0.497	0.623	80	0.217	0.283
15	0.482	0.606	90	0.205	0.267
16	0.468	0.590	100	0.195	0.254
17	0.456	0.575	125	0.174	0.228
18	0.444	0.561	150	0.159	0.208
19	0.433	0.549	200	0.138	0.181
20	0.423	0.537	300	0.113	0.148
21	0.413	0.526	400	0.098	0.128
22	0.404	0.515	500	0.088	0.115
23	0.396	0.505	1000	0.062	0.087

9.8　变形监测成果整理

9.8.1　基准点位移对变形值的影响

在监测网平差中,待估的未知参数一般不是被观测量,也不是其他不变量(或称可估量)。如果没有一定的起算数据,就不能直接由观测值求出未知参数的平差值,而这种起算数据就称为平差问题的基准。基准给出了控制网的位置、方位及尺度的定义,也就是给出了基准网的参考系。所以往往把基准和参考系作为同一个内涵的概念。

在经典平差中采用固定基准来确定参考系。例如,在水准网中采用某一点的高程作为已知值,在平面监测网中,固定两个点作为已知点,或是给出一个已知点、一个固定方向和一个已知边长作为起算基准。

　　当工作基点(或基准点)发生了位移时,则必须根据基准的位移量施加改正数。当工作点下沉某一量值 δ 时,若由工作点测得某沉降观测点高差为 $h_{实测}$,则其工作点到该沉降点的实际高差应为:$h = h_{实测} + \delta$。

9.8.2　观测资料的整编

　　当对所测得变形值施加了工作点位移改正后,即可最终求得建筑物相应的变形值。为了利用这些计算成果对其变形过程进行分析,通常将变形观测值绘成各种图表,常用的图表有观测点变形过程与建筑物变形分布图。

　　1. 观测点变形过程曲线

　　某观测点的变形过程线是以时间为横坐标轴,以累计变形值(位移、沉降、倾斜及扰度等)为纵坐标轴绘制成的曲线。从观测点变形过程曲线可明显看出变形趋势、规律及幅度,对于初步判断建筑物的工作情况是否正常是非常直观的。

　　观测点过程曲线绘制:

　　(1)根据观测记录计算出变形数值,并填写变形数值表,其沉降数值见表 9-7。

　　(2)绘制观测点实测变形过程线。图 9-27 为根据表 9-7 绘制的某建筑物 6 号点的沉降过程线。

表 9-7　沉降数值表　　　　　　　　　　　　单位:mm

累计沉降量＼日期　观测点	1月6日	2月6日	3月8日	4月7日	5月7日	6月6日	7月6日	8月5日	9月5日	10月6日	11月6日	12月6日
⋮	⋮	⋮	⋮	⋮	⋮	⋮	⋮	⋮	⋮	⋮	⋮	⋮
6#	−1.2	−2.5	−3.8	−3.9	−4.2	−4.5	−7.8	−10.0	−10.5	−11.0	−11.8	−12.0
⋮	⋮	⋮	⋮	⋮	⋮	⋮	⋮	⋮	⋮	⋮	⋮	⋮

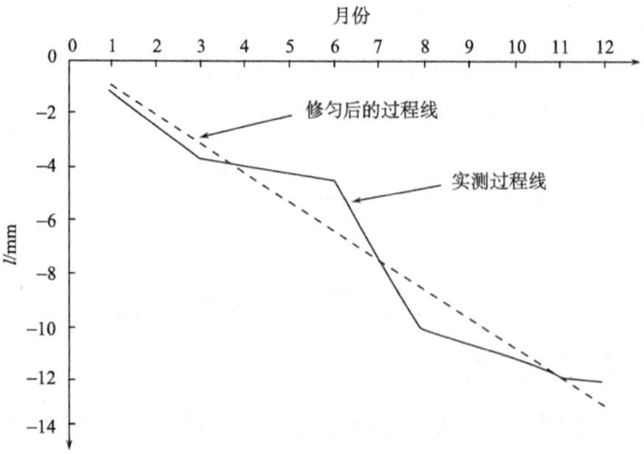

图 9-27　观测点变形过程线

　　(3)实测变形过程线的修习。一般观测是定期进行的,所得成果在变形过程线上只是几个孤立的点,若直接按这些点自然得到的是一种折线形式,加上观测中的误差,使得实测变形过程线常常呈现明显跳动的折线形状,如图 9-27 所示。为了更确切的地反映建筑物变形的规律,应将折线修习成圆滑的曲线。

2. 建筑物变形分布图

建筑物变形分布图能够全面地反映建筑物的变形情况,主要包括变形值剖面分布图、建筑物(或基础)沉陷等值线图。

(1) 变形值剖面分布图。这种图是根据某一剖面上各观测点的变形值绘制而成,它可以从不同侧面反映变形体的变形情况。

(2) 建筑物(或基础)沉陷等值线图。为了掌握建筑物或基础的沉陷情况,通常绘制沉陷等值线图。

9.8.3　变形值的统计规律及其成因分析

1. 变形值的统计规律

根据实测变形值所整编的表格和图形,虽然可以显示出变形的趋势、规律和幅度,如混凝土大坝监测中所绘制的各种变形过程线可以明显地看出其年周期变形规律和变形性质,但其下沉的过程在不断延续。

在经过长期监测,初步掌握了变形规律后,即可绘制变形点的变形范围图。在绘制时,可先绘制出观测点的变形过程曲线,然后采用两倍变形值的中误差绘制出其变化范围图,利用变化范围即可初步检查观测值是否存在粗差,同时也可判断建筑物是否有异常变形。

在通常情况下,利用长期监测掌握的建筑物变形范围的数据资料来判断建筑物运营是否正常的、可行的。但对于异常情况,如大坝遭遇到特大洪水,用变形值超过变化范围时的观测资料用来判断坝体是否正常就缺乏必要的理论依据。另外,这种方法也无法对变形的原因作出合理的解释。

2. 建筑物变形成因分析

由于建筑物及其地面变形的影响因素十分复杂,特别是复杂地基上的高坝,仅仅采用单项观测量的数学模型进行分析,还存在以下问题:

(1) 单项观测量之间的关系从表面上看是相互独立的,但实际上相互之间存在着一定的联系,如变形与应力、扬压力等之间相互影响,而变形往往是影响效应量的综合表现。因此,只作单项分析有时难以解释某些异常现象。

(2) 发生事故的地点往往没有设置观测点,如溢流坝面被冲坏事故。因此,应定期进行日常巡视和目测。

(3) 有些影响大坝的安全因素不能定量表示,如建筑物的老化和周围环境的变化等。

影响建筑物和地面变化的各种因素的作用有时会转化,原来是次要的可能转化为主要的影响因素,若不考虑这些变化,必将无法得出符合实际情况的结论。因此,在完成观测资料的建模后,还应进行综合分析和评判,从而获得建筑物和地面变形性态的物理解释。

综合分析和评判法是收集各类资料(包括设计、施工、观测和目测等资料),对这些资料进行不同层次的分析(包括单项分析和反分析、混合分析和非确定性分析),找出货载集与效应集、控制集之间的关系,拼出一幅综合反映建筑物和地面变形及其影响因素图,然后经过综合推理评判,对其作出评价,并对不安全因素进行物理成因分析和解释。

习　　题

1. 水平位移有哪些主要的观测方法? 并说明各自的优缺点。

2. 建筑物变形引起的裂缝应怎样进行观测?

3. 如何判断沉陷观测已进入稳定阶段?

4. 变形观测应提交的资料有哪些?

5. 高速公路软土地基沉降监测中基准点应如何分布?

6. 路基边桩位移观测有哪几种方法? 各自的特点是什么?

7. 变形监测资料检核的意义是什么?

8. 变形监测资料整编的目的是什么?

主要参考文献

陈俊杰,刘计寒,王庆林,等.2008.陀螺经纬仪定向精度分析.测绘与空间地理信息,31(5):193-196

陈永奇,张正禄,吴子安.1996.高等应用测量.武汉:武汉测绘科技大学出版社

邓淑文,杜兰芝,朱丽华,等.2009.水利水电工程测量与施工放样.北京:中国建筑工业出版社

孔祥元,郭际明,刘宗泉.2010.大地测量学基础.2版.武汉:武汉大学出版社

孔祥元,梅是义.2006.控制测量学(上、下册).2版.武汉:武汉大学出版社

李青岳,陈永奇.2008.工程测量学.3版.北京:测绘出版社

李天文.2021.现代测量学.3版.北京:科学出版社

李天文.2023.GNSS原理及应用.4版.北京:科学出版社

李天文,陈靖,胡斌.2008.基于ArcGIS地面沉降三维可视化显示与分析.山地学报,(4):467-472

李天文,邓永和,吴琳.2005.精密隧道圆断面中心3维坐标测定方法研究.测绘通报,(12):25-28

李天文,梁伟锋,李军锋.2005.基于GPS的青藏块体东北缘今现今地壳水平运动研究.山地学报,(3):1-4

李天文.2022.现代地籍测量.3版.北京:科学出版社

刘仁钊.2008.工程测量技术.郑州:黄河水利出版社

宁津生,陈俊勇,李德仁,等.2008.测绘学概论.2版.武汉:武汉大学出版社

宁津生,刘经南,陈俊勇,等.2006.现代大地测量理论与技术.武汉:武汉大学出版社

秦洪奎.2009.陀螺经纬仪定向精度分析研究.中南大学学报,5:50-56

覃辉,伍鑫.2008.土木工程测量.上海:同济大学出版社

王登杰,房栓社,王新文.2009.现代路桥工程施工测量.北京:中国水利水电出版社

王景峰.2007.工程测量.北京:人民交通出版社

王云江.2007.市政工程测量.北京:中国建筑工业出版社

伊晓东.2008.道路工程测量.大连:大连理工大学出版社

岳建平,邓念武,龚玉珍.2008.水利工程测量.北京:中国水利水电出版社

张敬伟,王伟,刘晓宁.2009.建筑工程测量.北京:北京大学出版社

张丕,裴俊华,杨太秀.2008.建筑工程测量.北京:人民交通出版社

张正禄,李广运,潘国荣,等.2005.工程测量学.武汉:武汉大学出版社

赵桂生,毕守一,徐智,等.2009.水利工程测量.北京:科学出版社

郑文华.2007.地下工程测量.北京:煤炭工业出版社

周建郑.2006.工程测量:测绘类.郑州:黄河水利出版社